中国石油天然气集团公司统编培训教材

工程建设业务分册

城镇燃气系统设计

《城镇燃气系统设计》编委会　编

石 油 工 业 出 版 社

内 容 提 要

本书以典型的城镇燃气设计文件结构为基本框架，从城镇燃气系统设计的基本概念切入，结合工程实例，介绍了城镇燃气系统设计的相关内容。本书可作为中、高级城镇燃气系统设计人员的培训教材，其他相关人员也可参考使用。

图书在版编目（CIP）数据

城镇燃气系统设计/《城镇燃气系统设计》编委会编 .
北京：石油工业出版社，2016.8
中国石油天然气集团公司统编培训教材
ISBN 978-7-5183-1390-7

Ⅰ. 城…
Ⅱ. 城…
Ⅲ. 城市燃气－系统设计－技术培训－教材
Ⅳ. TU996

中国版本图书馆 CIP 数据核字（2016）第 166865 号

出版发行：石油工业出版社
　　　　　（北京安定门外安华里 2 区 1 号　　100011）
　　　　　网　址：www.petropub.com
　　　　　编辑部：（010）64269289
　　　　　图书营销中心：（010）64523633
经　　销：全国新华书店
印　　刷：北京中石油彩色印刷有限责任公司
2016 年 8 月第 1 版　　2016 年 8 月第 1 次印刷
710×1000 毫米　　开本：1/16　　印张：24.25
字数：420 千字
定价：85.00 元
（如出现印装质量问题，我社图书营销中心负责调换）

《城镇燃气系统设计》
编 审 人 员

主　　编：张文伟

副 主 编：杨卫东

编写人员：赵立前　李胜利　周长才　曹　雄

　　　　　刘　跃　史玉峰　刘　伟　李桂涛

　　　　　李明德　范艳萍　康学聪　叶俊辉

　　　　　吴凤荣　林兴伟　吴原骏

审定人员：张宏伟　王智学

序

企业发展靠人才，人才发展靠培训。当前，中国石油天然气集团公司（以下简称集团公司）正处在加快转变增长方式，调整产业结构，全面建设综合性国际能源公司的关键时期。做好"发展"、"转变"、"和谐"三件大事，更深更广参与全球竞争，实现全面协调可持续，特别是海外油气作业产量"半壁江山"的目标，人才是根本。培训工作作为影响集团公司人才发展水平和实力的重要因素，肩负着艰巨而繁重的战略任务和历史使命，面临着前所未有的发展机遇。健全和完善员工培训教材体系，是加强培训基础建设，推进培训战略性和国际化转型升级的重要举措，是提升公司人力资源开发整体能力的一项重要基础工作。

集团公司始终高度重视培训教材开发等人力资源开发基础建设工作，明确提出"由专家制定大纲、按大纲选编教材、按教材开展培训"的目标和要求。2009年以来，由人事部牵头，各部门和专业分公司参与，在分析优化公司现有部分专业培训教材、职业资格培训教材和培训课件的基础上，经反复研究论证，形成了比较系统、科学的教材编审目录、方案和编写计划，全面启动了《中国石油天然气集团公司统编培训教材》（以下简称"统编培训教材"）的开发和编审工作。"统编培训教材"以国内外知名专家学者、集团公司两级专家、现场管理技术骨干等力量为主体，充分发挥地区公司、研究院所、培训机构的作用，瞄准世界前沿及集团公司技术发展的最新进展，突出现场应用和实际操作，精心组织编写，由集团公司"统编培训教材"编审委员会审定，集团公司统一出版和发行。

根据集团公司员工队伍专业构成及业务布局，"统编培训教材"按"综合管理类、专业技术类、操作技能类、国际业务类"四类组织编写。综合管理类侧重中高级综合管理岗位员工的培训，具有石油石化管理特色的教材，以自编方式为主，行业适用或社会通用教材，可从社会选购，作为指定培训教材；专业技术类侧重中高级专业技术岗位员工的培训，是教材编审的主体，按照《专业培训教材开发目录及编审规划》逐套编审，循序推进，计划编审300余门；操作技能类以国家制定的操作工种技能鉴定培训教材为基础，侧重主体专业（主要工种）骨干岗位的培训；国际业务类侧重海外项目中外员工的培训。

"统编培训教材"具有以下特点：

一是前瞻性。教材充分吸收各业务领域当前及今后一个时期世界前沿理论、先进技术和领先标准，以及集团公司技术发展的最新进展，并将其转化为员工培训的知识和技能要求，具有较强的前瞻性。

二是系统性。教材由"统编培训教材"编审委员会统一编制开发规划，统一确定专业目录，统一组织编写与审定，避免内容交叉重叠，具有较强的系统性、规范性和科学性。

三是实用性。教材内容侧重现场应用和实际操作，既有应用理论，又有实际案例和操作规程要求，具有较高的实用价值。

四是权威性。由集团公司总部组织各个领域的技术和管理权威，集中编写教材，体现了教材的权威性。

五是专业性。不仅教材的组织按照业务领域，根据专业目录进行开发，且教材的内容更加注重专业特色，强调各业务领域自身发展的特色技术、特色经验和做法，也是对公司各业务领域知识和经验的一次集中梳理，符合知识管理的要求和方向。

经过多方共同努力，集团公司首批39门"统编培训教材"已按计划编审出版，与各企事业单位和广大员工见面了，将成为首批集团公司统一组织开发和编审的中高级管理、技术、技能骨干人员培训的基本教材。首批"统编培训教材"的出版发行，对于完善建立起与综合性国际能源公司形象和任务相适应的系列培训教材，推进集团公司培训的标准化、国际化建设，具有划时代意义。希望各企事业单位和广大石油员工用好、用活本套教材，为持续推进人才培训工程，激发员工创新活力和创造智慧，加快建设综合性国际能源公司发挥更大作用。

《中国石油天然气集团公司统编培训教材》
编审委员会
2011 年 4 月 18 日

前　言

　　城镇燃气是市政公用事业的重要组成部分，是现代城镇的重要基础设施，与经济社会发展和人民生活息息相关。近年来，城镇燃气快速发展，各项水平大幅提高，对优化能源结构、改善环境质量、促进城镇发展、提高人民生活水平发挥了极其重要的作用。

　　为实现天然气业务上中下游一体化，更好地履行责任、服务社会，2008年中国石油天然气集团公司（以下简称"集团公司"）批准成立了中石油昆仑燃气有限公司，昆仑燃气公司主要业务范围包括城镇燃气管网建设、城镇燃气输配、天然气与液化石油气销售以及售后服务等。几年来其业务在城镇燃气领域迅速发展，为了适应集团公司人才培养的要求，使本系统城镇燃气的相关人员更好地了解城镇燃气的设计内容，按集团公司统编培训教材的编写要求，编制了本书。

　　作为面向中、高级专业技术岗位员工的培训教材，本书力求言简意赅，做到专业与普及结合、理论与实践结合、传统与前瞻结合，以典型的城镇燃气设计文件结构为基本框架，从城镇燃气工程设计的基本概念开始，深入浅出地介绍了城镇燃气设计的相关内容，同时结合大量的工程实例予以分析，以使本书能更好地适用于不同岗位技术人员的培训要求。

　　本书共分为十一个章节，主要包括城镇燃气系统设计基础，城镇燃气气源，城镇燃气用气规模，城镇燃气储气调峰，燃气输配管道工程，燃气管道水力计算，燃气输配站场工程，压缩天然气供应，液化石油气供应，液化天然气供应，城镇燃气主要设备材料等内容。本书全面地阐述了目前城镇燃气设计中普遍采用的成熟技术，同时对近年新兴发展的煤层气、页岩气以及液化天然气等技术也做了不同深度的描述。内容上，理论与工程实例相结合，以满足员工培训的要求。

　　本书由中国石油天然气管道工程有限公司承担主要编写任务，张文伟任主编。第一章由杨卫东、康学聪、范艳萍、叶俊辉等编写；第二章由刘伟、叶俊辉等编写；第三章由赵立前、杨卫东等编写；第四章由曹雄、刘跃等编写；第五章由赵立前、林兴伟编写；第六章由李胜利、周长才等编写；第七章由李胜利、刘跃等编写；第八章由史玉峰、林兴伟等编写；第九章由李明德、杨卫东等编写；第十章由李桂涛、周长才、杨卫东等编写；第十一章由吴凤荣、赵立前、李胜利等编写。杨卫东、周长才、吴原骏、曹雄、刘跃等参与了本书的审定工作。

参与本书编写和审定的人员均为工作多年的一线专业设计人员，虽然拥有较为丰富的专业设计经验，但鉴于城镇燃气工程技术发展日新月异，编者能力限制，书中纰漏在所难免，恳请读者批评指正。

说　明

　　本书可作为中国石油天然气集团公司所属各建设、设计、预制、施工、监理、检测、生产等相关单位城镇燃气相关培训的专用教材。本书主要是针对从事城镇燃气工程建设及管理的中、高级技术人员和管理人员编写的，也适用于操作人员的技术培训。本书的内容来源于实际工程设计，实践性和专业性很强，涉及内容广。为便于正确使用本书，在此对培训对象进行了划分，并规定了各类人员应该掌握或了解的主要内容。

　　培训对象主要划分为以下几类：

　　（1）生产管理人员，包括项目经理、预制厂厂长、施工员、材料员、预算员、生产单位管理人员等。

　　（2）专业技术人员，包括建设单位设计人员、监理工程师、监督员、施工单位技术及质量人员、预制厂技术及质量人员、检测技术人员等。

　　（3）现场作业人员，包括预制厂工人、项目部工人、生产单位维修及操作工人等。

　　各类人员应该掌握或了解的主要内容：

　　（1）生产管理人员，要求掌握第一章、第二章、第三章、第四章、第五章、第七章的内容，要求了解第六章、第八章、第九章、第十章、第十一章的内容。

　　（2）专业技术人员，要求掌握第五章、第六章、第七章、第八章、第九章、第十章的内容，要求了解第一章、第二章、第三章、第四章、第十一章的内容。

　　（3）现场作业人员，要求掌握第五章、第七章、第八章、第九章、第十章、第十一章的内容，要求了解第一章、第二章、第三章、第四章、第六章的内容。

　　各单位在教学中要密切联系工程实际，在课堂教学为主的基础上，还应增加工程现场的实习、实践环节。建议根据本书内容，进一步收集和整理城镇燃气工程相关照片或视频，以进行辅助教学，从而提高教学效果。

目　录

第一章 城镇燃气工程系统设计基础

第一节 基本概念

城镇燃气（City Gas）：符合城镇燃气质量要求，供给居民生活、商业、建筑采暖制冷、工业企业生产以及燃气汽车的气体燃料，包括天然气、人工煤气、液化石油气等。

城镇燃气工程（City Gas Engineering）：城镇燃气的生产、储存、输配和应用等工程的总称。

天然气（Natural Gas）：蕴藏在地层中的可燃气体，组分以甲烷为主。按开采方式及蕴藏位置的不同，天然气分为纯气田天然气、石油伴生气、凝析气田气及煤层气。

人工煤气（Manufactured Gas）：以煤或液体燃料为原料经热加工制得的可燃气体，简称煤气，包括煤制气、油制气。

液化天然气（Liquefied Natural Gas, LNG）：天然气经加压、降温得到的液态产物，组分以甲烷为主。

压缩天然气（Compressed Natural Gas, CNG）：经加压，使压力介于10~25MPa的气态天然气。

液化石油气（Liquefied Petroleum Gas, LPG）：常温、常压下的石油系烃类气体，经加压、降温得到的液态产物，组分以丙烷和丁烷为主。

标准状态（Standard Condition）：燃气计算的标准压力和指定温度构成的状态。我国城镇燃气标准状态采用101.325kPa、0℃。

饱和蒸气压（Saturated Vpour Pressure）：在一定温度下，密闭容器中的液体及其蒸气处于动态平衡蒸气的绝对压力。

沸点（Boiling Point）：液体的饱和蒸气压等于液体所受压力时的温度，通常指液体的饱和蒸气压为101.325kPa时的温度。

露点（Dew Point）：饱和蒸气经降温或加压，遇到接触面或凝结核开始凝结析出液相时的温度。

爆炸极限（Explosive Limit）：可燃气体与空气的混合物遇火源产生爆炸的可燃气体体积分数范围。

爆炸上限（Upper Explosive Limit）：可燃气体与空气的混合物遇火源产生爆炸时的可燃气体最高体积分数。

爆炸下限（Lower Explosive Limit）：可燃气体与空气的混合物遇火源产生爆炸时的可燃气体最低体积分数。

组分（Component）：气体中包含的各种成分，以体积百分数或质量百分数计。

燃气热值（Heating Value）：标准状态下，1m3 或 1kg 燃气完全燃烧所释放出的热量，也称发热量。

燃气用户（Gas Consumer）：城镇燃气系统的终端用气单元，包括居民用户，商业用户，工业用户，采暖、制冷用户及汽车用户等。

基准气（Reference Gas）：代表某种燃气的标准气体。

调峰气（Peak Shaving Gas）：为满足高峰用气需求所使用的补充气源或储备燃气。

计算月（Design Month）：一年十二个月中平均日用气量出现最大值的月份。

月高峰系数（Maximum Uneven Factor of Monthly Consumption）：计算月的平均日用气量与该年的平均日用气量的比值。

日高峰系数（Maximum Uneven Factor of Daily Consumption）：计算月中最大日用气量与该月平均日用气量的比值。

小时高峰系数（Maximum Uneven Factor of Hourly Consumption）：计算月中最大用气量日的最大小时用气量与该日平均小时用气量的比值。

月不均匀系数（Uneven Factor of Monthly Consumption）：一年中，各月平均日用气量与该年平均日用气量的比值，表示各月用气量的变化情况。

日不均匀系数（Uneven Factor of Daily Consumption）：一个月（或一周）中，每日用气量与该月（或该周）平均日用气量的比值，表示日用气量的变化情况。

时不均匀系数（Uneven Factor of Hourly Consumption）：一日中，每小时用气量与该日平均小时用气量的比值，表示小时用气量的变化情况。

低压燃气管道（Low Pressure Gas Pipeline）：设计压力（表压）小于

0.01MPa 的燃气管道。

中压 A 燃气管道（Medium Pressure A Gas Pipeline）：设计压力（表压）大于 0.2MPa，不大于 0.4MPa 的燃气管道。

中压 B 燃气管道（Medium Pressure B Gas Pipeline）：设计压力（表压）不小于 0.01MPa，不大于 0.2MPa 的燃气管道。

次高压 A 燃气管道（Sub-high Pressure A Gas Pipeline）：设计压力（表压）大于 0.8MPa，不大于 1.6MPa 的燃气管道。

次高压 B 燃气管道（Sub-high Pressure B Gas Pipeline）：设计压力（表压）大于 0.4MPa，不大于 0.8MPa 的燃气管道。

高压 A 燃气管道（High Pressure A Gas Pipeline）：设计压力（表压）大于 2.5MPa，不大于 4.0MPa 的燃气管道。

高压 B 燃气管道（High Pressure B Gas Pipeline）：设计压力（表压）大于 1.6MPa，不大于 2.5MPa 的燃气管道。

调峰（Peak Shaving）：解决用气负荷波动与供气量相对稳定之间矛盾的措施。

低压储气罐（Low Pressure Gasholder）：工作压力（表压）在 10kPa 以下，依靠容积变化储存燃气的储气罐。低压储气罐分为湿式储气罐和干式储气罐两种。

高压储气罐（High Pressure Gasholder）：工作压力（表压）大于 0.4MPa，依靠压力变化储存燃气的储气罐，又称为固定容积储气罐。

调压装置（City Gas Pressure Regulating Equipment）：由调压器及其附属设备组成，将较高燃气压力降至所需的较低压力的设备单元的总称。

调压箱（Regulator Box）：设有调压装置的专用箱体，用于调节用气压力的整装设备。

工艺汽化器（Process Vaporizer）：从其他的热动力过程或化学过程取热或从液化天然气的制冷过程取热的汽化器。

蒸发器（Boiled-off Gas，BOG）：液化天然气储存或输送时，由于吸收了漏入的热量使少部分液态天然气转化成低温气态天然气。

放散气（Emission Ambient Gas，EAG）：当系统超压、检修时，液化天然气厂站集中放散的天然气。

增压汽化器（Pressure Booster）：将储罐或槽车内的一部分液态天然气汽化，汽化后的气体再进入储罐或槽车，使其内部保持一定压力的设备。增压汽化器包括储罐增压器和卸车增压器。

重要的公共建筑（Important Public Building）：性质重要、人员密集，发生火灾后损失大、影响大、伤亡大的公共建筑物。如省市级以上的机关办公楼、电子计算机中心、通信中心以及体育馆、影剧院、百货大楼等。

用气建筑的毗连建筑物（Building Adjacent to Building Supplied with Gas）：与用气建筑物紧密相连又不属于同一个建筑结构整体的建筑物。

单独用户（Individual User）：主要有一个专用用气点的用气单位，如一个锅炉房、一个食堂或一个车间等。

庭院管（Courtyard Pipe）：主街主路管网（市街管网）分支到小区内的管网。

引入管（Service Pipe）：室外配气支管与用户室内燃气进口管总阀门（当无总阀门时，指距室内地面1m高处）之间的管道。

脱硫（Desulphurization）：脱除燃气中的硫化氢的工艺。

脱硫剂（Desulphurizer）：脱硫工艺中与燃气中硫化氢反应的物质。

门站（City Gate Station）：燃气长输管线和城镇燃气输配系统的交接场所，由过滤、调压、计量、配气、加臭等设施组成。

调压站（Regulator Station）：设有调压系统和计量装置的建（构）筑物及附属安全装置。

车用压缩天然气（CNG for Vehicle）：作为车用燃料的压缩天然气。

压缩天然气加气站（CNG Filling Station）：为汽车储气瓶或车载储气瓶组充装压缩天然气的专门场所，包括压缩天然气加气母站、压缩天然气加气子站、压缩天然气常规加气站。

压缩天然气加气母站（CNG Primary Filling Station）：具有将管道输送的天然气过滤、计量、脱水、加压，并通过加气柱为天然气气瓶车充装压缩天然气、通过加气机为天然气汽车充装压缩天然气的专门场所。

压缩天然气加气子站（CNG Secondary Filling Station）：由压缩天然气气瓶车运进压缩天然气，通过加气机为天然气汽车充装车用压缩天然气的专门场所。

压缩天然气常规加气站（CNG Normal Filling Station）：具有将管道输入的天然气过滤、计量、脱水、加压，通过加气机为天然气汽车充装车用压缩天然气的专门场所。

压缩天然气储配站（CNG Storage and Distribution Station）：利用压缩天然气气瓶车或者储罐作为储气设施，具有卸气、调压、计量、加臭功能，并向城镇燃气输配管网输送天然气的专门场所。

压缩天然气气瓶组（Multiple CNG Cylinder Installation）：固定在瓶框或基础上，通过管道连成一体的多个压缩天然气气瓶组合，用于存储压缩天然气的装置。

储气井（Gas Storage Well）：设置于地下的立体管状承压设备，用于储存压缩天然气。

液化天然气气化站（LNG Vaporizing Station）：利用液化天然气储罐作为储气设施，具有接收、储存、汽化、调压、计量、加臭功能，并向城镇燃气输配管网输送天然气的专门场所。

液化天然气加气站（LNG Fuelling Station）：为液化天然气汽车充装车用液化天然气的专门场所。

液化石油气储配站（LPG Storage and Distribution Station）：由储存、灌装和装卸设备组成，兼有液化石油气储存和灌装功能的专门场所。

监控和数据采集系统（Supervisory Control and Data Acquisition System，SCADA）：一种具有远程监测控制功能，以多工作站的主站形式通过网络实时交换信息，并可应用遥测技术进行远程数据通信的模块化、多功能、多层分布式控制系统。

可编程序控制器（Programmable Logic Controller，PLC）：用于顺序控制的专用计算机。其顺序控制逻辑基本上可根据布尔逻辑或继电器梯形图程序语言由编程板或主计算机改变。

清管器（Pipe Scraper）：由气体、液体或管道输送介质推动在管道内运动，用于清理管道及检测管道内部状况的工具。

清管球（Sphere Pig）：由氯丁橡胶制成的球体清管器。

清管器发送筒（Pig Trap）：清管作业时发送清管器的装置。

清管器接收筒（Pig Receiving Trap）：接收完成了清管作业的清管器的装置。

越站旁通管（Station By-pass Line）：使燃气在门站外通过的旁路管线。

加臭（Odorization）：向燃气中加注加臭剂的工艺。

沃伯数（Wobbe Number）：燃气的高位热值与其相对密度平方根的比值。

燃烧势（Combustion Potential）：燃烧速度指数。

燃气互换性（Interchangeability of Gases）：以另一种燃气（置换气）替代原来使用的燃气（被置换气）时，燃烧设备的燃烧器不需要做任何调整而能保证燃烧设备正常工作，称置换气对被置换气具有互换性。

第二节　城镇燃气分类及质量要求

一、城镇燃气分类

根据各种燃气的生成原因或者来源，城镇燃气可以归纳为天然气、人工煤气和液化石油气三大类。其中天然气是自然生成的，人工煤气是由其他能源转化而成，或是生产工艺的副产品，而液化石油气则是石油加工过程的副产气。

由于不同燃气的热值、密度、火焰传播速度等各不相同，因此，燃气的燃烧特性也有所不同。为区别不同燃烧性质的燃气，GB/T 13611—2006《城镇燃气分类和基本特性》中根据燃气的沃伯数和燃烧势将目前城镇燃气常用的天然气、人工煤气和液化石油气进行了分类。

1. 城镇燃气分类原则

城镇燃气应按燃气类别及其燃烧特性指标（沃伯数 W 和燃烧势 CP）分类，并应控制其波动范围。

2. 城镇燃气燃烧特性指标计算方法

1）沃伯数 W

沃伯数 W 可按式（1-1）计算：

$$W = \frac{H}{\sqrt{d}} \tag{1-1}$$

式中　W——沃伯数（分高沃伯数 W_s 和低沃伯数 W_i），MJ/m^3；

　　　H——燃气热值（分高位热值 H_s 和低位热值 H_i），MJ/m^3；

　　　d——燃气相对密度（空气相对密度为1）。

2）燃烧势 CP

燃烧势 CP 可按式（1-2）计算：

$$CP = K \times \frac{1.0H_2 + 0.6(C_mH_n + CO) + 0.3CH_4}{\sqrt{d}} \tag{1-2}$$

$$K = 1 + 0.0054O_2^2 \qquad (1-3)$$

式中 CP——燃烧势;

       H_2——燃气中氢气体积分数,%;

       C_mH_n——燃气中除甲烷以外碳氢化合物体积分数,%;

       CO——燃气中一氧化碳体积分数,%;

       CH_4——燃气中甲烷体积分数,%;

       d——燃气相对密度(空气相对密度为1);

       K——燃气中氧含量修正系数;

       O_2——燃气中氧气体积分数,%。

3. 城镇燃气的类别及特性指标

城镇燃气的类别及特性指标应符合表 1-1 的规定。

表 1-1   城镇燃气的类别及特性指标（15℃，101.325kPa，干）

类别		高沃伯数 W_s（MJ/m³）		燃烧势 CP	
		标准	范围	标准	范围
人工煤气	5R	22.7	21.1~24.3	94	55~96
	6R	27.1	25.2~29.0	108	63~110
	7R	32.7	30.4~34.9	121	72~128
天然气	4T	18.0	16.7~19.3	25	22~57
	6T	26.4	24.5~28.2	29	25~65
	10T	43.8	41.2~47.3	33	31~34
	12T	53.5	48.1~57.8	40	36~88
	13T	56.5	54.3~58.8	41	40~94
液化石油气	19Y	81.2	76.9~92.7	48	42~49
	20Y	84.2	76.9~92.7	46	42~49
	22Y	92.7	76.9~92.7	42	42~49

注：（1）4T 为矿井气，6T 为沼气，其燃烧特性接近天然气。

     （2）22Y 高沃伯数 W_s 的下限值 81.83MJ/m³ 和 CP 的上限值 44.9 为 $C_3H_8 = 55$，$C_4H_{10} = 45$ ［体积分数（%）］时的计算值。

二、城镇燃气质量要求

1. 燃气质量指标

人工煤气在进入城镇燃气管网前，必须进行净化，GB/T 13612—2006《人工煤气》规定的质量技术指标见表1-2。

表1-2 人工煤气的质量技术指标和试验方法

项目		质量指标	试验方法
低位热值[①]（MJ/m³）	一类气[②]	>14	GB/T 12206—2006《城镇燃气热值和相对密度测定方法》
	二类气[②]	>10	
燃烧特性指数[③]波动范围		GB/T 13611—2006《城镇燃气分类和基本特性》	
杂质含量（mg/m³）	焦油和灰尘	<10	GB/T 12208—2008《人工煤气组分与杂质含量测定方法》
	硫化氢	<20	
	氨	<50	
	萘[④]	50×10^2（冬天）100×10^2（夏天）	
含氧量[⑤]（%）	一类气	<2	GB/T 10410—2008《人工煤气和液化石油气常量组分气相色谱分析法》或化学分析方法
	二类气	<1	
一氧化碳含量[⑥]（%）		<10	GB 10410—2008《人工煤气和液化石油气常量组分气相色谱分析法》或化学分析方法

注：①本标准煤气体积（m³）指在101.325kPa，15℃状态下的体积。

②一类气为煤干馏气；二类气为煤汽化气、油汽化气（包括液化石油气及天然气改制）。

③燃烧特性指数：沃伯数（W）、燃烧势（CP）。

④萘指萘和它的同系物——甲基萘。在确保煤气中萘不析出的前提下，各地区可以根据当地城镇燃气管道埋设处的土壤温度规定本地区煤气中含萘指标，并报标准审批部门批准实施。当管道输气点绝对压力小于202.65kPa时，压力因素可不参加计算。

⑤含氧量指制气厂生产过程中所要求的指标。

⑥对二类气或掺有二类气的一类气，其一氧化碳含量应小于20%。

GB 17820—2012《天然气》规定的质量技术指标见表1-3，将天然气分为三类，这主要是充分利用天然气这一矿产资源的自然属性，依照不同用户的要求，结合我国天然气资源的实际情况而定。一、二类天然气主要用作民用燃料，三类天然气主要用作工业原料或燃料。

表1-3　天然气质量标准

项目	一类	二类	三类
高位发热量（MJ/m³）	≥36.0	≥31.4	≥31.4
总硫含量（以硫计）（mg/m³）	≤60	≤200	≤350
硫化氢含量（mg/m³）	≤6	≤20	≤350
二氧化碳体积分数（%）	≤2.0	≤3.0	
水露点（℃）	在交接点的压力下，水露点应比输送条件下最低环境温度低5℃		

注：（1）气体体积的基准参比条件是101.325kPa，20℃。

（2）在输送条件下，当管道管顶埋地温度为0℃时，水露点应不高于-5℃。

（3）进入输气管道的天然气，水露点的压力应是最高输送压力。

对石油炼厂生产的液化石油气，GB 11174—2011《液化石油气》规定的质量技术指标见表1-4。

表1-4　液化石油气质量技术标准

项目	质量指标			试验方法
	商品丙烷	商品丙丁烷混合物	商品丁烷	
密度（15℃）（kg/m³）	报告			SH/T 0221—1992《液化石油气密度或相对密度测定法（压力密度计法）》[①]
蒸气压（37.8℃）（kPa）	<1430	<1380	<485	GB 6602—1989《液化石油气蒸气压测定法（LPG法）》
组分[②] C₃烃类组分的体积分数（%）	<95			SH/T 0230—1992《液化石油气组成测定法（色谱法）》
组分[②] C₄及C₄以上烃类组分的体积分数（%）	<2.5			
组分[②] （C₃+C₄）烃类组分的体积分数（%）		<95	<95	
组分[②] C₅及C₅以上组分的体积分数（%）		<3.0	<2.0	

项目		质量指标			试验方法
		商品丙烷	商品丙丁烷混合物	商品丁烷	
残留物	蒸发残留物（mL/100mL）	<0.05			SY/T 7509—2014《液化石油气残留物的试验方法》
	油渍观察	通过③			
铜片腐蚀（40℃，1h）（级）		<1			SH/T 0232—1992《液化石油气铜片腐蚀试验法》
总硫含量（mg/m³）		<343			SH/T 0222—1992《液化石油气总硫含量测定法（电量法）》
硫化氢含量	乙酸铅法（mg/m³）	无			SH/T 0125—1992《液化石油气硫化氢试验法（乙酸铅法）》
	层析法（mg/m³）	<10			SH/T 0231—1992《液化石油气中硫化氢含量测定法（层析法）》
游离水		无			目测④

注：①密度也可用 GB/T 12576—1997《液化石油气蒸气压和相对密度及辛烷值计算法》计算，有
　　争议时以 SH/T 0221—1992 为仲裁方法。
　　②液化石油气中不允许人为加入除加臭剂以外的非烃类化合物。
　　③按 SY/T 7509—2014 方法所述，每次以 0.1mL 的增量将 0.3mL 容积残留物混合物滴到滤纸
　　上，2min 后在日光下观察，无持久性不退的油环为通过。
　　④有争议时，采用 SH/T 0221—1992 的仪器及试验条件目测是否存在游离水。

另外，液化石油气掺混空气的混合气中，液化石油气的体积百分数应高于其爆炸上限的两倍，而且混合气的露点温度应该低于管道外壁温度 5℃，硫化氢含量应小于 20mg/m³。

2. 燃气加臭

燃气易燃易爆。燃气泄漏后与空气混合，当其浓度处于一定范围时，遇火即发生着火或爆炸。城镇燃气有毒性。天然气为烃类混合物，属低毒性物质，但长期接触可导致神经衰弱综合症状。天然气中的甲烷为"单纯窒息性"气体，高浓度时会因为缺氧而引起中毒。为防止燃气泄漏，必须提高燃气输配与应用过程中的安全性，燃气一旦发生泄漏，应该能够及时被发现。一般通过向燃气中注入一定的加臭剂，如四氢噻吩或者硫醇，使燃气具有一定的"异味"或"臭味"而被人的嗅觉感知。

嗅觉能力一般的正常人，在空气—燃气混合物臭味强度达到 sales 等级 2 级时，能察觉空气中存在燃气。当空气中的四氢噻吩为 0.08mg/m³ 时，可达到臭味强度 2 级的报警浓度。

对于天然气和气态液化石油气的加臭剂用量，一般规定在燃气泄漏到空气中，达到爆炸下限的 20% 时，应能觉察。如天然气的爆炸下限为 5%，则空气中的天然气含量达到 1% 时应能觉察，如要达到臭味强度 2 级的报警浓度，则在天然气中应加注四氢噻吩 8mg/m³，但实际加入量尚需考虑管道长度、材质、腐蚀情况和天然气成分等因素，增加 2~3 倍。

第三节　城镇燃气基本特性

一、燃气的组成

城镇燃气是由多种气体组成的混合气体，含有可燃气体和不可燃气体。其中可燃气体有碳氢化合物（如甲烷、乙烷、丙烷、丁烷、丁烯等烃类可燃气体）、氢气和一氧化碳等，不可燃气体有二氧化碳、氮气和氧气等。典型的天然气、液化石油气和人工煤气的组分见表 1-5。

表 1-5　各种典型燃气平均组分（273.15K、101325Pa）

种类		燃气成分体积分数（干成分）（%）								
		CH_4	C_3H_8	C_4H_{10}	C_mH_n	CO	H_2	CO_2	O_2	N_2
天然气	纯天然气	98	0.3	0.3	0.4	—				1.0
	石油伴生气	81.7	6.2	4.86	4.94			0.3	0.2	1.8
液化石油气（概略值）		—	50	50						
人工煤气	焦炉煤气	27	—	—	2	6	56	3	1	5
	水煤气	1.2	—	—	—	34.4	52	8.2	0.2	4.0

二、燃气的物理学性质

1. 平均相对分子质量

燃气一般为混合气体，混合气体的平均相对分子质量可按下式计算：

$$M = y_1 M_1 + y_2 M_2 + \cdots + y_n M_n \tag{1-4}$$

式中　M——混合气体平均相对分子质量；

　　　y_1，y_2，$\cdots$，y_n——各单一气体体积分数，%；

　　　M_1，M_2，$\cdots$，M_n——各单一气体相对分子质量。

2. 气体的密度

单位体积气体的质量称为密度。气体的体积与压力及温度有关，说明密度时必须指明它的压力和温度状态。例如，空气在 $p = 101325\text{Pa}$，$t = 20℃$ 时，密度 $\rho = 1.206\text{kg/m}^3$；在 $p = 101325\text{Pa}$，$t = 0℃$ 时，密度 $\rho = 1.2931\text{kg/m}^3$。如果不指明压力、温度状态，通常就是指工程标准状况下（101325Pa，20℃）的参数。

1kmol 气体的质量为 M，体积为 V_M，所以气体的密度又可写为：

$$\rho = \frac{M}{V_\text{M}} \tag{1-5}$$

例如，甲烷的 $M = 16.043\text{kg/kmol}$，$V_\text{M} = 22.3621\text{m}^3/\text{kmol}$，于是有：

$$\rho = \frac{16.043}{22.3621} = 0.7174 \ (\text{kg/m}^3) \tag{1-6}$$

混合气体平均密度还可根据单一气体密度及体积分数按下式计算：

$$\rho = y_1 \rho_1 + y_2 \rho_2 + \cdots + y_n \rho_n \tag{1-7}$$

式中　ρ_1，ρ_2，$\cdots$，ρ_n——标准状态下各单一气体密度，kg/m^3；

　　　y_1，y_2，$\cdots$，y_n——各单一气体体积分数，%。

相对密度指该物质的密度与标准物质的密度之比。

对于气态燃气来说，相对密度是气态燃气密度与空气密度的比值（一般用 S 表示）。$S>1$ 表明该燃气比空气重，$S<1$ 表明该燃气比空气轻。

对于液态燃气来说，相对密度是液态燃气密度与纯水密度的比值（一般用 D 表示）。$D>1$ 表明该液态燃气比水重，$D<1$ 表明该液态燃气比水轻。

三种燃气的密度和相对密度变化范围（即平均密度和平均相对密度）见表1-6。

表1-6　三种燃气的密度和相对密度

燃气种类	密度（kg/m³）	相对密度
天然气	0.75~0.8	0.58~0.62
焦炉煤气	0.4~0.5	0.3~0.4
气态液化石油气	1.9~2.5	1.5~2.0

3. 燃气的黏度

气体和液体一样，在运动时都表现出一种叫做黏度或内摩擦的性质。黏度是气体或液体内部摩擦引起的阻力的原因，黏度越大，阻力越大，气体流动越困难。温度升高，气体的无秩序热运动增强，气层之间的加速和阻滞作用随之增加，内摩擦也就增加。所以，气体的黏度随着温度的升高而加大，与液体的黏度随温度升高而降低不同。随着压力的升高，气体的性质逐渐接近于液体，温度对黏度的影响也越来越接近于液体。

4. 燃气的湿度和露点

在燃气存储、输送等过程中，湿燃气中水蒸气的含量将发生变化，而干燃气的含量却保持不变。湿燃气中1kg干燃气所夹带的水蒸气量（以克记）称为湿燃气的含湿量，以符号d表示，单位为g/kg干燃气，即：

$$d = 1000 \frac{M_{zq}}{M_g} \tag{1-8}$$

式中　M_{zq}——1kg湿燃气中所含水蒸气的质量，g；
$\quad\quad$ M_g——1kg湿燃气中所含干燃气的质量，kg。

饱和蒸气经冷却或加压，立即处于过饱和状态，如果遇到接触面或凝结核便液化为露，这时的温度称为露点。

对于气态碳氢化合物，与饱和蒸气压相应的温度也就是露点。例如，丙烷在$3.49×10^5$Pa时的露点为-10℃，而在$8.46×10^5$Pa时露点为+20℃。气态碳氢化合物在某一蒸气压时的露点也就是液体在同一压力时的沸点。

碳氢化合物混合气体的露点和混合气体的组成及其总压力有关。在实际的液化石油气供应中，由于碳氢化合物的蒸气分压力降低，因而露点也降低了。

露点随混合气体的压力及各组分的体积分数而变化，混合气体的压力增加，露点升高。当用管道输送气体碳氢化合物时，必须保持其温度比露点高

5℃以上，以防凝结，阻碍输气。

[例1-1] 已知混合气体中各单一气体的体积分数为 $y_{C_2H_6} = 4\%$，$y_{C_3H_8} = 75\%$，$y_{C_4H_{10}} = 20\%$，$y_{C_5H_{12}} = 1\%$。求混合气体平均相对分子质量、平均密度（已知，$M_{C_2H_6} = 30.070$，$M_{C_3H_8} = 44.097$，$M_{C_4H_{10}} = 58.124$，$M_{C_5H_{12}} = 72.151$，$\rho_{C_2H_6} = 1.355\text{kg/m}^3$，$\rho_{C_3H_8} = 2.010\text{kg/m}^3$，$\rho_{C_4H_{12}} = 2.703\text{kg/m}^3$，$\rho_{C_5H_{12}} = 3.454\text{kg/m}^3$）。

解：按式（1-4）求混合气体平均相对分子质量。

$$M = \sum y_i M_i$$
$$= \frac{1}{100} \times (4\times30.07 + 75\times44.097 + 20\times58.124 + 1\times72.151)$$
$$= 46.622$$

按式（1-7）求混合气体平均密度。

$$\rho = \sum y_i \rho_i$$
$$= \frac{1}{100}(4\times1.355 + 75\times2.010 + 20\times2.703 + 1\times3.454)$$
$$= 2.137\text{kg/m}^3$$

三、燃气的热力学性质

1. 燃气的热值

1m³ 燃气完全燃烧所放出的热量称为燃气的热值，单位为 kJ/m³。对于液化石油气，热值单位也可用 kJ/kg。热值可分为高热值和低热值。

高热值是指 1m³ 燃气完全燃烧后其烟气被冷却至原始温度，而其中的水蒸气以凝结水状态排出时所放出的热量。

低热值是指 1m³ 燃气完全燃烧后其烟气被冷却至原始温度，但烟气中的水蒸气仍为气态时所放出的热量。高、低热值数值之差为水蒸气的汽化潜热。城镇燃气各种常用的单一可燃气体的热值见表1-7。

表1-7　各种常用的单一可燃气体的热值

气体	甲烷	乙烷	乙烯	丙烷	丙烯	正丁烷	异丁烷	丁烯	正戊烷
高热值（MJ/m³）	39.8	70.4	63.4	101.3	93.7	133.9	133.0	125.8	169.4
低热值（MJ/m³）	35.9	64.4	59.5	93.2	87.7	123.6	122.9	117.7	156.7

混合可燃气体的热值可由各单一气体的热值根据混合法则按下式计算或由热量计测得。

$$HV = \sum_{i=1}^{c} y_i HV_i \tag{1-9}$$

式中 HV——混合可燃气体的高热值或低热值，MJ/m^3；

HV_i——燃气中第 i 种可燃组分的高热值或低热值，MJ/m^3；

y_i——燃气中第 i 种可燃组分的体积分数。

[例 1-2] 已知混合气体各组分的体积分数为 $y_{C_2H_6} = 4\%$，$y_{C_3H_8} = 75\%$，$y_{C_4H_{10}} = 20\%$，$y_{C_5H_{12}} = 1\%$。求混合气体热值（已知 $HV_{C_2H_6} = 70.351MJ/m^3$，$HV_{C_3H_8} = 101.266MJ/m^3$，$HV_{C_4H_{10}} = 133.886MJ/m^3$，$HV_{C_5H_{12}} = 169.377MJ/m^3$）。

解：按式（1-9）求混合气体热值。

$$HV = \sum_{i=1}^{c} y_i HV_i$$
$$= \frac{1}{100} \times (4 \times 70.351 + 75 \times 101.266 + 20 \times 133.866 + 1 \times 169.377)$$
$$= 106.222MJ/m^3$$

2. 燃气的爆炸极限

城镇燃气一般都是包括可燃组分和非可燃组分的多组分气体，是一种"混合型燃气"。城镇燃气如果泄漏到环境中与空气形成混合物，当燃气在空气中的浓度处于爆炸极限范围内时，有可能产生燃烧爆炸。可燃气体与空气混合，经点火发生爆炸所必需的最低可燃气体体积分数，称为爆炸下限；可燃气体与空气混合，经点火发生爆炸所容许的最高可燃气体体积分数，称为爆炸上限。城镇燃气中各种单一可燃气体的爆炸极限见表1-8。

表 1-8 各种单一可燃气体的爆炸极限

气体	甲烷	乙烷	乙烯	丙烷	丙烯	正丁烷	异丁烷	丁烯	正戊烷
爆炸上限（%）	5.0	2.9	2.7	2.1	2.0	1.5	1.8	1.6	1.4
爆炸下限（%）	15.0	13.0	34.0	9.5	11.7	8.5	8.5	10	8.3

第四节　城镇燃气工程设计文件

城镇燃气工程的设计可分为三个阶段：可行性研究阶段、初步设计阶段和施工图设计阶段。

一、可行性研究阶段

1. 可行性研究的目的和基本要求

可行性研究（以下简称可研）是城镇燃气建设项目决策阶段最重要的工作。进行可研设计的过程是深入调查研究的过程，也是多方案比较选择的过程。

通过可研对项目进行全面策划。确定项目建设的目标，对建设前提条件（特别是气源供给条件）、依据（特别是市场需求、市场风险）进行论证，对技术方案、综合配套设施建设、人员准备、建设进度控制等提出安排，对项目建设效益，特别是企业经济条件和效益、节能环保效益以及社会效益各方面进行评价。在这种综合研究分析与设计的基础上得出项目建设可行性的结果和结论。可研结果将作为项目建设的决策依据和下一阶段设计（特别是初步设计）工作的指导文件。

可研的成果可以成为以下工作的依据：

（1）作为投资决策的依据。

（2）作为筹措资金和申请贷款的依据。

（3）作为编制初步设计文件的依据。

（4）作为与建设项目承包商、供应商签订合同、协议的依据。

（5）作为节能评价、安全评价、环保评价等的依据。

对可研成果最基本要求就是：具有预见性、客观公正性、可靠性和科学性。

2. 可行性研究文件的组成

可研文件由两大部分组成，包括可行性研究报告和相关材料附件。

3. 可行性研究文件的编制

1）总论

总论主要包括项目简介、项目建设必要性、编制原则、标准规范、编制依据、主要研究结论。

总论概括从项目建设气源条件、市场依据、技术方案基础、经济、节能、环境及社会效益的叙述得出的可行性结论。

2）气源、市场及供气规模

（1）气源：说明项目的气源资源量与供气量、供气压力、气质参数、供气时间以及项目的接气位置、接气压力等参数。

（2）市场：分析论述当地市场调查结果和能源消费状况，对市场用气量需求和可承受价格进行预测，评估用气市场的风险。

（3）供气规模。

3）燃气输配系统方案设计

城镇燃气输配系统的推荐方案应是在多方案间进行比选之后确定的，包括方案介绍、方案比选、确定推荐方案，最终提出推荐的燃气输配系统方案，并说明推荐理由。

4）燃气管道系统

应根据城市区域特点及用气负荷分布、负荷中心及用户对用气的特定要求，分别对高压输气管道和城区分配管道提出方案。

（1）设计参数：应说明城镇燃气管网的气源、计算流量、压力级别等。

（2）线路说明：简要说明城镇燃气管网的布置原则、管网布置、敷设方式。主要内容应包括：

①门站、储配站、调压站的布置。

②主干线布局、走向。

③重要的穿跨越方案。

④管道敷设方式、管道埋深。

⑤附属设施说明等。

（3）水力计算。

（4）管材选用。

（5）管道防腐。

（6）主要工程量。

5）站场工艺

（1）对项目中的门站、储配站及调压站应分别予以说明。说明内容应包括：

①站场（门站、储配站）的供气量和储气量。

②站场的过滤、计量、加压（如果有）、调压、加臭和储存等工艺流程以及收、发球等辅助流程。

③主要设备选型，包括储气罐、过滤器、调压器、加臭装置、引射器、分析化验设备等。

④站内管道及设备防腐和阴极保护方式，设备材料选择。

（2）主要工程量。

6）自动控制

定位整个项目的自控水平。说明自动控制系统建设的目标及要达到的自控与管理水平，描述自控方案，主要工程量等。

7）站址选择及总图运输

应对项目包括的门站、储配站和调压站分别论述其站址选择、总图运输及主要工程量。

8）公用工程及辅助设施

其内容主要包括建筑结构、供配电、通信、给排水、消防、供热与暖通以及维修抢修等专业的设计，主要说明工作范围、设计方案、主要工程量等。

9）节能

其内容主要包括项目的主要能耗环节、节能措施、节能效益评价。

10）环境保护

（1）项目本身的环保意义与任务。

（2）项目在施工过程中对生态和环境的影响、对策及持续时间等。

（3）项目在运行过程中，其废气、废水、固体废弃物等对环境的影响及对策。

（4）项目的环境效益，其减排效果的绝对量和相对量，产生的效益评估。

11）安全

分析项目中的危险有害因素，介绍各设计方案中针对安全采取的措施、运行操作规程及管理。

12）职业卫生

分析项目中的职业病危害因素，相应地介绍应对的防护措施、操作规程及管理。

13）机构与定员

分为机构设置、劳动定员。

14）项目建设计划进度

分为建筑阶段、建设进度。

15）投资估算与融资方案

（1）投资估算。

投资估算包括建设投资、建设期利息、流动资金估算、总投资估算。

（2）融资方案。

说明资金来源、资本金筹集、债务资金筹集、资金使用计划等内容。

16）财务评价

其内容包括财务评价基础数据、成本与费用估算、财务分析、燃气售气价格分析、财务分析结论。

通过项目总投资、项目规模、平均售价、全投资内部收益率（税后）、财务净现值、静态投资回收期、投资回收期、（税后）贷款偿还期等指标做出项目财务评价结论。

17）结论

从项目建设条件、方案、效果三个方面做出总括结论。

综合项目的建设气源条件、市场依据、技术路线及项目实施方案、财务评价与经济效益、环境及社会效益，给出项目的可行性结论。

18）风险分析

城镇燃气项目的风险主要是市场风险和气源可靠性风险。在可研报告中，应通过风险分析，揭示主要因素的风险程度等级，提出防范和降低风险的对策。

19）问题与建议

提出项目可行性研究中气源保障程度，用气市场变化风险、经济等环境变化影响；指出技术与项目上存在的需重视与解决的问题、关键环节，给出解决的建议和方向。

20）附件

附件应至少应包括以下内容：

（1）项目建议书（如果有）。

（2）主管单位对建议书的批复文件。

（3）项目可研工作委托书。

（4）气源供气协议或意向书。

（5）国土及规划部门关于项目主要场站用地的文件。

（6）用气市场用户调查报告总材料。

（7）管网系统主干网络布置图。

（8）输气、配气管网水力计算图。

（9）门站（储配站）工艺流程及平面布置简图。

二、初步设计阶段

1. 初步设计的目的和基本要求

工程项目的可行性研究经过论证可行，且经过有关管理部门批准后，即可开展设计工作。设计工作分为初步设计和施工图设计两阶段，初步设计（后文中将简称为初设）是两阶段的前一部分。

初设是从整体上对系统规模、工艺流程、主要设备、控制水平、材料及辅助设施的配置等方面给出方案，计划安排施工阶段，体现工程项目在技术上的可实施性和经济上的合理性，合理地确定总投资和主要技术经济指标。

与可行性研究的区别在于：

（1）可研确定项目是否可行，初设确定项目如何实施。

（2）可研着重于将项目放在经济、市场、社会、环境中进行评价衡量。初设是基本限定在工程技术的范围内，建构出具体的项目。

（3）可研的重点在于气源、市场、风险、收益。初设的重点在于使工程技术方案相对最优，工程技术条件充分利用，确保项目功能能够发挥出来。

2. 初步设计的深度

初设文件的内容和深度应满足下列要求：

（1）应能作为编制施工图的设计依据。

（2）能够确定征用土地和建（构）筑物的拆迁范围。

（3）能用于主要设备和材料的订货工作。

（4）可用于进行施工准备工作。

（5）可用作编制建设计划、项目进度，安排资金使用时间。

（6）可用于编制工程招标文件。

3. 初步设计文件的组成

初设成果至少要包含以下文件：初步设计说明书、设计图样、设备材料汇总表、技术规格书和数据单、概算书。

4. 初步设计文件的编制

1) 总论

（1）项目简介。

（2）设计原则。

（3）标准规范。

（4）设计依据：列出作为初设设计依据的文件名称、编制（或审批）单位和编制（或审批）时间。所有依据均作为初设文件的附件。

（5）工程概况。

（6）初步设计与可行性研究的对比分析：初步设计与可行性研究报告变化时，应说明变化内容及变化原因。当建设规模、主体技术方案发生变化时应重新编制可研报告。

（7）专项评价工作开展情况及说明：应说明各专项评价工作的完成及批复情况、初步设计专业评价结果及批复意见落实情况。

（8）存在问题及建议：应说明在工程建设条件、技术、经济等方面存在的问题，并提出解决问题的意见和建议。

2) 燃气输配系统设计

（1）输气工艺：说明工艺参数的选择，包括与上、下游交接参数。复核可研批复的管道压力、管径等输气工艺方案，必要时通过比选确定压力、管径。根据输气量台阶，进行工艺核算，并进行适应性分析。应列出管道工艺计算（包括管道水力计算和输气能力计算）的公式、计算参数选择、所执行的标准规范以及所采用的计算软件，列出计算结果。

（2）压力级制。

（3）管网布置。

（4）站场设置。

（5）调峰储气方案。

（6）图样。

3) 站址选择及总图运输

（1）工作范围。

（2）站址选择原则。

（3）选址方案。

（4）站址建设条件。

（5）公用工程依托。

（6）站址报批情况说明。

（7）总图运输：包括总平面布置、道路及竖向布置、绿化布置和运输。

（8）图样：包括区域位置图、总平面布置图、道路及竖向布置图和土方计算图。

4）燃气输配管道系统

应根据不同的工程情况，对高压管网、次高压管网、中压管网按下列要求分别说明。

（1）管网布置及走向：应说明工程的管网布置及走向和管道敷设情况。

（2）管道穿跨越：应说明工程的穿跨越情况，包括穿跨越名称、数量，穿跨越形式、长度，穿跨越工程等级，穿跨越水域，穿越公路、市政道路、铁路和电车轨道等情况。

（3）线路附属设施：包括管网阀室（井）、固定墩的设置、施工占地及水工保护和水土保持。

（4）水力计算：应列出燃气管网水力计算的公式、计算参数、所执行的标准规范以及所采用的计算软件，说明计算结果。必要时高压管网、次高压管网、中压管网统一考虑进行水力计算。

应根据水力计算结果确定管网设计压力、运行压力及管道内径。

（5）管材选用。

（6）管道连接与检验。

（7）防腐工程。

（8）图样：包括城镇燃气管网平面布置图、穿越公路和铁路典型图、穿越河流（沟渠）平面图和纵断面图、燃气管网水力计算简图、阴极保护站分布图（线路和站场）和阴极保护系统图（线路和站场）。

5）站场工艺

（1）设计范围。

（2）设计规模：按门站、储配站、调压站、压缩天然气供应站、液化天然气气化站等分别予以说明其设计规模。

说明门站、储配站、压缩天然气供应站、液化天然气气化站的供气量和储气量。

说明调压站的额定流量、调压设施的配置等情况。

（3）工艺流程：说明站场总体工艺流程、计量要求等，并对工艺流程进行详细说明。

（4）工艺设备选型：对可行性研究中确定的主要设备选型方案进行优化后，最终确定设备选型。

工艺设备包括压缩机组、储气罐、过滤器、计量装置、加热装置、调压器、安全泄放装置、加臭装置、CNG 储气设施（如果有）、储气瓶、储气井、LNG 汽化器、LNG 泵橇、LNG 储罐和非标设备。

（5）站内管道及附件：包括站内管道、阀门、法兰、管件、管道布置、敷设方式、管道连接方式及检验。

（6）图样：工艺专业应绘制图样及图样要求至少包括以下内容：工艺流程图、工艺管网布置图、工艺设备平面布置图和储气罐总图。

6）自动控制

（1）工作范围。

（2）自控水平。

（3）自控方案。

（4）主要工程量。

（5）图样：包括工艺及仪表控制流程图（P&ID）、控制系统配置图、控制室平面布置图和可燃气体泄漏检测点布置图。

7）公用工程

（1）主要说明供配电、通信、给排水、供热、暖通、建筑、结构等专业的工作范围、技术方案、图样、设备材料表等内容。

（2）维修与抢修的相关内容。

（3）消防（专章）：说明站场所在地区的消防协作力量位置及装备情况、到达时间、消防协议、联防体制等可依托性条件，并对可依托情况进行分析，包括消防对象概述、消防系统设计、火灾危险性分析、防火措施、消防专项投资。

8）节能措施

其内容包括能耗分析、能耗指标、节能措施、节水措施。

9）环境保护

其内容包括设计依据、建设项目所在地区环境现状、环境影响分析、环境保护措施、环境管理及环境监测计划、环境保护专项投资、环境影响结论。

10）安全

其内容包括设计依据、危险有害因素分析、风险防护措施及其效果、安全管理机构及设施、安全设施专项投资概算、主要结论和建议。

11）职业卫生

其内容包括设计依据、职业病危害因素分析、职业病危害防护措施及预期效果、职业卫生专项投资、主要结论和建议。

12）机构与定员

其内容包括机构、定员、员工培训。

13）项目实施进度安排

明确项目实施阶段，按项目实施各阶段的工作内容提出各阶段的实施计划，并编制工程进度表。

14）工程概算

工程概算文件应单独成册，如果工程技术方案和设计概算与可研比较发生较大变化，应对项目经济评价进行复核。

其内容包括编制范围、概算报投资、资金筹措。

三、施工图设计阶段

1. 施工图设计的基本要求

施工图设计是根据已批准的初步设计或设计方案而编制的可供进行施工和安装的设计文件。施工图设计内容以图样为主，应包括封面、图样目录、设计说明、图样、工程预算等。

设计文件要求齐全、完整，内容、深度应符合规定，文字说明、图样要准确清晰，整个设计文件应经过严格的校审，经各级设计人员签字后，方能提出。

2. 施工图设计的深度

施工图设计文件的深度应满足的要求：能据以编制施工图预算；能据以安排材料、设备订货和非标准设备的制作；能据以进行施工和安装；能据以进行工程验收。

3. 施工图设计文件组成

施工图设计文件主要包括设计说明书、施工图预算、主要材料设备表和设计图样等内容。

4. 施工图设计文件编制

1）设计说明书

（1）设计依据。

（2）工程概况：本工程地理位置、总体工程规模；本次设计的主要内容及工程范围、规模；供气气源有关情况说明；用户有关情况说明；供气方式；站场情况说明；管网情况说明；与初设的一致性，如与初设内容有较大变化时，应阐明原因、依据，并说明更改的主要内容。

（3）工程设计：场站工程应说明主要设计参数、主要设备及工艺管道的设计功能、各种工艺管道与外部配套设施的关系。

管道工程应说明管道位置、管材及接口、管道附件、阀室设置、管道防腐、管道穿跨越方式及特殊处理措施等。

工程设计说明还应包括设备选用情况说明、管材选用情况说明、其他专业设计情况说明。

（4）施工安装及验收要求：包括施工注意事项及技术要求和施工验收标准。

（5）其他必要的说明。

2）施工图预算

施工图预算文件包括封面、扉页、编制说明、总预算书和（或）综合预算书、单位工程预算书、主要材料表以及需要补充的单位估价表。

3）设计图样

（1）总体布置图：厂址方位图表示项目中各个厂（站）、各种压力等级的主干线（低压管网不要求）所在城市中的地理位置，表明它们之间以及与现有燃气设施间的地理位置关系。当项目为单一的厂站工程或管线工程时，则为工程方位图，仅表示工程所处城市中的方位。施工图中应增加表示工程分项情况的内容，要求各分项用代码或符号表示所处的城市地理位置，通过列表示明各分项工程的名称和工程号。

（2）厂站工程。

①工艺专业：包括工艺流程图、设备平面布置图；工艺管道平面布置图、系统图、剖面图、支吊架图；设备、管道安装连接详图；非标设备图。

②总图专业：包括坐标、高程换算图（必要时）；土方平衡和挡土墙图；总平面图；围墙大门图；厂区道路图；厂区室外管道综合平面图；必要的各专业厂区室外管线的平面图、纵断面图、地沟或构筑物断面图、检查室结构图、支吊架图、保温结构图、防腐做法图；竖向排水及防洪图；厂区照明图；铁路专用线场站平面图；厂区绿化图。

③建筑专业：包括建筑物的分层平面图、立面图、剖面图；各部分构造详图；室内地沟平面图。

④结构专业：包括基础平面图及基础详图；各层结构平面布置图；结构构件详图；留孔和预埋件位置及做法图；设备基础图。

⑤热工、暖通专业：包括流程图或系统透视图；锅炉房、空气压缩机房、

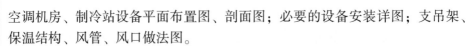

空调机房、制冷站设备平面布置图、剖面图；必要的设备安装详图；支吊架、保温结构、风管、风口做法图。

⑥给水排水专业：包括水泵房、水池设备平面布置图；管道平面布置图、剖面图；管道支吊架图；用水设备、排水口安装图。

⑦电力专业：包括供电总平面图；变配电室高低压一次接线图；变配电室平面布置图；变配电室剖面图；变压器、高低压系统二次接线图；动力线路平面图；电缆作业表；照明系统及平面图；防雷及接地系统平面图；电气设备安装详图；电力拖动和控制信号安装图。

⑧仪表自动化及通信专业：包括带测控点的工艺流程图；仪表盘、控制台、控制柜盘面布置图；控制设备平面布置图；电缆敷设平面布置图；供电系统图；继电箱图；信号及连锁原理图；仪表安装、连接图；控制设备安装图；电缆清册（必要时）；通信及电视监控图。

（3）管网工程。

①工艺专业：包括管网总平面图（必要时）；管线平面布置图；管线纵断面图；阀室工艺图。

②结构专业：包括阀室结构图；特殊穿、跨越工程结构图；管道基础或设备基础图。

③其他专业：包括特殊穿、跨越图；电化学保护装置图；非标设备图；必要的局部详图；其他根据工程涉及的专业和设计内容绘制的相应图样。

四、城镇燃气规划

1. 城镇燃气规划工作内容

（1）摸清燃气设施现状，对现有燃气质量、生产设施的状况和可利用价值进行分析评价。

（2）调查各类燃气用户用气现状，对用气历史数据进行分析整理，总结各类用户的用气量指标、用气不均匀系数等主要参数及规律，并对其变化趋势作出预测。

（3）科学地预测近、中、远期管道燃气和瓶装燃气的用气规模。包括年用气量、各种高峰用气量等。

（4）根据我国燃气发展趋势和城镇燃气发展方针，结合当地资源及输送条件，确定燃气气源供应可能渠道及主要燃气供气参数。

（5）按城镇总体规划的要求，提出燃气输配系统框架方案。根据需要进行必要的专题研究、方案比选和优化工作。布置、调整和优化骨干燃气管网。对远期实施的高压管道和主干管网，控制预留管廊或管位。

（6）确立瓶装供气的发展（控制）原则；统筹安排、规划（调整）瓶装液化石油气储配站、灌瓶站和供应站的数量和合理布局。

（7）对汽车加气站数量与布局规划或与"汽车加气站布局规划"的关系进行协调。

（8）对燃气输配调度与管理系统进行统一规划，提出燃气 SCADA 系统、GIS 系统（地理信息系统）和 MIS 系统（管理信息系统）的发展原则和框架。

（9）对于全市性或区域性的燃气设施，如管理调度中心，天然气门站、调压站，压缩天然气加压站、供气站，液化石油气储存站、气化站和瓶装供应站等按防火等安全要求提出用地数量和规划站址。

（10）对制订的规划方案，作投资匡算，进行社会效益分析。

（11）提出规划实施步骤和必要的政策建议，包括对近期燃气工程的建设和发展提出现实的目标和具体实施步骤。

2. 城镇燃气规划的编制要点

城镇燃气规划是城镇发展规划的重要组成部分，关系到城镇经济社会的协调发展，编制城镇燃气规划应把握好三个要点：城镇燃气专项规划需具有时间跨度的前瞻性；规划需要做到广泛的协调性；规划对一些特定问题或关系重大问题需进行相当深度的调查与研究。

3. 规划工作步骤

（1）明确规划的目的、任务和范围，领会国家、地方政府以及上级部门的有关法规、方针和政策，熟悉国家、行业有关规范和标准。

（2）必要的基础资料收集（包括城镇总体规划文本，城镇经济社会统计资料等）。

（3）有关燃气与能源现状调查，包括主要能源消耗结构调查；燃气经营企业、燃气质量、燃气设施、用户和用气量历史资料；居民、商业、工业用户主要燃料构成；适合发展管道供气的居民小区分布情况，小区内住宅建筑状况；现有商业用户数量、分布及测算用气量；重点工业耗能大户主要燃料消耗情况、生产班制及折算用气量；公共交通及机动车主要燃料消耗、电力消耗调查等。

（4）潜在用户调查。

（5）资料分析整理，进行必要的专题研究，确定主要供气参数。

（6）行程规划方案，初步落实场站用地。

（7）编制说明书，绘制图表，完成规划成果。

4. 规划成果文件组成

（1）规划说明书。

（2）规划图样，根据具体规划的范围和内容确定，以下目录供参考：燃气设施现状图；天然气高压干管及城镇区域位置图；天然气高压管道布置图；天然气高压管道水力计算图；中压管网布置图；中压管网水力计算图；压缩天然气加压站、供气站系统布点规划图；瓶装液化石油气供气系统布点规划图；汽车加气站布点规划图。

（3）规划燃气设施用地图册：规划天然气门站、高中压调压站，压缩天然气加压站、供气站，液化石油气储配站（储存站）、气化站（混气站）、瓶装供应站、燃气汽车加气站等燃气设施带坐标的控制用地平面图。

（4）投资匡算书（可选性内容）。

5. 城镇燃气规划说明书文本编制

1）概述

（1）城镇概况：包括历史沿革、地理位置、行政区域及自然条件等；城镇性质及规模（面积、人口组成）；社会经济及基础设施；能源供应及消耗；城镇环境状况。

（2）规划范围、期限：包括规划范围和规划期限。规划期限按照有关规划文件（如城镇总体规划）提出的规划期限进行划分，一般分为近期、中期和远期规划。

（3）规划依据：包括主管部门关于燃气专项规划编制的文件；城镇总体规划；国家和地方政府相关的方针政策性文件；上一轮燃气专项规划；委托单位提出的委托书和委托单位与规划编制单位双方签订的工作合同（或协议书）；其他城镇相关规划资料，如城镇道路规划图、城镇公共交通规划、城镇地下管线勘测资料、城镇统计资料。

（4）规划参考资料：包括现有城镇燃气耗用、供应量及工况历史资料；现有城镇能源耗用、供应量及结构历史资料；最近10年完成的燃气工程相关资料；燃气设施现状资料，燃气管网现状图；相关的上游输气管道工程相关资料；燃气管理条例。

（5）规划原则：包括符合城镇总体规划要求；符合国家有关产业政策；符合节能减排、环境保护政策；符合天然气利用政策；科学预测各类用户的燃气需求量，确定近、中、远期供气规模；科学合理地选择各种供气参数；在气源资源和运输条件分析的基础上确定气源方案；适当超前，统筹考虑，优化系统方案，确定输配系数框架；近远期结合，适应气源的变化和转换；积极采用国内外先进成熟的工艺、技术、设备和材料。

（6）燃气现状：主要燃气经营单位、气源、现有燃气设施现状、价格及评价。

2）需求预测与供气规划

（1）用户与燃气替代性分析。

（2）需求预测包括：

①用气人口规模、用气量指标：按城镇总体规划及城镇实际居住人口规模，确定用气人口规模；居民、商业、燃气汽车、单元式采暖等用户的用气量指标；工业用户指标。

②用气需求量预测：分为管道供气和瓶装供气需求量。

（3）供气规模及气量平衡：规划期年供气量（按燃气分类与总量，用户分类与总量）。

3）气源规划

其内容包括燃气种类、资源来源及运输方式；事故应急气源；主要燃气供气参数；燃气互换性等。

4）输配系统规划

（1）系统方案：输配系统压力级制及输配主干网结构，站、场设置，储气方案，分配管网形式及组成等。

（2）现有燃气设施利用规划。

（3）输配管网规划，包括：

①分级作出输配管网方案：规划天然气高压管网及高中压调压站，对远期实施的高压管道和主干管网，应控制预留管廊或管位。

燃气管网规划：布置、调整各级燃气管网。规划中中压、中低压调压站。

②管网计算：确定管径、主干管网水力计算。

③燃气管道材料选择及防腐：管道材料、防腐与电保护。

5）压缩天然气供气系统

其内容包括压缩天然气供气规划，压缩天然气加气母站，压缩天然气供气站。

6）液化石油气供气系统

其内容包括液化石油气供气规划，液化石油气储配站（储存站），液化石油气瓶装供应站，液化石油气气化站（混气站）。

7）汽车加气站

其内容包括汽车加气站布点规划及汽车加气站方案。

8）燃气运行调度与管理信息系统

（1）系统功能：采用燃气 SCADA 系统、GIS 系统和 MIS 系统，实行对燃气生产、输配进行合理有效的管理调度，保证燃气输配过程的可靠和稳定，使用户正常用气，实现燃气系统的安全经济运行。

（2）系统方案：包括系统范围，燃气 SCADA 系统，GIS 系统，各项 MIS 系统功能、结构和规模，通信。

9）安全

其内容包括火灾爆炸危险因素，范围，安全对策。

10）节能和环境保护

其内容包括节能因素，节能效益评估；环境影响、环保措施、环保效果和效益评估。

11）后方工程

其内容包括管理调度中心、抢先维修中心（管线所）、用户服务中心等。

12）规划实施步骤

提出城镇燃气工程的近、中、远期实施方案和步骤。特别是近期实施步骤要具体，要求具有较强的可操作性，并应考虑近期实施方案的技术经济可行性。

13）投资匡算

主要用指标进行匡算，辅以概算。

14）保障措施及建议

规划实施保障措施及建议。

第二章　城镇燃气气源

城镇燃气按来源或生产方式大致分为三类：天然气、人工煤气和液化石油气。三种气源并存形成了我国多气源的格局。为了优化能源结构、促进城镇发展，《全国城镇燃气发展"十二五"规划》指出对于城镇燃气供应要保障气源多元化，通过多渠道气源利用和多种类燃气利用等方式增加燃气供应。此外，根据各地能源分布特点，以天然气供应为主，液化石油气，人工煤气为辅，其他替代性气体能源为补充的方式，满足各地燃气需求。

随着我国天然气市场的全面发展和各地气化工程的不断推进，特别是各地"煤改气"工程的实施，导致全国需求量大幅增长。"十一五"期间，随着"西气东输、海气登陆、海外进口、陆气补充"的天然气多元化供应格局的形成，我国燃气结构发生重大改变，天然气供应占比明显上升，如表 2-1 所示，2012 年，天然气供应量持续上升至 $795 \times 10^8 m^3$，液化石油气供应量保持稳定，为 $1115 \times 10^4 t$，人工煤气供应量下降至 $77 \times 10^8 m^3$。

表 2-1　近年我国城市天然气供应情况

年份	天然气		人工煤气		液化石油气	
	全年供气量（$\times 10^8 m^3$）	用气人口（万人）	全年供气量（$\times 10^8 m^3$）	用气人口（万人）	全年供气量（$10^4 t$）	用气人口（万人）
2000	82	2581	152	3944	1054	11107
2005	210	7104	256	4369	1222	18013
2010	488	17021	280	2802	1268	16503
2011	679	19028	85	2676	1166	16094
2012	795	21208	77	2442	1115	15683

第一节　天　然　气

天然气作为一种清洁高效的能源，被大量地应用于城镇燃气和替代其他工业燃料。2000 年以前，我国天然气消费以化工和工业燃料为主，占近 80%。

由于天然气在环保、安全等方面比液化石油气和人工煤气具有明显优势，随着环保意识日益增强，以及较低的煤气管道改造成本，天然气正逐步替代管道煤气，我国城镇燃气逐渐形成以天然气为主的消费格局。到2012年，城镇燃气已成为第一大用气领域，占39%，工业和化工用气比例从2000年的41%和37%分别下降到29%和18%，同时发电用气比例快速上升，从4%升至18%。

2015年，我国天然气产业仍保持高速发展的良好态势。国产气产量稳步增长，达到$1304×10^8 m^3$（含煤层气、页岩气等非常规气产量）。天然气进口量继续增加，总进口量为$624×10^8 m^3$。天然气消费量快速增长，表观消费量为$1910×10^8 m^3$，在上一年的基础上增加$68×10^8 m^3$，增长率为3.70%，已成为世界第三大天然气消费国。我国天然气消费结构不断优化，城镇燃气、工业用气量持续增长；天然气管网等基础设施建设势头依旧强劲，年新增管道长度超过5000km。

我国天然气市场消费量保持高速增长，然而煤制天然气和进口天然气等资源低于预期增长量，天然气供应增长无法满足需求增长，呈现出"淡季不淡""高峰限供"的天然气全面紧张局面，2013年全年缺口$67×10^8 m^3$，2014年迎峰度冬天天然气总需求缺口$62×10^8 m^3$。根据我国各主要气田的天然气生产状况和进口天然气管道、LNG接收站项目的建设实施情况，未来我国天然气资源增量主要来自于国产气、进口管道气和进口LNG。

未来我国天然气需求还将不断上升，基准情景下，2020年达$3000×10^8 m^3$，到2030年将接近$5000×10^8 m^3$。供需缺口还将进一步扩大。

一、天然气气源种类

1. 常规天然气

国内常规天然气勘探开发力度不断加大，天然气产量稳定增长。根据新一轮油气资源评价和《全国油气资源动态评价（2010年）》数据显示，我国常规天然气地质资源量为$52×10^{12} m^3$，最终可采资源量为$32×10^{12} m^3$。近两年天然气探明地质储量大幅增加，截至2012年年底，累计探明地质储量$10.85×10^{12} m^3$，剩余技术可采储量$4.67×10^{12} m^3$。2015年，我国天然气新增探明地质储量超过$6772.2×10^8 m^3$，新增探明技术可采储量$3754.35×10^8 m^3$。

我国天然气资源储量、生产和消费分布不均，已探明天然气储量主要集中在四川盆地、渤海湾、陕北地区、鄂尔多斯盆地以及塔里木盆地，离东部经济发达地区距离较远，由于运输管道等设施不够完善，我国天然气以往以就地消费为主。近年来，我国铺建了多条天然气管线，基本覆盖了全国大部分地区，进一步促进了天然气在我国的消费。随着天然气行业的迅速发展，我国天然气利用结构也发生了巨大变化，用气结构不断优化，但与世界目前利用结构相比，还有很大不同。

我国天然气产量的 90% 由中国石油、中国石化和中国海油提供。目前，国内天然气产量增速下降，但需求量快速增加，两者之间差距越来越大。2015 年，我国天然气产量为 $1304 \times 10^8 m^3$，消费量达到 $1910 \times 10^8 m^3$，供应缺口超过 $606 \times 10^8 m^3$。预计 2016 年我国天然气表观消费量有望增长 7.3%，达到 $2050 \times 10^8 m^3$。天然气在我国一次能源消费结构中的比重也有望从 2015 年的 5.9% 提升至 6.45%。

为满足国内天然气需求，从 2006 年我国开始进口天然气，进口量逐年上升，天然气进口通道不断完善。近年来，天然气进口量突飞猛进，呈现高速增长态势，对外依存度不断提高。随着中缅管道建成投运，广东珠海、河北唐山和天津浮式 LNG 项目陆续建成投产，西北、西南、海上三条天然气进口通道初步建成。天然气进口量继续快速增长，22015 年全年进口量 $624 \times 10^8 m^3$，对外依存度突破了 30% 升至 32.7%。

引进海外天然气资源前景广阔，将形成多气源（国产气、进口管道气、进口 LNG）相互调剂、联合供气的供应格局。为了有效增加天然气供给，我国将加快天然气管网建设、积极开拓国内油气田（包括页岩气、煤制天然气和煤层气等），同时加快海外气源（进口管道气和进口 LNG）的引进。

2. 煤层气

我国非常规天然气勘探开发的步伐加快，非常规业务取得实质性进展。随着国家发展改革委员会等主管部门对《煤层气（煤矿瓦斯）开发利用"十二五"规划》《页岩气发展规划（2011—2015 年）》等规划工作的不断推进，煤层气、页岩气等非常规天然气以及煤制天然气业务均取得实质性进展和重大突破。

我国具有丰富的煤层气资源，埋深小于 2000m 的煤层气地质资源量约为 $36.8 \times 10^{12} m^3$，可采资源量为 $10.8 \times 10^8 m^3$。截至 2012 年年底，累计探明地质储量达 $5350 \times 10^8 m^3$。2015 年全国煤层气勘探新增探明地质储量 $26.34 \times 10^8 m^3$，新增探明技术可采储量 $13.17 \times 10^8 m^3$。截至 2015 年年底，全国煤层气剩余技术可采储量 $3063.41 \times 10^8 m^3$。目前，我国煤层气生产企业主要有晋煤集团、中国石油、中联煤等公司。2015 年，我国地面煤层气产量 $44 \times 10^8 m^3$，同比增长

17.0%。2015年，煤层气抽采量为180×10⁸m³，利用量为86×10⁸m³，同比分别增长5.5%、11.5%。其中，井下煤层气抽采量为136×10⁸m³，利用量为48×10⁸m³，同比分别增长2.3%、5.2%；地面煤层气产量为44×10⁸m³，利用量为38×10⁸m³，同比分别增长17.0%、20.5%。

3. 页岩气

我国页岩气资源比较丰富。根据2013年3月1日国土资源部发布的全国页岩气资源潜力调查结果，我国陆域页岩气地质资源潜力为134.42×10¹²m³，可采资源潜力为25.08×10¹²m³（不含青藏区）。其中，已获工业气流或有页岩气发现的评价单元，面积约88×10⁴km²，地质资源量为93.01×10¹²m³，可采资源量为15.95×10¹²m³，是目前页岩气资源落实程度较高、较为现实的勘察开发地区。2015年，全国页岩气勘察新增探明地质储量4373.9×10⁸m³，新增探明技术可采储量1093.45×10⁸m³。截至2015年年底，全国页岩气剩余技术可采储量1303.38×10⁸m³。总体上，我国页岩气资源基础雄厚。

按省（区、市）统计，全国页岩气资源主要分布在四川省、新疆维吾尔自治区、重庆市、贵州省、湖北省、湖南省、陕西省等，这些省（区、市）占全国页岩气总资源量的68.87%。全国共优选出页岩气有利区180个，累计面积为111.49×10⁴km²，因部分地区不同层系有利区在垂向上的重叠，有利区叠合面积为66.93×10⁴km²。其中，上扬子及滇黔桂区有利区累计面积62.42×10⁴km²，占全国总量的56%；中下扬子及东南区累计面积为17.44×10⁴km²，占16%；华北及东北区累计面积为27.01×10⁴km²，占全国总量24%；西北区累计面积为4.62×10⁴km²，占全国总量4%。

目前，我国已在四川、重庆、云南、湖北、贵州、陕西等地开展了页岩气试验井钻探，进一步证实我国页岩气具有较好的开发前景。2013年页岩气勘探开发取得重大进展，中国石化重庆涪陵国家级示范区页岩气井平均单井产量为15×10⁴m³/d，累计实现商品气量近7300×10⁴m³。中国石油长宁—威远、昭通两个国家级示范区和富顺—永川对外合作区，累计实现商品气量7000×10⁴m³。勘探开发过程中发现，部分区块前景远超预期。

2013年，我国页岩气开发首次取得实际产能突破，但全年产气量仅2×10⁸m³。自2014年正式进入商业开发以来，我国页岩气总产量已达57.18×10⁸m³。

4. 煤制天然气

国家能源局在已公布的《天然气发展"十二五"规划》中预计，2015年年末我国煤制天然气产量约（150～180）×10^8m^3。而据中国石化相关部门估算，到 2020 年中国煤制天然气产量或可达到 1000×10^8m^3/年，考虑到届时中国天然气需求可能达到 3000×10^8m^3 以上，煤制天然气将有可能占到中国天然气消费总量的 1/3，与进口天然气、自产气形成三足鼎立的格局。

我国煤制天然气项目 2013 年取得实质性进展。2013 年 12 月 18 日，由国家发展改革委员会核准、中国大唐集团公司建设的我国首个煤制天然气示范项目——大唐内蒙古克什克腾旗煤制天然气示范项目投运，正式向中国石油北京段天然气管线输送清洁的煤制天然气产品。大唐克旗煤制气项目一期工程和庆华伊犁煤制气项目一期工程于 2013 年年底试通气。

克旗煤制天然气项目建设规模为年产 40×10^8m^3，分三个系列连续滚动建设，每系列 13.3×10^8m^3。此次投产出气的为该项目一系列装置；二、三系列分别于 2014 年和 2016 年建成投产。届时，该项目所产 40×10^8m^3 天然气将通过配套输气管线途经赤峰市、锡林郭勒盟、承德市，在北京市密云县古北口站经中国石油输气管路并入北京天然气管网。

二、天然气气源供应方式

国内城市天然气气源供应主要包括管输天然气、LNG 和 CNG 运输。目前，国内天然气供应不足，天然气供应量增速相对较慢，主干管网系统不完善，区域性输配管网不发达，LNG 储罐分布不均等问题突出。

1. 管输天然气

1）管输天然气概述

管输天然气主要通过输气管道将气源从气体处理厂或起点压气站运输到各大城市的配气中心、大型用户或储气库。

管网是天然气市场大发展的根本。经过近十年的不断建设，中国天然气骨干管网初步形成。据统计，截至 2014 年年底，中国已建成天然气管道约 8.5×10^4km，形成了以陕京一线、陕京二线、陕京三线、西气东输一线、西气东输二线、川气东送等为主干线，以冀宁线、淮武线、兰银线、中贵线等为联络线的国家基干管网，干线管网总输气能力超过 2000×10^8m^3/a。近十年，中国天然气管道长度年均增长约 5000km，未来天然气管道业仍保持快速发展势头。

随着天然气管道的不断扩张以及供应量的增加，我国城市天然气消费量快速增长。2000—2012 年，城市天然气消费量由 82×10^8m^3 增至 795×10^8m^3，年均增长 20.8%，远高于同期 16.1% 的天然气消费增速。2012 年，人工煤气和液化石油气用气继续下降至 $77×10^8m^3$ 和 $1115×10^4t$。天然气在城镇燃气中的主导燃料地位继续加强。

从 2004 年以来，天然气管网建设一直处于高峰建设阶段，目前已初步形成了"西气东输、海气登陆、就近供应"的供应格局。天然气管道、地下储气库以及 LNG 建设在 2013 年全面加快发展，特别是地下储气库进入一个建设和投产的高峰阶段。

为了有效缓解运输瓶颈，更加合理分配天然气资源，我国已先后建成西气东输一线、西气东输二线、川气东送、陕京一线、陕京二线、忠武线和涩宁兰线等天然气输送管道。2015 年 4 月 25 日，西三线东段隧道主体工程全面完工。西三线工程全长 7378km，设计输量 $300×10^8m^3$。该线分三段建设，西段霍尔果斯—中卫，中段中卫—吉安，东段吉安-福州。2014 年 8 月西段全线贯通，中段预计将于 2016 年底建成投产。

截至 2015 年，我国在辽宁大连、河北唐山、江苏如东、广东深圳、广东东莞、广东珠海、福建莆田、浙江宁波、上海洋山港、澳门黄茅岛和天津已投产和试运行的 LNG 接收站有 11 座。长期以来我国地下储气库建设相对于管道建设来说比较滞后，截至 2015 年，我国先后在新疆维吾尔自治区的呼图壁气田、四川的相国寺气田、辽宁的双 6 气田、河北的苏桥气田、天津的板桥气田、陕西的靖边气田、河南的文 96 气田建设投产了一批储气库，已投产的储气库（群）有 11 座，设计库容量近 $400×10^8m^3$，工作气量 $180×10^8m^3$，已建成调峰能力约 $40×10^8m^3$。"十二五"期间，我国将新建天然气管道（含支线）44000km，新增干线管输能力约为 $1500×10^8m^3/a$。

2）管输天然气特点及应用

与其他气源相比，管输天然气具有以下优势：

（1）供气压力高：长输管道输送天然气压力一般在 4~12MPa。

（2）输气量大：长输管道由于输送压力高、输送口径大，输气量较其他气源有明显优势，能满足沿线多个用户需求。

（3）供气稳定：长输管道输送天然气不受交通及天气等外在条件影响，全年输送稳定。

管输天然气在城市气源比例中日益上升，目前大多数城市均以长输管道气源作为城镇燃气的主要气源。

2. LNG

1）LNG 概述

LNG 气源作为城镇燃气的气源，主要来源于两种方式，一是从国外进口至沿海 LNG 接收站，二是国内 LNG 工厂制备。LNG 气源可作为调峰气源，也可经汽化后直接供居民和公建等用户使用，同时 LNG 还用于为 LNG 汽车加注 LNG 燃料。

目前，国内已建成投运 LNG 接收站 11 座。其中深圳大鹏 LNG 站是中国第一座投入商业运行的 LNG 接收站，一期工程设计规模 $370×10^4 t/a$，于 2006 年投产，二期通过增加储罐和汽化设施等，已扩建至 $670×10^4 t/a$，也是目前国内规模最大的接收站。"十一五"以来，地处福建、上海、江苏、大连、浙江的 11 座 LNG 接收站相继投产，全国 LNG 总接收能力达到 $4095×10^4 t/a$。

在建和规划的 LNG 接收站有 10 座，包括海南洋浦、广东揭阳、河北秦皇岛、江苏滨海、深圳迭福、广东湛江、辽宁营口、广东汕头、天津及广西北海 LNG 接收站。

2）LNG 特点及应用

LNG 一般适合较长距离输送，从几十千米到两三千千米，LNG 体积比同质量的天然气小 625 倍，所以可用汽车、火车、轮船很方便地将 LNG 运到没有天然气的地方使用。

LNG 作为一种清洁、高效、方便、安全的能源，以其热值高、污染少、储运方便等特点成为了现代社会人们可选择的优质能源之一，特别是作为城镇燃气的过渡和调峰气源，发挥着越来越重要的作用。

我国 LNG 进口量快速增长，2015 年 LNG 进口 $1960×10^4 t$，占进口天然气量的 44%，LNG 在我国天然气供应中的作用日益突出。随着天然气进口的快速增加，我国已形成国产气、进口管道气和进口 LNG 并存的多气源供气格局。

3. CNG

1）CNG 概述

CNG 作为中小城镇的气源，克服了管道输送的局限性，不仅使供应半径大大增加，也使不适宜用管道输送的风景名胜区、海岛、被大型湖泊阻隔的区域等能够利用天然气。因此，CNG 被广泛应用于交通、城镇燃气和工业生产等领域。

CNG 供气站按照供气目的，一般可分为压缩天然气加气站和压缩天然气储配站。

压缩天然气储配站是指用 CNG 作为气源，向配气管网供应天然气的站场。

压缩天然气加气站按气源情况分为母站、标准站（常规站）和子站。

2）CNG 特点及应用

CNG 运输方式多样，运输量可灵活调节。可以采用多种多样的车、船等运输。可以根据用气发展过程的变化，组织相应的运输量，与管道输送相比可以有效地减少输送成本。

CNG 气源主要通过 CNG 加气站供应 CNG 汽车作为燃料，在一些长输管道气源无法覆盖的区域，CNG 气源亦可作为居民小区和公共建筑用气的主气源。

截至 2012 年，我国已建设 CNG 加气站约 2300 座，CNG 汽车保有量为 148.5×10^4 辆。2015 年，CNG 汽车保有量为（230~250）$\times 10^4$ 辆，加气站的总数约为 3000 座。而到 2020 年，CNG 汽车保有量将升至（350~450）$\times 10^4$ 辆，加气站的总数将达到 4500~5000 座。

第二节　液化石油气

液化石油气即 LPG，可以从气田、油田的开采中获取，称为天然石油气；也可以从石油炼制过程中作为副产品提取，称为炼厂石油气。我国 LPG 约 95% 以上来自炼油，少量产自油气田。中国的液化石油气产量居世界第 4 位，消费量居世界第 3 位。在中小城市及乡镇地区，LPG 有很大的市场空间。华东和华南地区 LPG 消费量占全国总消费量的 62%。农村地区将成为 LPG 消费的主要市场。

一、LPG 气源种类

1. 天然石油气

天然石油气可从纯气田的天然气中获得，在一定条件下，经过分离、吸收、分馏过程将天然气中的丙烷、丁烷分离出来；也可从油田的石油伴生气中获得，在开采石油过程中，石油伴生气与石油一起喷出，利用安装在油井上的油气分离器使石油与伴生气分离，然后采用吸收法将气体中的各种碳氢化合物分离，并从中提取液化石油气。

2. 炼厂石油气

石油的炼制和加工过程中产生的液化石油气，统称为炼厂石油气。其组成和产率取决于原料油的成分和性质、工艺流程及加工方法。根据炼油生产工艺，炼厂石油气可分为蒸馏气、热裂化气、催化裂化气、催化重整气和焦化气5种。根据炼油方法不同获取的液化石油气也不同。其中，采用蒸馏法可获得高质量的液化石油气，而采用催化重整法获取的液化石油气是目前我国作为城镇燃气供应的主要来源。

二、LPG 气源供应方式

LPG 作为城镇燃气气源主要有两类供应方式：瓶装与管道集中供应。在我国 LPG 供应大量用瓶装供应方式。近年来，随着楼房集中区及工业小区大量出现，瓶装供应不能适应这些用户用气的要求，因而管道集中供应得到了采用，尤其在沿海地区，如广州、深圳、珠海、惠州等地 LPG 管道集中供应工程得到了发展。

以瓶装供应 LPG 为例，LPG 气源受其他气源竞争及交通条件等因素影响，供气距离一般较小（以储配站为中心，半径 100km 的范围内），一般通过公路运输散装 LPG 供应周边居民及商业用户。

三、LPG 特点及应用

LPG 作为城镇燃气气源，有以下特点：

（1）污染少。LPG 是由 C_3、C_4 组成的碳氢化合物，可以全部燃烧，无粉尘。在现代化城市中应用 LPG，可大大减少过去以煤、柴为燃料造成的污染。

（2）发热量高。同样重量 LPG 的发热量相当于煤的两倍，液态发热量为 $45185 \sim 45980 kJ/kg$。

（3）易于运输。LPG 在常温常压下是气体，在一定的压力下或冷冻到一定温度可以液化为液体，可用火车（或汽车）槽车、LPG 船在陆上和水上运输。

（4）压力稳定。LPG 管道用户灶前压力不变，用户使用方便。

（5）储存设备简单，供应方式灵活。与城市煤气的生产、储存、供应情况相比，LPG 的储存设备比较简单。气站用储罐储存 LPG，可装在气瓶里供

用户使用，也可通过配气站和供应管网，实现管道供气，甚至可用小瓶装上丁烷气，用作餐桌上的火锅燃料，使用方便。

LPG 被广泛用作工业、商业和民用燃料。同时，LPG 也是一种非常有用的化工原材料，因而也广泛用于生产各类化工产品。在城镇燃气领域，LPG 的应用具有多年的历史，目前主要作为管道燃气的补充气源在发挥作用。

四、LPG 气源发展趋势

随着我国天然气气化进程的不断加快，在城镇燃气行业中，天然气取代液化石油气已是大势所趋。但液化石油气凭借其灵活机动、基建投资少、建设周期短等优势，仍可在气化天然气管网覆盖不到的村镇中发挥巨大的作用。预计 2020 年，全国液化石油气需求量将接近 $0.28×10^8$ t，年均增速在 2% 左右，消费结构仍以民用气为主。

纵观我国能源需求现状与发展趋势，LPG 与天然气将长期处于共存的状态，两种清洁能源优势互补，实现共同发展。

第三节　人工煤气

由煤、焦炭等固体燃料或重油等液体燃料经干馏、汽化或裂解等过程所制得的气体，统称为人工煤气。

在我国天然气和液化石油气未被大规模开发应用前，人工煤气以其热值高、一氧化碳含量低的优点，一直是城市民用燃气的主导气源。随着 20 世纪 80 年代末、90 年代初开始的"西气东输"，北京、天津、上海以及沿线许多城市的原有人工煤气被天然气全部或部分取代，造成人工煤气占民用气源的比例有所下降。但由于我国地域辽阔，城镇布置分散，国民经济发展极其迅速，城镇民用和工业用燃气需求旺盛，而国内天然气资源又不十分丰富，且分布很不均匀，因此，短时间内全部用天然气代替城镇燃气中的人工煤气是不可能的。个别地区、个别城镇仍然需要人工煤气。

由于人工煤气生产、输配设施的投入强度大，维护成本高，需要较大规模的市场支撑，因此，人工煤气供应主要集中在大城市以及依托当地有制气条件的冶金、化工企业的中小城市。近年来，环境保护和能源结构调整取得进展，人工煤气由于其污染较大、毒性较强等缺点，消费量呈逐渐下降趋势。截至 2012 年，城镇人工煤气年消费量已经下降至 $77\times10^{8}m^{3}$，用气人口也降至 2442 万人。

随着我国油气资源的不断丰富、供应设施的不断完善以及经济的不断发展，已经具备了置换人工煤气、优化能源结构的充分条件。因此，人工煤气将逐步被天然气或液化石油气等清洁能源所取代，全面退出历史舞台。

第四节　气源的选择与混配

一、多气源共存

一个城市或一个地区在使用气体燃料的初期，往往只有单一气源，日后由于需气量的不断增长、气源条件的变化、调节热值的需要、调峰需要、非常规制气工艺的开发或其他原因，可能同时采用多种气源。

二、气源的选择原则

气源选择是各种复杂因素的综合结果，但最基本的条件是各地的气源资源，城市条件也是一个重要因素。城镇燃气设施是城市的一项基础设施，反过来城市环境是建设城镇燃气设施的主要依据。一个城市的人口、交通、政治经济状况、生活水准、气候条件、环保要求等都要影响气源的选择。

一般来讲，对于城镇燃气气源的选择，应遵从以下原则：

（1）应遵照国家能源政策和燃气发展方针，结合各地区燃料资源的情况，选择技术上可靠、经济上合理的气源。

（2）应根据城市的地质、水文、气象等自然条件和水、电、热的供给情况，选择合适的气源。

（3）应合理利用现有气源，并争取利用各工矿企业的余气。

（4）应根据城市的规模和负荷的分布情况，合理确定气源的数量和主次分布，保证供气的可靠性。

（5）在城市选择多种气源联合供气时，应考虑各种燃气间的互换性，或

确定合理的混配燃气方案。

（6）选择气源时，还必须考虑气源厂之间和气源厂与其他工业企业之间的协作关系。

三、气源选择应用举例

我国很多城市都是多气源共存的城市，不同时期气源的选择也不同。

以北京市为例，在20世纪末之前，长输管道气源发展较晚，LPG作为城镇燃气的主要气源，通过瓶装或管道供应居民及商业用户。随着陕京一线、二线、三线的建设，管道天然气迅猛发展，长输管道气源成为了城镇燃气的主气源，而LPG、CNG和LNG则作为城市的补充气源、应急气源或调峰气源。

四、气源的混配

各种燃气是分别由一些可燃组分和一些非可燃组分组成的，各可燃组分的燃烧特性间差异有时很大，它们占混合气体中的含量又各不同，其燃烧特性可能还会受到非可燃组分的影响而有所变化。城镇燃气采用这种混合气体时，必须按照规定的质量标准，调节它的燃烧特性，使原有燃具得以适应。

当一个城市或地区有两种以上的燃气时，一般进行混配后再输入管网，即不同燃气相互掺混，有时为了某种需要，甚至掺混空气，配置成一定组分比例的混合燃气，以适应定型燃具的正常燃烧。混配时根据各种燃气的供应量以及燃气的热值和其他参数，做出平衡表，在热值记录仪的指示下，可由人工调节进行混配。混配设备通常利用储气柜。

燃气混配也可采用热量自动调节装置进行，将自动热值仪和电动、气动调节系统联合，然后与流量比例调节器串联，取得合适的混合燃气。

五、气源的互换

城市供应的主要气源是城市基准气。实际供给的燃气的成分不可能一成不变，当城镇燃气负荷达到高峰时，需要补充一些与基准气的性质不同的燃气。这种代替基准气的燃气被称为置换气。当置换气代替基准气时，如果城市内的各种燃具不做任何调整而能保证正常工作，则表示置换气对基准气而言有互换性。

1. 燃气的互换性原理

各种燃气燃烧设备通常都是按照一定的热负荷和一定的燃气组分进行设计、制造的，也就是说该燃烧设备只能在某一特定的燃气组分变化范围内才能安全正常地运行。当燃气气源增多或改变时，或在高峰负荷下需掺混组分不同的燃气时，燃烧设备不做任何调整仍能满足一定的热负荷且保证燃气正常燃烧，那么置换气就可与现用燃气互换。根据设备性能的允许变化范围，一般的燃烧设备均能承受燃气特性的某种程度的变化，也就是说，设备本身具有一定的适应燃气特性变化的能力。

2. 燃气互换性的判断方法

目前，国际上用于判断燃气是否可互换的方法有许多，主流的方法有沃伯指数法、燃烧速度指封法、燃烧特性判断法等。

其中沃伯数是表示热负荷的参数，具有相同沃伯指数的不同的燃气组分，在相同的燃烧压力下，能释放出相同的热负荷。由于热负荷的大小和热值成正比，和燃气的密度开方成反比，故沃伯指数是热负荷相关的一个导出的热负荷指数。

在判断两种燃气的互换性时，首先考虑的是两种燃气的沃伯数是否相近，这决定了两种燃气能否在同一灶具上能够获得相近的热负荷。当两种燃气热负荷相差较大时，可以引入燃烧势作为燃气互换性的次要判定指标。

3. 燃气互换的应用

当城市具有多种燃气气源可以选择时，通常应选择其主要的燃气组分和燃烧特性参数与城市基准气源最接近的一组和几组。需要考虑的因素主要包括：燃气中甲烷组分含量、惰性气体组分含量、重烃组分含量、燃气沃伯数、燃烧势、黄焰指数、密度（相对密度）、热值、燃气燃烧速度等。

由于城市内具有多种燃气利用终端，如居民用户、工业用户、公服用户、燃气汽车、燃气电厂、化工用户等，不同利用终端对燃气气质的要求并不一致，为此需要合理选取气源。针对气质要求最苛刻的燃气用户，确定燃气互换性和互换域时，燃气组分变化最小，其运营成本将升高或最高。针对数量和影响面最广的居民用户，确定燃气互换域时，将使城镇燃气运行成本降低或最低。这需要因地制宜、科学选取和分析。

第三章 城镇燃气用气规模

第一节　市场调研

市场调研主要调研目标区域人口、经济情况、自然条件，目标区域建设及环境现状，目标区域能源供需状况（能源消费结构和能源需求）。

一、市场调研方式

（1）现场调研：对目标区域的大型重点用户和沿线城市进行现场调研，收集第一手材料。

（2）政府和企业信息：省、地市州、区县天然气利用规划和天然气项目进展情况。

（3）重点天然气项目相关数据：主要长输管道项目、城市气化工程、大型用气项目的市场调研报告、可行性研究报告以及专家咨询意见等。

（4）建设单位已签订的供气协议可实施的供气量、供气位置及用途。

（5）其他渠道：政府网站收集资料、统计年鉴查阅等。

二、城镇燃气用气及用气量分类

1. 燃气用气按照用户类型分类

（1）居民生活用气：指居民用于炊事、生活用热水的用气。

（2）商业用气：包括商业用户、宾馆、餐饮、医院、学校和机关单位等的用气。

（3）工业企业生产用气：作为工业企业生产设备和生产过程燃料的用气。

（4）采暖通风及空调用气：上述三类用气中较大型采暖通风和空调设施的用气。

（5）燃气汽车用气：燃气汽车在近年迅速发展，燃气汽车用气量增长迅速。

2. 燃气用气量按累计时间分类

燃气用气量按累计时间可分为年用气量、月用气量、日用气量、小时用气量以及某些研究中采用的以 5 分钟为计量单位的用气量，即瞬时用气量。不同的用气量，单位不同。

三、天然气用户调查

1. 居民生活用户

调查居民生活水平和习惯，用气设备的设置情况，公共生活服务网（食堂、熟食店、餐饮店、洗衣房等）分布和应用情况，当地居民用气、用电及替代能源价格，居民收入水平及可承受天然气气价能力，当地的气候条件等。

2. 商业用户

商业用户用气对象主要以学校、医院、宾馆和其他用户（餐饮和机关单位等）为主。调查在校学生数量、医院床位数、宾馆床位数以及目标区域学校、医院、宾馆和其他用户（餐饮和机关单位等）的中、远期规划。

3. 工业用户

工业用户用气主要指目标区域内的各类工业企业的工艺生产用气。调查工业用户现有用气量、用气压力、用途、用气时间和位置及各工业用户中、远期需求，目标区域工业发展规划及当地的能源结构。

4. 燃气汽车用户

燃气汽车指城市出租车、公交车、中巴车、长途汽车、私家车和其他汽车（途经汽车和单位用车等）。调查燃气汽车种类、车型和用气量。

5. 采暖通风和空调用户

调查目标区域气候条件、建筑物采暖用气量和建筑面积、耗热指标和采暖期。

6. 其他用户

调查目标区域有无分布式能源、大型发电厂等用气需求。

四、市场调研数据统计

1. 居民生活用气

居民生活用气主要与该区域的城镇人口和当地气化率水平相关，主要调查当地的统计年鉴和总体规划，收集当前人口、近期规划人口和远期规划人口等数据，并依据表3-1进行统计。

表3-1 居民用气调查表

序号	区域名称	目前人口数	近期规划人口数	远期规划人口数	气化率		备注
		××××年	××××年—××××年	××××年—××××年	近期	远期	
1							
...							
N							

2. 商业用气

商业用户市场调研，依据表3-2和表3-3进行数据统计。

表3-2 宾馆、餐饮业用气调查表

序号	名称	星级	床位数	餐厅座位数	位置	备注
1						
...						
N						

表3-3 医院用气调查表

序号	名称	门诊人次	住院床位数	位置	备注
1					
...					
N					

3. 工业用户用气

工业用户市场调研按照表3-4进行数据统计。

表3-4　工业用户用气调查表

企业名称：		单位	现状	近期 ××××年—××××年	远期 ××××年—××××年	备注
主要产品						
年生产能力						
燃烧设备	型号					
	台数					
燃料消耗	煤	t/a				
	重油	t/a				
	柴油	t/a				
	液化气	t/a				
	电	kW·h/a				
	其他燃料					
承受价格		元/m³				
单位地址						
联系人、电话						
其他						

注：表可以重复。

4. 汽车用气

汽车用气市场调研按照表3-5进行数据统计。

表3-5　汽车用气调查表

		单位	现状	近期 ××××年—××××年	远期 ××××年—××××年	备注
汽车	型号					
	台数					
燃料消耗	汽油	t/a				
	柴油	t/a				
	液化气	t/a				
	天然气	m³/a				
承受价格		元/m³				
其他						

5. 采暖和空调用户用气

采暖和空调用户用气调查表如表3-6、表3-7所示。

表3-6　供热用气调查表

企业名称		单位	现状	近期 ××××年—××××年	远期 ××××年—××××年	备注
年供热能力		m²				
燃烧设备	型号					
	台数					
燃料消耗	煤	t/a				
	重油	t/a				
	柴油	t/a				
	液化气	t/a				
	电	kW·h/a				
	其他燃料					
承受价格		元/m³				
单位地址						
联系人、电话						

表3-7　供冷用气调查表

企业名称		单位	现状	近期 ××××年—××××年	远期 ××××年—××××年	备注
年供冷能力		m²				
燃烧设备	型号					
	台数					
燃料消耗	煤	t/a				
	重油	t/a				
	柴油	t/a				
	液化气	t/a				
	电	kW·h/a				
	其他燃料					
承受价格		元/m³				
单位地址						
联系人、电话						

第二节　城镇燃气用户分类指标

　　一个城镇的规划或设计，首先要涉及年用气量。年用气量是依据城市发展规划和各类用户用气量指标确定的。用气量指标（常采用热量单位）需要按不同类型用户分别加以确定。用气量指标与一定的时间和地域条件有关，需要经过实际调查用气或能耗情况的途径，采用数量统计方法对数据进行处理并加以确定。对新建燃气设施的城镇，也可以采用类比的方法，参照相似条件城镇或同类型燃气用户的用气量指标加以确定。

一、居民生活用户

　　居民生活用气量指标指每人每年消耗的燃气量（折算为热量）。通常室内用气设备齐全、地区平均气温低，则居民生活用气量指标高。但是，随着公共生活服务网的发展以及燃具的改进，加上某些家电器具对燃气具的替代，居民生活用气量指标又会下降。居民生活用气量指标应该根据当地居民生活用气量的统计数据分析确定。我国南方某城市居民用气量指标的实测调查数据见表3-8，北方某城市居民用气量指标的实测数据见表3-9，我国居民生活用气量推荐指标见表3-10。

表3-8　南方某城市居民用气量指标统计

年份	1996 年	1997 年	1998 年	1999 年	2000 年	2001 年	2002 年	2003 年
用气量指标[MJ/（人·a）]	2343	2306	2231	2268	2157	2045	2045	2083

表3-9　北方某城市居民用气量指标统计

年份	2000 年	2001 年	2002 年	2003 年
天然气用户　[MJ/（人·a）]	1098	938	943	1056
混合气用户　[MJ/（人·a）]	1075	1032	1005	918

表 3-10 居民生活用气量推荐指标

城镇地区	有集中采暖的用户 [MJ/（人/a）]	无集中采暖的用户 [MJ/（人/a）]
东北地区	2303～2721	1884～2303
华东/中南地区	—	1091～2303
北京	2512～2931	—
成都	—	1512～2931

注：本表系一户装有一个燃气表的用户，在住宅内做饭和烧热水的用气量。

二、商业用户

商业用气量指标指单位成品或单位设施或每人每年消耗的燃气量（折算为热量）。影响该用气量指标的重要因素是燃具设备类型和热效率、商业单位的经营状况和地区气象条件等。商业用气量指标应该根据当地商业用气量的统计数据分析确定。表 3-11 为商业用户的用气量指标。

表 3-11 商业用户的用气量指标

类别		单位	用气量指标	备注
商业建筑	有餐饮	kJ/（m² · d）	502	有餐饮指小型办公餐厅或食堂
	无餐饮		335	
宾馆	高级宾馆(有餐厅)	MJ/（床/a）	29302	包括卫生、洗衣消毒、洗浴中心用热。中级宾馆不考虑洗浴
	中级宾馆(有餐厅)		16774	
旅馆	有餐厅	MJ/（床 · a）	8372	仅提供普通设施，指条件一般的旅店或招待所
	无餐厅		3350	
餐饮业		MJ/（座/a）	7955～9211	中级以下的营业餐馆
燃气直燃机		MJ/（m² · a）	991	供热水、制冷、供热
燃气锅炉		MJ/（t/a）	25.1	按蒸发量、供热量及过滤效率计算
职工食堂		MJ/（人/a）	1884	指机关、企业、事业单位的职工内部食堂
医院		MJ/（床 · d）	1931	按医院病床折算
幼儿园	全托	MJ/（人 · d）	2300	用气天数 275d
	半托	MJ/（人 · d）	1260	
大中专院校		MJ/（人 · d）	2512	用气天数 300d

三、工业企业生产用户

1. 工业产品的用气量指标

部分工业产品用气量指标见表 3-12。

表 3-12　部分工业产品用气量指标

序号	产品名称	加热设备	单位	用气量指标（MJ）
1	炼铁（生铁）	高炉	t	2900~4600
2	炼钢	平炉	t	6300~7500
3	中型方坯	连续加热炉	t	2300~2900
4	薄板钢坯	连续加热炉	t	1900
5	中厚钢板	连续加热炉	t	3000~3200
6	无缝钢管	连续加热炉	t	4000~4200
7	钢零部件	室式退火炉	t	3600
8	熔铝	熔铝炉	t	3100~3600
9	黏土耐火砖	熔烧窑	t	4800~5900
10	石灰	熔烧炉	t	5300
11	玻璃制品	融化、退火等	t	12600~16700
12	动力	燃气轮机	kW·h	17.0~19.4
13	电力	发电机	kW·h	11.7~16.7
14	白炽灯	融化、退火等	万只	15100~20900
15	日光灯	融化、退火等	万只	16700~25100
16	洗衣粉	干燥器	t	12600~15100
17	织物烧毛	烧毛机	10^4 m	800~840
18	面包	烘烤	t	3300~3500
19	糕点	烘烤	t	4200~4600

2. 实际燃料耗量折算指标

天然气作为清洁能源，是煤炭、柴油、煤制气、重油及电能等重要能源的可替代能源，依据城市和区域规划及能源政策，依据表 3-13 替代能源热值和天然气热值进行计算，从而确定天然气的耗量指标。燃气热值按照低热值折算。

当对各类用户进行燃料消耗量调查并将之折算成燃气消耗量时，应该在燃气与被替代的某种能源品种之间采用尽量准确的热值，表 3-13 数据可供参考。

表 3-13　能源热值表

序号	能源类型	热值	备注
1	煤炭	25.2MJ/kg	
2	0 号柴油	42.7MJ/kg	
3	煤制气	10MJ/m³	
4	电能	3.6MJ/(kW·h)	
5	重油	39.616MJ/kg	

四、采暖通风和空调用户

采暖通风和空调用户用气量指标由当地建筑物耗热量指标确定。采暖热指标，空调热指标、冷指标推荐值见表 3-14 和表 3-15。

表 3-14　采暖热指标推荐值（W/m²）

建筑类型	住宅	居住区综合	学校、办公	医院、托幼	旅店	商店	食堂、餐厅	影剧院、展览馆	大礼堂、体育馆
采暖热指标	40~45	45~55	50~70	55~70	50~60	55~70	100~130	80~105	100~150

注：（1）表中数值适用于我国东北、华北、西北地区。
　　（2）热指标中已包括约 5% 的管网热损失。

表 3-15　空调热指标、冷指标推荐值（W/m²）

建筑物类型	办公	医院	旅馆、宾馆	商店、展览馆	影剧院	体育馆
热指标	10~100	90~120	90~120	100~120	115~140	130~190
冷指标	80~110	70~100	80~110	125~180	150~200	140~200

注：（1）表中数值适用于我国东北、华北、西北地区。
　　（2）寒冷地区热指标取较小值，冷指标取较大值；严寒地区热指标取较大值，冷指标取较小值。

五、燃气汽车用户

燃气汽车用气量指标与汽车种类、车型和单位时间运营里程有关，应当根据当地燃气汽车种类、车型和使用量的统计数据分析确定。当缺乏用气量的实际统计资料时，可按已有燃气汽车城镇的用气量指标分析确定。表3-16列出了天然气汽车用气量指标供参考。

表3-16 天然气汽车用气量指标

车辆种类	用气量指标（m³/km）	日行驶里程（km/d）
公交汽车	0.17	150~200
出租车	0.10	150~300

六、其他用户

目标区域分布式能源、大型发电厂等用气量指标。依据城市总体规划数据确定。

七、不可预见

城市年用气量中还应计入不可预见量，主要是指管网的燃气漏损量和发展过程中未预见到的供气量，一般为预见量按总用气量的5%计算。

第三节 城镇燃气的不均匀性

城镇各类燃气用户的用气量变化是不均匀的，各类用户的用气不均匀性受很多因素的影响，如气候条件、居民生活水平及生活习惯、机关和工业企业的工作班次、建筑物和车间内用气设备情况等。

用气不均匀性可分为三种：月不均匀性、日不均性行和时不均性行。

一、月不均匀性

影响居民生活用气月不均匀性的主要因素是气候条件。冬季气温低，使用热水多，天然气热水采暖等因素造成用气量增多。反之，夏季用气量较低。

商业用气的月不均匀与各类用户的性质有关，主要影响因素也是气候条件，它与居民生活用气的不均匀性规律基本相似。

工业用气不均匀性主要取决于生产工艺的性质。连续生产的大工业企业以及工业窑炉用气比较均匀，夏季由于室外温度及水温较高，用气量会有所减少，但幅度不大，故可视为均匀供气。

一年中各月的用气不均匀性用月不均匀性系数表示。月不均匀系数 K_m 按下式计算：

$$K_m = \frac{该月平均日用气量}{全年平均日用气量}$$

南方某城市天然气用户用气月不均匀系数见表3-17，北方某城市天然气用户用气月不均匀系数见表3-18。

表3-17　南方某城市天然气用户用气月不均匀系数

月 \ 年	年份			备注
	2001—2002	2002—2003	2003—2004	
1	0.340	1.382	1.333	
2	0.209	1.261	1.362	
3	1.149	1.196	1.381	
4	1.065	1.112	1.257	
5	0.699	0.772	0.702	
6	0.770	0.781	0.667	
7	0.841	0.789	0.752	
8	0.849	0.797	0.771	
9	0.876	0.826	0.757	
10	0.852	0.802	0.816	
11	1.011	0.978	0.951	
12	1.349	1.220	1.253	

表 3-18　北方某城市天然气用户用气月不均匀系数

月 ＼ 年	年份			备注
	2001	2002	2003	
1	1.45	1.50	1.62	
2	1.33	1.11	1.50	
3	1.27	0.96	1.23	
4	1.11	0.64	0.72	
5	0.699	0.772	0.702	
6	0.770	0.781	0.667	
7	0.841	0.789	0.752	
8	0.849	0.797	0.771	
9	0.876	0.826	0.757	
10	0.852	0.802	0.816	
11	1.011	0.978	0.951	
12	1.349	1.220	1.253	

由表 3-17 和表 3-18 对比可知，不论南方还是北方月不均匀系数高峰大多出现在 12 月、1 月、2 月、3 月。随着人民生活水平的不断提高，无论南方还是北方都需要采暖，采暖是影响用气月不均匀性的重要因素。

二、日不均匀性

日用气不均匀系数主要由居民生活习惯、工业企业的生产班次和设备开停时间等因素确定。

居民生活和商业用户日用气工况主要取决于居民生活习惯，平日与节假日用气的规律各不相同。

根据实测资料，我国一些城市，在一周中从星期一至星期五用气量变化较少，而周末，尤其是星期日，用气量有所增加。这种周的用气量变化规律是每周重复循环的。节日前和节假日用气量较大。

工业企业用气的不均匀性在平日波动较小，而在轮休日及节假日波动大，一般按均衡用气考虑。日不均匀系数 K_d 值按下式计算：

$$K_d = \frac{该月某日用气量}{该月平均日用气量}$$

该月中最大日不均匀系数 $K_{d,max}$ 称为该月的日高峰系数，该日称为计算日。

据统计，一般城市的日不均匀系数在 0.8~1.2 之间。某地日不均匀系数见表 3-19。

表 3-19　某地日不均匀系数

时间	星期一	星期二	星期三	星期四	星期五	星期六	星期日
日不均匀系数	0.886	0.97	0.97	0.962	1.062	1.1	1.05

三、小时不均匀性

城镇燃气小时不均匀性是由居民生活用气及商业用气不均匀性引起的。居民生活用户小时供气工况与居民生活习惯、气化住宅的数量以及居民职业类别等因素有关。每日有早、午、晚三个用气高峰，其中早高峰较低。星期日小时用气的波动与一周中其他各日又不相同，一般仅有午、晚两个高峰。

采暖期间建筑物为连续采暖时，其小时用气量波动小，可按小时均匀供气考虑。若为非连续采暖，也应该考虑其小时不均匀性。

连续生产的三班制工业企业生产用气的小时波动量较小，非连续生产的一班制及两班制的工业企业在非生产时间段的用气量为零。

小时不均匀系数表示一日中小时用气量的不均匀性，小时不均匀系数 K_h 值按下式计算：

$$K_h = \frac{该日某小时用气量}{该日平均小时用气量}$$

该日最大小时不均匀系数 $K_{h\,max}$ 称为该日的小时高峰系数。

城市居民和公共建筑用户小时用气量的波动较大，主要高峰出现在早、中、晚三餐时间，其中晚餐最高，通常小时不均匀系数的波动范围在 0.3~3.0 之间。

某地居民和公共建筑的小时不均匀系数见表 3-20。

表 3-20　某地小时不均匀系数

小时	1	2	3	4	5	6	7	8	9	10	11	12
系数	0.40	0.30	0.30	0.30	0.32	0.36	0.70	0.90	0.99	0.99	1.03	1.50
小时	13	14	15	16	17	18	19	20	21	22	23	24
系数	1.71	1.27	0.94	0.72	0.85	1.12	3.0	1.69	1.54	1.22	1.09	0.76

第四节 城镇燃气用气量计算

一、年用气量计算

在进行天然气配气系统的设计时，首先要确定燃气需要量，即年用气量。年用气量是确定气源、管网和设备通过能力的依据。

年用气量主要取决于用户的类型、数量及各类用户的用气量指标。因此城市天然气年用气量一般按用户类型分别计算汇总。

1. 居民生活年用气量

在计算居民生活年用气量时，需要确定用气人数。居民用气人数取决于城镇居民人口和气化率。气化率是指城镇居民使用燃气的人口数占城镇总人口的百分比。居民生活年用气量按下式计算：

$$q_{a1} = \frac{NKQ_P}{H_L} \tag{3-1}$$

式中 q_{a1}——居民生活年用气量，m^3/a；

N——居民人数，人；

K——气化率，%；

Q_P——居民生活用气量指标，MJ/（人·a）；

H_L——燃气低热值，MJ/m^3。

［例3-1］2013年规划某城区城镇人口规模23.4万，管道天然气气化率50%；2015年规划该城区城镇人口规模29万，管道天然气气化率60%；2020年规划该城区城镇人口规模33.1万，管道天然气气化率80%。计算该城区居民生活年用气量。计算结果如表3-21所示。

表3-21 某城区居民生活年用气量

年份	2013年	2015年	2020年
气化率（%）	50	60	80
城镇人口（万人）	23.4	29	33.1
用气量（$10^4 m^3/a$）	723	1177	2134

2. 商业年用气量

商业年用气量需要确定各类商业用户的用气量指标和各类商用气人数占总人口的比例（气化率），按下式计算：

$$q_{a2} = \frac{MNQ_C}{H_L}$$ （3-2）

式中　q_{a2}——商业年用气量，m^3/a；

　　　N——商用气人数，人；

　　　M——各类用气人数占总人口的比例商用气，%；

　　　Q_C——各类商业用气量指标，MJ/（人·a）或 MJ/（床·a）或 MJ/（座·a）；

　　　H_L——燃气低热值，MJ/m^3。

上海市各类商业用户设施的标准见表3-22，可供参考。

表3-22　上海市各类商业用户的设施标准

公共建筑类别	比例	公共建筑类别	比例
食堂	40座/100人	幼儿园	10人/100人
医院	5床/1000人	托儿所	10人/100人
门诊	6次/（人·a）	理发	24次/（人·a）
旅店	3床/1000人	洗澡	150次/（人·a）
学校	9人/100人		

若缺少工业企业其他燃料的年用气量时，商业年用气量可按居民生活年用气量乘系数来计算。

$$q_{a2} = q_{a1} \times \mu$$ （3-3）

式中　μ——商业年用气量占居民生活年用气量的比例。

[例3-2] 本例题采用第二种方法，按照居民年用气量系数计算。参照例3-1计算结果，商业用户年用气量占居民生活年用气量的比例见表3-23，商业年用气量计算结果见表3-24。

表3-23　商业用户年用气量占居民生活年用气量的比例

年份	2013 年	2015 年	2020 年
比例（%）	30	35	40

表3-24　某城区商业用户年用气量

年份	2013 年	2015 年	2020 年
用气量（$10^4 m^3/a$）	217	412	854

3. 工业企业年用气量

工业企业年用气量与生产规模、班制和工艺特点有关，一般进行粗略估算。可以利用各种工业产品的用气量指标及其年产量来计算，在缺少资料的情况下，通常是将工业企业其他燃料的年用气量折算成燃气用气量，其公式见下：

$$q_{a3} = \frac{G_Y H'_L \eta'}{H_L \eta} \qquad (3-4)$$

式中　q_{a3}——工业企业年用气量，m^3/a；

　　　G_Y——其他燃料的年用量，kg/a；

　　　H'_L——其他燃料的低热值，MJ/m^3；

　　　H_L——燃气的低热值，MJ/m^3；

　　　H'——其他燃料燃烧设备热效率，%；

　　　η——燃气燃烧设备热效率，%。

[例3-3] 某城区园区内各类工业用户以燃煤为主，煤炭需求量见表3-25。各种燃料的热效率见表3-26。计算该城区工业用户年用气量。

表3-25　某城区工业用户煤炭需求量

序号	企业名称	2013 年 （$10^4 t/a$）	2015 年 （$10^4 t/a$）	2020 年 （$10^4 t/a$）
1	某白酒股份有限公司	0.66	4.40	13.21
2	某啤酒有限责任公司	0.62	1.98	4.40
3	某汽车有限公司	0.35	4.40	8.81
4	某烟业有限公司	0.40	1.10	1.98
5	某陶瓷有限责任公司	1.76	6.60	15.41
6	其他工业用户	0.57	2.64	3.74
	小计	4.36	21.12	47.55

表 3-26　各种燃料的热效率

燃料种类	天然气	液化气	人工煤气	空混气	煤炭	汽油	柴油	重油	电
热效率（%）	60	60	60	60	18	30	30	28	80

把表 3-25、表 3-26 的数据带入公式（3-4），计算城区工业用户年用气量结果见表 3-27。

表 3-27　某城区工业用户年用气量

序号	企业名称	2013 年 （10^4m³/a）	2015 年 （10^4m³/a）	2020 年 （10^4m³/a）
1	某白酒股份有限公司	150	1000	3000
2	某啤酒有限责任公司	140	450	1000
3	某汽车有限公司	80	1000	2000
4	某烟业有限公司	90	250	450
5	某陶瓷有限责任公司	400	1500	3500
6	其他工业用户	130	600	850
	小计	990	4800	10800

4. 燃气汽车年用气量

当有用气量统计资料或者类似城市汽车用气统计资料，按照统计资料预测燃气汽车年用气量。若没有统计资料，按照我国《城市道路交通规划设计规范》规定，一般城市，按出租车每万人所有量为 20~40 辆，公交车为 800~1500 人/辆进行规模预测，燃气汽车年用气量计算公式如下：

$$q_{a4} = \frac{NQ_d K \times 365}{10000} \tag{3-5}$$

式中　q_{a4}——燃气汽车年用气量，m³/a；

　　　N——居民人数，人；

　　　Q_d——天然气汽车的用气量指标（表 3-16），m³/d；

　　　K——气化率，%；

[例 3-4] 某城市近、远期居民人数参见例 3-1，求天然气汽车年用气量。CNG 汽车气化率见表 3-28，天然气汽车用气量指标见表 3-16，由式（3-5）计算，计算结果见表 3-29。

表 3-28　CNG 汽车气化率

年份	2013 年		2015 年		2020 年	
汽车类别	公共汽车	出租车	公共汽车	出租车	公共汽车	出租车
气化率（%）	30	30	60	80	90	95

表 3-29　燃气汽车年用气量

年份	2013 年	2015 年	2020 年
用气量（$10^4 m^3/a$）	246	652	862

5. 年用气量

年用气量包括居民生活年用气量、商业年用气量、工业用户年用气量、燃气汽车年用气量和其他用户年用气量，计算公式如下：

$$q_a = (q_{a1} + q_{a2} + q_{a3} + q_{a4}) \times (1 + 0.05) \tag{3-6}$$

式中　q_a——年用气量，m^3/a；

［例 3-5］根据例 3-1 至例 3-4 和式（3-6），求城市年用气量。计算结果见表 3-30。

表 3-30　某城区年用气量计算结果

用户类型 ＼ 年度	2013 年（$10^4 m^3/a$）	2015 年（$10^4 m^3/a$）	2020 年（$10^4 m^3/a$）
居民用户	723	1177	2134
商业用户	217	412	854
工业用户	990	4800	10800
燃气汽车用户	246	652	862
未预见量	97	320	690
合计	2027	6709	14478

二、日用气量计算

城镇燃气的日用气量由年用气量和用气不均匀系数求得，计算公式如下：

$$q_d = \frac{q_a}{365} \times K_d \times K_m \tag{3-7}$$

式中　q_d——日用气量，m^3/d；

$\quad\quad q_a$——年用气量，m^3/a；

$\quad\quad K_d$——日不均匀系数；

$\quad\quad K_m$——月不均匀系数。

[例3-6]　若 K_d 取 1.2，K_m 取 1.0，年用气量为 $14478\times10^4 m^3/a$，求日用气量。

解：由公式（3-7）可知，$q_d = 47.6\times10^4 m^3/d$。

三、高峰小时用气量计算

城镇燃气管道的流量，应按计算月的最大小时用气量计算。最大小时用气量应根据所有用户用气量的变化叠加后确定。特别要注意对于各类用户，高峰小时用气量可能出现在不同时刻，在确定小时流量时，不应该将各类用户的高峰小时用气量简单地相加。

居民生活和商业用户燃气高峰小时流量由年用气量和用气不均匀系数求得，计算公式如下：

$$q_{h,max} = \frac{q_a}{8760} \times K_{h,max} \times K_{d,max} \times K_{m,max} \qquad (3-8)$$

式中　$q_{h,max}$——燃气管道高峰小时流量，m^3/h；

$\quad\quad K_{h,max}$——小时高峰系数；

$\quad\quad K_{d,max}$——日高峰系数；

$\quad\quad K_{m,max}$——月高峰系数。

用气高峰系数应根据城市用气量的实际统计资料确定。居民生活及商业用户用气的高峰系数，当缺少用气量的实际统计资料时，结合当地具体情况，可按下列范围选用：$K_{h,max} = 2.2 \sim 3.2$；$K_{d,max} = 1.05 \sim 1.2$；$K_{m,max} = 1.1 \sim 1.2$。

[例3-7]　若 $K_{h,max}$ 取 3.0，$K_{d,max}$ 取 1.2，$K_{m,max}$ 取 1.2，年用气量为 $10544\times10^4 m^3/a$，求高峰小时流量。

解：由公式（3-7）求得，$q_{h,max} = 5.2\times10^4 m^3/h$。

第四章　城镇燃气储气调峰

第一节　概　　述

城镇燃气的用气量是不断变化的，有月不均匀性、日不均匀性和小时不均匀性。但是上游的供应量不可能完全按照城镇燃气用户的用气量变化而随时改变。为了保证按用户需求不间断地供应燃气，必须解决上游来气和下游用户需求的平衡问题。通过设置储气设施是平衡日供气量、需气量波动的基本措施，即在日用气低峰时把上游供应的多余燃气储存起来，补充用气高峰时上游供应不足的部分，从而保证各类用户安全稳定用气。

储气设施的作用有以下四个方面：

（1）吞吐上游供气和下游用户之间的气量盈亏。

（2）混合不同组分的燃气，使燃气的性质、成分、发热值均匀稳定。

（3）储存燃气，当上游供气发生故障时，确保一定程度的供应量。

（4）合理确定储气设施在城镇燃气管网系统中的位置，使输配管网的供气点分布合理，避免最不利点的压力过低问题，改善管网的运行工况，优化输配管网的技术经济指标。

通常，城镇燃气供应系统会在技术经济比较的基础上采用几种调峰段的组合方式。常用的调峰手段如下：

（1）调整气源的生产能力或上游管道的供应能力。

对于人工燃气供应系统，可以考虑调整气源的生产能力以适应用户情况的变化，但是必须考虑气源运转、停止生产的难易程度、气源生产负荷变化的可能性和变化的幅度等，同时还应考虑技术经济的合理性。

长输管道作为上游供气系统，调整日供气量不太现实，往往只能解决月不均匀性的问题。

（2）设立缓冲用户。

调节季节性负荷还有一个有效的方法，就是设立缓冲用户。一些大型工业企业及锅炉用户等可作为城镇燃气供应系统的缓冲用户，在夏季用气低峰时，供给它们燃气；冬季用气高峰时，这些用户改用固体或者液体燃料。缓冲用户由于需要设置两套燃料燃烧系统，用户的投资要增加，而燃气输配系统可降低投资及运行费用。对于用户投资费用增加情况，一般可利用燃气的季节性差价予以补偿。

此外，燃气供应系统调度、调配供应量与用气量，也是解决供用气矛盾的重要手段。在气源交紧张的情况下，可以通过调整大型工业企业的作息时间，有计划调配用气。

（3）利用储气设施。

一般来讲，燃气供应系统完全靠气源和用户的调度与调节是不能解决供气和用气之间的矛盾的。所以，为保证供气的可靠性，还需要设置容积不等的储气设施或者供气设施。对于不同气源不均匀用气的情况，储气方式与设施有很大差别。

第二节　储气调峰方式

随着制气工艺和长输管道的发展，供气规模的扩大，所需建设初期设施的规模逐渐扩大，不仅出现了多种结构的储气设施，同时也发展了多种形式的储气方式。

一、高压（次高压）输气管道储气

高压（次高压）输气管道是指在城市内敷设的高压或者次高压管道。储气是指在供气低峰时将富余的气储存在管道中，随着管内气体压力逐渐升高到允许的最高压力，到用气高峰时，将储存的气体输出，增加供气量。该方式最大的缺点是由于高压、次高压管道的敷设安全间距较大，往往受城市规划的限制。

二、高压储气罐

在城镇燃气系统中，常用的储气罐有湿式与干式的低压储气罐及高压储气罐。随着生产的发展，高压储气罐显示了更多的优点，高压储气罐使用较为广泛。高压储气罐一般为各类钢制储气罐，国内储罐受城镇燃气压力级制和储罐制造材料的制约，多采用压力为 1.0~1.6MPa 的球形储罐。这种储罐具有固定的容积，储气压力随储气量的变化而增减。高压储气罐分为圆筒形（图 4-1）和球形（图 4-2）两种。球形储气罐在相同的内压下所承受的一次薄膜应力仅为圆筒形容器的环向应力的一半，并且在板面积相同的条件下，容积大于一般的圆筒形罐。球形罐受力好，既省钢材，投资也少，世界各国应用广泛。目前，在天然气储存方面，除北京煤气公司引进日本的 5000m³ 和 10000m³ 球罐外，国内设计实施的主要有 1000m³ 和 2000m³ 两种规格，其中 1000m³ 球罐较为普遍。

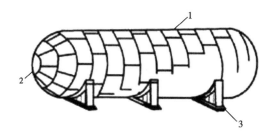

图 4-1　圆筒形储气罐

1—筒体；2—封头；3—鞍式支座

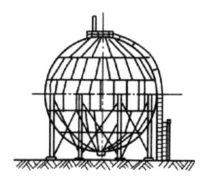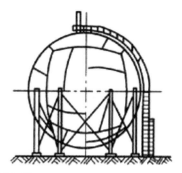

图 4-2　球形储气罐

高压球罐的有效储气容积可按下式计算：

$$V = V_c \frac{p - p_c}{p_0} \qquad (4-1)$$

式中　V——储气罐的有效储气容积，m^3；

V_c——储气罐的几何容积，m^3；

p——最高工作压力，MPa；

p_c——储气罐最低允许压力，其值取决于罐出口处连接的调压器最低允许进口压力，MPa；

p_0——标准大气压，$p_0 = 0.101325$MPa。

储罐的容积利用系数，可用下式表示：

$$\varphi = \frac{V}{V_c p / p_0} = \frac{V_c(p - p_c)/p_0}{V_c p / p_0} = \frac{p - p_c}{p} \qquad (4-2)$$

通常储气罐的工作压力一定，如果提高容积利用系数，只有降低储气罐的剩余压力，而后者又受到管网中燃气压力的限制。为了使储罐的容积利用系数提高，可以在高压储气罐站内安装引射器，当储气罐内燃气压力接近管网压力时，就开动引射器，利用进入储气罐的高压燃气的能量把燃气从压力较低的罐中引射出来。利用引射器时，要安设自动开闭装置，否则管理不妥，会破坏正常工作。

三、高压管束储气

1. 高压管束储气的特点

高压储气管束实质上是一种高压管式储气罐，其直径较小，能承受更高的压力。管束储气是将一组或几组钢管埋在地下，对管内储存的天然气施以高压，利用气体的可压缩性及其对理想气体的偏差进行储气，可使储气量大为增加。

管束储气将敷设一定长度的厚壁、大直径地下管束，与升压、调压、计量等装置构成具有一定容量的地下管束储气库。用气低峰时储气，用气高峰时向管网补充气源。这种方式可充分利用上游来气压力，有效节约能源，可结合城市高压、次高压输气管线建设，建设投资较高，地上设施简单，需占用一定的地下空间，多用于城市输气管线压力较高、管线较长的城市。

2. 储气容积计算

高压管束储气量可按下式计算：

$$V_s = \frac{V_c T_0}{p_0 T}\left(\frac{p_{max}}{Z_1} - \frac{p_{min}}{Z_2}\right) \tag{4-3}$$

式中　V_s——管束储气量，m^3；

　　　　T——平均储气温度，K；

　　　　T_0——工程标准温度，$T_0 = 293K$；

　　　　Z_1——在最大压力下的气体压缩系数；

　　　　Z_2——在最小压力下的气体压缩系数。

四、LNG 储气

　　目前国内天然气液化技术日趋成熟，LNG 来源较多，LNG 储气得到快速发展。LNG 储气适用性强，能够满足各种类型的城镇燃气调峰能力。在有些城市，当用气低峰时，把管网中富裕的天然气经压缩制冷制成液化天然气储存在低温特殊的储罐中，当需要调峰时，将液化天然气换热汽化，送入供气管网。对海上进口的液化天然气，就近建造液化天然气储气库，汽化后通过管网向用户供气，可通过汽化量的大小完成调峰。

　　城镇燃气系统中，具有 LNG 储气功能的站场典型流程框图如图 4-3 所示。

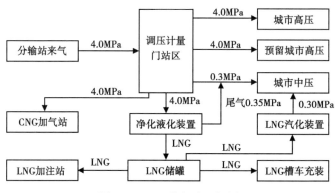

图 4-3　LNG 储气流程框图

第三节　储气调峰量确定

一、储气调峰量估算

在城镇燃气中，用户的用气量是不断变化的，有月不均匀、日不均匀和小时不均匀的特点。以居民用户和商业用户为例，大部分用户的用气会发生在同一个时间段，导致用气量瞬间剧增。但是，气源的供应量不可能完全按照下游用户用气量随时间变化而改变。为了保证用户用气的可靠性，必须解决城镇燃气中供气量与用气量的平衡问题。通过各类储气设施是均衡日供需气量波动的基本措施，即在用户用气低谷时把多余的天然气通过储气设施储存起来，补充用气高峰时气源供应不足的部分，从而保证各类用户安全稳定用气。

在实际项目中，当缺少确切的用气量波动的数据时，可以通过参考当地或者相近城市的储气系数，并结合规划的具体条件，估算储气调峰量。

$$V=kQ \tag{4-4}$$

式中　V——储气调峰量，m^3；

　　　k——储气系数，%；

　　　Q——高峰月的日平均供气量，m^3。

选用储气系数时，应注意两个城市居民用气量和工业用气量的比例、居民生活习惯以及生活水平的近似程度。

我国几个城市的储气系数见表4-1。

表4-1　我国几个城市的储气系数

城市 项目	北京	上海	沈阳	大连	长春	哈尔滨
工业占日用气量（%）	45	51	65	34	35	40
居民占日用气量（%）	55	49	35	66	65	60
储气系数（%）	22	30	49.5	45	39	30
备注	工业实行 计划供气	有机动气 源供气		有机动气 源供气	有机动气 源供气	

通常，工业用户的用气量比较均匀，居民有早、中、晚三个显著的高峰时间。随着居民用气量占总用气量的比例增大，所需要的储气系数增大，其值可参考表4-2。

表4-2　不同居民用气量占总用气量比例对应的储气系数

居民用气量占总用气量比例（%）	<40	50	>60
储气系数（%）	30~40	40~50	50~60

二、168 小时储气调峰量分析

城镇燃气输配系统所需储气容积的计算，按气源及输气能否按日用气量供气，区分为两种工况。供气能按日用气量变化而变化时，储气容积按计算月中计算日（24 小时）的燃气供需平衡条件进行计算；否则应按计算月中计算日用气量所在的平均周（168 小时）的燃气平衡条件进行计算。

根据计算月燃气消耗的日或周不平衡工况计算储气容积时，计算步骤如下：

（1）按计算月最大日平均小时供气量均匀供气，则小时产气量为1/24 = 4.17%。

（2）计算日或周的燃气供应量的累计值。

（3）计算日或周的燃气消耗量的累计值。

（4）计算燃气供应量的累计值与燃气消耗量的累计值之差，即为每小时末燃气的储存量。

（5）根据计算出的最高储存量和最低储存量绝对值之和得出所需储气容积。

［例4-1］计算月最大日用气量为$100\times10^4\mathrm{m}^3/\mathrm{d}$，气源在全天24 小时内连续均匀供气。每小时用气量占日用气量的百分数如表4-3所示，确定所需的储气容积。

表4-3　每小时用气量占日用气量的百分数

时间段	0~1	1~2	2~3	3~4	4~5	5~6	6~7	7~8
所占比例（%）	2.31	1.81	2.88	2.96	3.22	4.56	5.88	4.65
时间段	8~9	9~10	10~11	11~12	12~13	13~14	14~15	15~16
所占比例（%）	4.72	4.70	5.89	5.98	4.42	3.33	3.48	3.95
时间段	16~17	17~18	18~19	19~20	20~21	21~22	22~23	23~24
所占比例（%）	4.83	7.48	6.55	4.84	3.92	2.48	2.58	2.58

注：该表中的用气量百分数可以根据第三章中的用气不均匀系数确定。

解：按前述计算步骤，计算燃气供应量累计值、小时耗气量、燃气消耗量累计值及燃气储存量，结果列于表4-4。

表4-4　计算结果

时间段	供应量累计值（$10^4 m^3$）	用气量（$10^4 m^3$）		储存量（$10^4 m^3$）	时间段	供应量累计值（$10^4 m^3$）	用气量（$10^4 m^3$）		储存量（$10^4 m^3$）
		小时用气量	用气量累计值				小时用气量	用气量累计值	
0~1	4.17	2.31	2.31	1.86	12~13	54.17	4.42	53.98	0.19
1~2	8.33	1.81	4.12	4.21	13~14	58.33	3.33	57.31	1.02
2~3	12.50	2.88	7.00	5.50	14~15	62.50	3.48	60.79	1.71
3~4	16.67	2.96	9.96	6.71	15~16	66.67	3.95	64.74	1.93
4~5	20.83	3.22	13.18	7.65	16~17	70.83	4.83	69.57	1.26
5~6	25.00	4.56	17.74	7.26	17~18	75.00	7.48	77.05	-2.05
6~7	29.17	5.88	23.62	5.55	18~19	79.17	6.55	83.60	-4.43
7~8	33.33	4.65	28.27	5.06	19~20	83.33	4.84	88.44	-5.11
8~9	37.50	4.72	32.99	4.51	20~21	87.50	3.92	92.36	-4.86
9~10	41.67	4.70	37.69	3.98	21~22	91.67	2.48	94.84	-3.17
10~11	45.83	5.89	43.58	2.25	22~23	95.83	2.58	97.42	-1.59
11~12	50.00	5.98	49.56	0.44	23~24	100.00	2.58	100.00	0.00

绘制一天中各小时的用气量曲线和储气设施工作曲线（图4-4）。由储气设施的工作曲线最高点及最低点得到所需储气量占日用气量的12.76%。

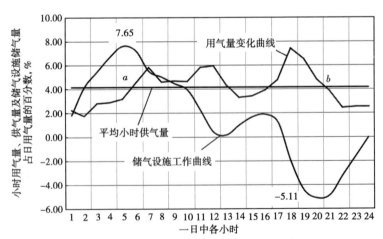

图4-4　用气量变化曲线和储气设施工作曲线

a，b—用气量与供气量相等的一瞬间

所需储气容积为：$1000000 \times (7.65\% + 5.11\%) = 1000000 \times 12.76\% = 127700 \mathrm{m}^3$

三、城镇燃气管道动态模拟分析

1. 数值模拟理论

燃气是可压缩流体，一般情况下管道内燃气的流动是不稳定流动。由于气田调节采气的工况、压缩机站开动不同台数压缩机的工况以及用户用气量变化的工况，都决定了其具有不稳定流的性质，这些因素导致管道内燃气的压力变化和流量变化。随着管道内沿程压力的下降，燃气的密度也在减小。只有在低压管道中燃气密度的变化可忽略不计。此外，在多数情况下，管道内燃气的流动可认为是等温的，其温度等于埋管周围土壤的温度。

因此，决定燃气流动状态的参数为压力 p、密度 ρ 和流速 w，均沿管长随时间变化，它们是距离 x 和时间 τ 的函数，见公式（4-5）、公式（4-6）和公式（4-7）。

$$p = p(x, \tau) \tag{4-5}$$

$$\rho = \rho(x, \tau) \tag{4-6}$$

$$\omega = \omega(x, \tau) \tag{4-7}$$

为了求得 p、ρ 和 ω，必须有三个方程式，即运动方程、连续性方程和状态方程。

（1）运动方程。

运动方程的基础是牛顿第二定律，对于微小体积（或称元体积）的流体可写为：微小体积流体动量的改变等于作用于该流体上所有力的冲量之和，见公式（4-8）。

$$\mathrm{d}\vec{I} = \sum_i \vec{N}_i \mathrm{d}\tau \tag{4-8}$$

式中　$\vec{I}$——微小体积燃气动量的向量；

$\vec{N}_i \mathrm{d}\tau$——作用力冲量的向量；

τ——时间。

上式对在断面不变的管道中流动的燃气微小体积是适用的。可以认为，在每个断面上压力、密度、流速是常数。在有必要更精确地计算动量时，则应考虑速度场的不均匀性系数，该系数主要与流体的流动工况有关。运动方

程见公式（4-9）。

$$\frac{\partial(\rho\omega)}{\partial\tau} + \frac{\partial(\rho\omega^2)}{\partial\tau} = -\frac{\partial p}{\partial x} - g\rho\sin\alpha - \frac{\lambda}{d}\frac{\omega^2}{2}\rho \tag{4-9}$$

式中　α——燃气管道相对水平面的倾斜角，（°）；

　　　λ——摩阻系数；

　　　d——燃气管道内径，mm。

（2）连续性方程。

对于相同的燃气微小体积，连续性方程可由质量守恒定律导出。连续性方程见公式（4-10）。

$$\frac{\partial p}{\partial\tau} + \frac{\partial(\rho\omega)}{\partial x} = 0 \tag{4-10}$$

（3）气体状态方程。

对于高压燃气，应该考虑其压缩性，气体状态方程见公式（4-11）。

$$p = Z\rho RT \tag{4-11}$$

式中　Z——气体压缩因子；

　　　R——气体常数；

　　　T——气体绝对温度，K。

（4）方程组。

由运动方程、连续性方程和状态方程组成的方程组，可用来求得在燃气管道中任一断面 x 和任一时间 τ 的气流参数 p、ρ 和 ω。这一方程组见公式（4-12）。

$$\begin{cases} \dfrac{\partial(\rho\omega)}{\partial\tau} + \dfrac{\partial(\rho\omega^2)}{\partial\tau} = -\dfrac{\partial p}{\partial x} - g\rho\sin\alpha - \dfrac{\lambda}{d}\dfrac{\omega^2}{2}\rho \\[3mm] \dfrac{\partial p}{\partial\tau} + \dfrac{\partial(\rho\omega)}{\partial x} = 0 \\[3mm] p = Z\rho RT \end{cases} \tag{4-12}$$

从理论上讲，上式可用来计算燃气在管道中任意位置、任意时刻的运动参数，实际上这一组非线性偏微分方程组很难求解析解。但是在工程上常可忽略某些对计算结果影响不大的项，并用线性化的方法简化后求得近似解。

从工程观点出发，运动方程中的惯性项和对流项在大多数情况下均可忽略不计，这是因为惯性项只在管道中燃气流量随时间变化极大时才有意义，而对流项只在燃气流速极大时（接近声速）才有意义。通常管道中燃气流速不大于 20~40m/s，且流量变化的程度不太大。此外，在城镇燃气管网中，当标高的差值不太大时，运动方程中的重力项一般也可以忽略不计。

因此，在进行燃气分配系统不稳定流工况的计算时，可采用简化后的方程组，见公式（4-13）。

$$
\begin{cases}
-\dfrac{\partial p}{\partial x} = \dfrac{\lambda}{d}\dfrac{\omega^2}{2}\rho \\[2mm]
-\dfrac{\partial \rho}{\partial \tau} = C^2\dfrac{\partial(\rho\omega)}{\partial x} \\[2mm]
p = Z\rho RT
\end{cases}
\tag{4-13}
$$

上述方程组在进行线性化处理后，加上起始条件和边界条件，可采用有限单元法，也可采用差分法，求得管道内燃气运动参数与坐标 x 和时间 τ 的关系 $p(x,\tau)$、$\rho(x,\tau)$ 和 $\omega(x,\tau)$。

2. 实际气体流量计算公式

实际气体流量计算方程见公式（4-14）。

$$
Q = (n+1)77.54\frac{T_b}{p_b}D^{25}e\left\{\frac{p_2^2 - p_2^2 - \left(\dfrac{0.0375G(h_2-h_1)p_a^2}{ZT_a}\right)}{GT_aLZ\lambda}\right\}^{0.5}
\tag{4-14}
$$

式中　Q——气体的流量（$p_0 = 0.101325\text{MPa}$，$T = 293\text{K}$），m^3/d；

$\quad\quad D$——输气管道直径，mm；

$\quad\quad e$——管道的输气效率；

$\quad\quad \lambda$——水力摩阻系数；

$\quad\quad G$——气体的相对密度；

$\quad\quad h_1$，h_2——各管段起点和终点的标高，m；

$\quad\quad L$——管道计算段的长度，m；

$\quad\quad n$——输气管道沿线高差变化所划分的计算段数；

$\quad\quad p_1$——输气管道计算段的起点压力（绝），MPa；

$\quad\quad p_2$——输气管道计算段的终点压力（绝），MPa；

$\quad\quad p_a$——输气管道计算段内的平均压力，MPa；

$\quad\quad p_b$——标准状态下气体（$p_0 = 0.101325\text{MPa}$，$T = 293\text{K}$）的压力，MPa；

T_a——输气管道计算段内介质均匀流动时的温度，K；

T_b——标准状态下（$p_0 = 0.101325$MPa，$T = 293$K）气体的温度，K；

Z——天然气的压缩因子。

水力摩阻系数采用科尔布鲁克（Colebrook-White）计算公式：

$$\frac{1}{\sqrt{\lambda}} = -2.01\lg\left[\frac{k}{3.71d} + \frac{2.51}{Re\sqrt{\lambda}}\right] \tag{4-15}$$

式中　k——管内壁绝对粗糙度，m；

　　　d——管内径，m；

　　　Re——雷诺数。

3. 实际工程案例

某城镇燃气管网最高运行压力为4.0MPa，管线的长度为97.4km。管网各站及分输位置如图4-5所示。

各站用气量规模见表4-5。

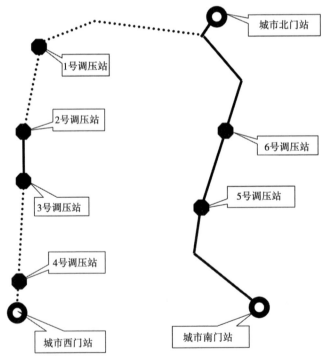

图4-5　某城市管网各站及分输位置图

表 4-5　各站用气量规模

序号	站 名	年平均日用气量（$10^4 \mathrm{m}^3/\mathrm{d}$）						年供气量（$10^8 \mathrm{m}^3/\mathrm{a}$）
		居民	公建	汽车	工业	未预见量	总计	
1	1 号调压站	5.26	1.31	1.76	8.30	2.51	19.14	0.67
2	2 号调压站	8.69	2.17	2.88	13.58	4.11	31.43	1.1
3	3 号调压站	5.26	1.31	1.76	8.30	2.51	19.14	0.67
4	4 号调压站	5.26	1.31	1.76	8.30	2.51	19.14	0.67
5	5 号调压站	5.26	1.31	1.76	8.30	2.51	19.14	0.67
6	6 号调压站	5.26	1.31	1.76	8.30	2.51	19.14	0.67
7	城市北门站	—	—	—	—	—	—	4.07
8	城市南门站	—	—	—	—	—	—	0.21
9	城市西门站	—	—	—	—	—	—	0.21

通过动态模拟分析软件（GL 公司 SynerGEE Gas 软件）计算，整个环网高峰月 168 小时储存气量变化曲线见图 4-6。

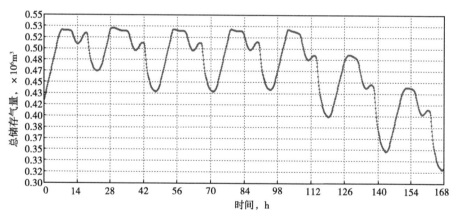

图 4-6　环网 168 小时储气量变化曲线

从图 4-6 可知，该城市环网最大储气量为 $53 \times 10^4 \mathrm{m}^3$，环网最小储气量为 $32 \times 10^4 \mathrm{m}^3$，因此可以得到该城市环网的调峰需求量为 $21 \times 10^4 \mathrm{m}^3$。

第五章　燃气输配管道工程

第一节　城镇燃气管网的分类及选择

城市天然气输配系统中的管网根据服务功能不同，可以分为两部分：输气系统及配气系统。其中，输气系统以集中、大流量的长距离输送为主，主要供应一级管网的调压站、储配站、大型工业燃气用户等；配气系统是以一定区域内分散的居民、商业及小型工业用户为供应对象。

一、城镇燃气管网的分类

城市输配系统中燃气的泄漏可能导致火灾、爆炸等事故，因此，对输配系统管道的气密性要求特别严格。燃气管道中的压力越高，管道接头、管道本身出现裂缝的可能性和危害性越大，而且管道内燃气压力不同，对管道材质、安装质量、检验标准和运行管理要求也不同。依据 GB 50028—2006《城镇燃气设计规范》，城镇输配系统管道根据输气压力分为 7 级，见表 5-1。

表 5-1　城镇输配系统管道分类

名称		压力 p（MPa）
高压燃气管道	A	$2.5 < p \leqslant 4.0$
	B	$1.6 < p \leqslant 2.5$
次高压燃气管道	A	$0.8 < p \leqslant 1.6$
	B	$0.4 < p \leqslant 0.8$
中压燃气管道	A	$0.2 < p \leqslant 0.4$
	B	$0.01 \leqslant p \leqslant 0.2$
低压燃气管道		$p < 0.01$

居民用户、小型公共建筑用户一般直接由低压管道供气；中压管道须通过调压站才能给输配管网中的低压管道供气。高压、次高压输气管道通常是贯穿省、地区或连接城市的长输管线，有时也构成大型城市输配管网系统的外环网，此时高压管网可兼作初期装置而具有输、储双重功能。输气管道不同压力级制综合流程见图5-1。

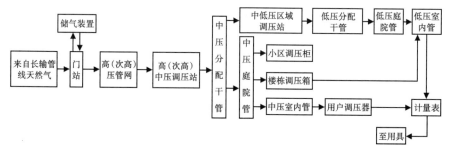

图5-1　输气管道不同压力级制综合流程示意图

二、城市输配系统压力级制

1. 城市输配系统压力级制的确定

城市输配系统压力级制的确定，主要考虑以下因素：

（1）气源情况：燃气的种类、性质、供气量、供气压力、气源的发展规划。

（2）城市规模、远景规划情况、街区和道路的现状和规划、建筑特点、人口密度、居民用户的分布情况。

（3）原有的城镇燃气供应设施情况。

（4）对不同类型用户的供气方针、气化率及不同类型的用户对燃气压力的要求。

（5）用气的工业企业的数量、特点。

（6）储气设施的类型。

（7）城市地理地形条件，敷设燃气管道时遇到天然和人工障碍物（河流、湖泊、铁路等）的情况。

（8）城市地下管线和地下建筑物、构建物的现状和改建、扩建规划。

城市输配系统压力级制的确定需全面考虑上述因素，选取数个方案进行

技术经济比较，选用经济合理的最佳方案。

2. 城市输配系统不同压力级制组合分类

城市输配系统根据压力级制的不同组合可以分为：

一级系统：仅用于低压管网来分配和供给燃气，一般只适用于小城镇的供气。

两级系统：由低压和中压 B 或低压和中压 A 两级管道组成。

三级系统：由低压、中压和高压三级管网组成。

多级系统：由低压、中压 B、中压 A 和高压 B，甚至高压 A 的管网组成。

针对输气系统和配气系统功能的不同，采用不同的压力管道级制组合可以提高经济性、适应性，同时提高输配水平。例如，输气系统采用高压，可以将管径选择得小一些，管道比摩阻选得大一些，以节省管材。对于配气系统中各类用户，由于所需要的燃气压力不同，采用不同级制可以满足不同用户对压力的要求。

第二节　城镇燃气输配管网

由于天然气长输管道至城市边缘的压力一般为高压或次高压，因此天然气城市输配系统一般采用高（次高）中压两级系统或单级中压系统。

高压或次高压管道主要用于向门站与高（次高）中压调压站供气，也具有储气作用，其管道布置主要取决于门站与调压站的选址以及供气安全性与储气要求、城市地理环境等。中压管道向城区内中低压调压箱或用户调压箱供气，大型工业用户直接由中压管道供气。中压配气干管一般在中心城区形成环网，城区边缘为支状管道，即采用环支结合的配气方式。由配气管网接出支管向街区内调压箱或用户调压箱供气。因此中压管道的布置主要取决于城市道路与地理环境状况、用户分布、中低压调压装置的选址以及供气安全性要求等因素。

燃气管网要保证安全、可靠地供应各类用户，在满足以上条件的前提下，要尽量缩短管线，以节省投资费用。

一、布线原则

地下燃气管道宜沿城市道路、人行便道敷设，或敷设在绿化地带内。在决定城市中不同压力燃气管道的布线问题时，必须考虑到下列基本情况：

（1）管道中燃气的压力。

（2）街道及其他地下管道的密集程度与布置情况。

（3）街道交通量和路面结构情况以及运输干线的分布情况。

（4）所输送燃气的含湿量、必要的管道坡度、街道地形变化情况。

（5）与该管道相连接的用户数量及用气情况，该管道是主要管道还是次要管道。

（6）线路上所遇到的障碍物情况。

（7）土壤性质、腐蚀性能和冰冻线深度。

（8）该管道在施工、运行和万一发生故障时，对交通和人民生活的影响。

在布线时，要决定燃气管道沿城市街道的平面与纵断面位置。由于输配系统各级管网的输气压力不同，其设施和防火安全的要求也不同，而且各自的功能也有所区别，故应按各自的特点进行布置。

二、高压燃气管道布线

对于大、中型城市按输气或储气需要设置高压管道，其布置原则如下：

（1）服从城市总体规划，遵守有关法规与规范，考虑远、近期结合，分期建设。

（2）结合门站与调压站选址，管道沿城区边沿敷设，避开重要设施与施工困难地段。不宜进入城市四级地区，不宜从县城、卫星城、镇或居民区中间通过。

（3）尽可能少占农田，减少建筑物等拆迁，除管道专用公路的隧道、桥梁外，不应通过铁路或公路的隧道和桥梁。

（4）对于大型城市，可考虑高压管道成环，以提高供气安全性，并考虑其储气功能。

（5）为方便运输与施工，管道宜在公路附近敷设。

（6）应做多方案比较，选用符合上述各项要求，且长度较短、原有设施可利用、投资较省的方案。

1. 布线间距

地下高压管道与建筑物的水平净距应根据所经地区等级、管道压力、管道公称直径与壁厚加以确定。表5-2是一级或二级地区所要求的地下高压燃气管道与建筑物的最小水平净距。表5-3是三级地区地下高压燃气管道与建筑物之间的水平净距。

表5-2 一级或二级地区所要求的地下高压燃气管道与建筑物的最小水平净距（m）

燃气管道公称直径 DN（mm）	地下燃气管道压力（MPa）		
	1.61	2.50	4.00
900<DN≤1050	53	60	70
750<DN≤900	40	47	57
600<DN≤750	31	37	45
450<DN≤600	24	28	35
300<DN≤450	19	23	28
150<DN≤300	14	18	22
DN≤300	11	13	15

表5-3 三级地区地下高压燃气管道与建筑物之间的水平净距（m）

燃气管道公称直径和壁厚 δ（mm）	地下燃气管道压力（MPa）		
	1.61	2.50	4.00
所有管径，$\delta<9.5$	13.5	15.0	17.0
所有管径，$9.5≤\delta<11.9$	6.5	7.5	9.0
建筑物、所有管径，$\delta≥11.9$	3.0	3.0	3.0

地下高压管道与建筑物、构筑物、相邻管道之间所要求的最小水平净距见表5-4。

表5-4 地下燃气管道与建筑物、构筑物或相邻管道之间的水平净距（m）

项目		地下燃气管道压力（MPa）					
		低压	中压		次高压		高压
		<0.01	B≤0.2	A≤0.4	B≤0.8	A≤1.6	
建筑物	基础	0.7	1	1.5	—	—	—
	外墙面（出地面处）	—	—	—	5	13.5	13.5

续表

项目		地下燃气管道压力（MPa）					
		低压	中压		次高压		高压
		<0.01	B≤0.2	A≤0.4	B≤0.8	A≤1.6	
给水管		0.5	0.5	0.5	1	1.5	1.5
污水、雨水排水管		1	1.2	1.2	1.5	2	2
电力电缆（含电车电缆）	直埋	0.5	0.5	0.5	1	1.5	1.5
	在导管内	1	1	1	1	1.5	1.5
通信电缆	直埋	0.5	0.5	0.5	1	1.5	1.5
	在导管内	1	1	1	1	1.5	1.5
其他燃气管道	DN≤300mm	0.4	0.4	0.4	0.4	0.4	—
	DN>300mm	0.5	0.5	0.5	0.5	0.5	—
热力管	直埋	1	1	1	1.5	2	
	在管沟内（至外壁）	1	1.5	1.5	2	4	
电杆(塔)的基础	≤35kV	1	1	1	1	1	
	>35kV	2	2	2	5	5	
通信照明电杆（至电杆中心）		1	1	1	1	1	
铁路路堤坡脚		5	5	5	5	5	
有轨电车钢轨		2	2	2	2	2	—
街树（至树中心）		0.75	0.75	0.75	1.2	1.2	—

　　高压管道当受条件限制需进入或通过四级地区、县城、卫星城、镇或居民居住区时应遵守下列规定：高压 A 地下燃气管道与建筑物外墙之间水平净距不应小于 30m，高压 B 地下燃气管道与建筑物外墙之间水平净距不应小于 16m。当管道材料钢级不低于 GB/T 9711—2011《石油天然气工业 管线输送系统用钢管》规定的 L245、管道壁厚 δ≥9.55mm，且对燃气管道采取行之有效的保护措施时，高压 A 地下燃气管道与建筑物外墙之间的水平净距不应小于 15m，高压 B 地下燃气管道与建筑物外墙之间的水平净距不应小于 10m。

2. 布线深度

地下高压管道在农田、岩石处与城区敷设时的覆土层（从管顶算起）最小厚度分别见表 5-5 与表 5-6。

表 5-5　地下高压管道在旱地、水田、岩石类地区敷设时覆土层最小厚度（m）

地区等级	旱地	水田	岩石类
一级	0.6	0.8	0.5
二级	0.6	0.8	0.5
三级	0.8	0.8	0.5
四级	0.8	0.8	0.5

注：覆土层从管顶算起。

表 5-6　地下高压管道在城区敷设时覆土层最小厚度

埋地处	覆土层最小厚度（m）
车行道	0.9
非车行道（含人行道）	0.6
庭院内	0.3

3. 分段阀门设置

在高压干管上应设置分段阀门，其最大间距取决于管段所处位置的地区等级，见表 5-7。

表 5-7　高压干管分段阀门最大间距

管段所处地区等级	四级	三级	二级	一级
最大间距（km）	8	13	24	32

4. 某城市高压燃气管道布线

某城市高压环网实施分为一期、二期，西环网前半段为一期，西环网后半段和东环网为二期。如图 5-2 所示，高压环网沿城市外延敷设，不穿越城市规划用地，设置 3 座门站、7 座高中压调压站，3 座阀室，沿线地区等级以三级为主，部分为二级。

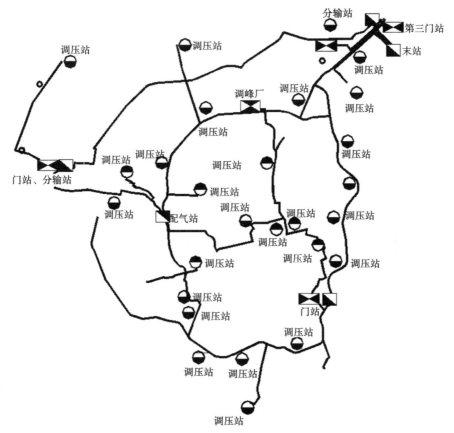

图 5-2　某城市高压管网布置图

三、次高压燃气管道布线

次高压管道的作用与高压管道相同，当长输管道至城市边缘的压力为次高压时采用。次高压管道的布置原则与高压管道相同，一般也不通过中心城区，也不宜从四级地区、县城、卫星城、镇或居民区中间通过。

地下次高压管道与建筑物、构筑物、相邻管道之间所要求的最小水平净距见表 5-4。地下敷设的覆土层最小厚度要求同高压管道，具体见表 5-5 和表 5-6。

在次高压干管上应设置分段阀门，并在阀门两侧设置放散管，在支管起点处也应设置阀门。某城区次高压管网布置见图5-3。

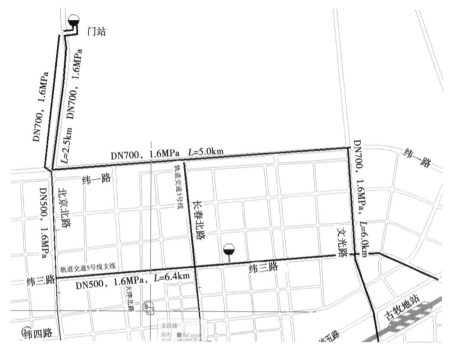

图5-3　某城区次高压管网布置图

四、中压燃气管道布线

中压燃气管道在高（次高）—中压或单级中压输配系统中都是输气主体。随着经济的发展，特别是道路与住宅建设的水平和质量大幅提高，这两种燃气输配系统成为城镇燃气输配系统的主流。中压管道向数量众多的小区调压箱、楼栋调压箱以及专用调压箱供气，从而形成环支结合的输气干管以及从干管接出的众多供气支管。显然调压箱较区域调压站供应户数大大减少，从而减少了用户前压力的波动，而中压进户更使用户压力恒定。此种中压干管管段由于与众多支管相连，支管计算流量之和为该管段途泄流量。

1. 布线原则

高（次高）—中压或单级中压输配系统的中压管道布置原则如下：

（1）服从城市总体规划，遵守有关法律法规，考虑远近期结合。

（2）干管布置应靠近用气负荷较大区域，以减小支管长度并成环，保证安全供气，但应避开繁华街区，且环数不宜过多。各高中压调压站出口与中压干管互通。在城区边缘布置支状干管，形成环支结合的供气干管体系。

（3）对中小城镇的干管主环可设计为等管径环，以进一步提高供气安全性和适应性。

（4）管道布置应按先人行道、后非机动车道、尽量不在机动车道埋设的原则。

（5）管道应与道路同步建设，避免重复开挖。条件具备时可建设共同沟敷设。

（6）在安全供气的前提下减少穿越工程与建筑拆迁量。

（7）避免与高压电缆平行敷设，以减少地下钢管电化学腐蚀。

（8）可做多方案比较，选用供气安全、正常水力工况与事故水力工况良好、投资较省以及原有设施可利用的方案。

2. 布线间距

中低压区域调压站应选在用气负荷中心，并确定其合理的作用半径，结合区域调压站的选址布置中压干管，中压干管应成环，干管尽可能接近调压站，以缩短中压支管长度。

地下中压管道与建筑物、构筑物、相邻管道之间所要求的最小水平净距见表5-4。地下敷设的覆土层最小厚度要求同高压管道，具体见表5-5和5-6。

中压干管与支管阀门设置要求同次高压干管与支管。

3. 某工业园中压供气方案

某工业园中压输配系统主要为中压一级供气和中低压两级供气方案。

方案一：中低压两级输配系统，其系统工艺流程框图见图5-4。

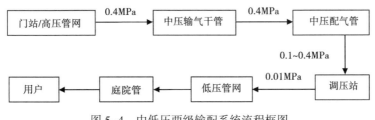

图5-4　中低压两级输配系统流程框图

中低压两级输配系统具有调压设施少、设备维护量相应较少、便于管理等优点，但因为是两级管道，管道数量多，使投资较高。根据其他城市现有城镇燃气工程资料分析，中低压两级系统同中压一级系统相比投资高出 20%~30%，而且低压系统末端的用户在用气高峰时波动较大，易造成供气压力不足。

方案二：中压一级输配系统，其系统工艺流程框图见图 5-5。

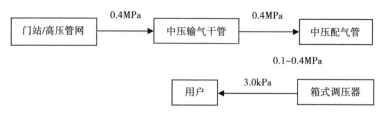

图 5-5　中压一级输配系统流程框图

中压一级输配系统具有管线长度短，投资少，供气均匀、稳定的优点，但该系统需要设置的调压箱数量较多，相应的管理维修工作量多。不过目前国内产品的质量在不断提高。只要在设备选型时采购高质量的设备，可以有效防止各类故障的发生，减少维修工作量，确保平稳、可靠供气。某区域中压管网布置见图 5-6。

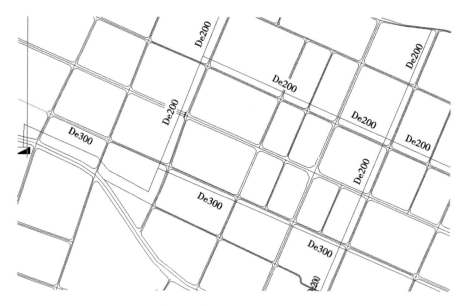

图 5-6　某城区中压管网布置图

五、庭院管布置

庭院管一般指自市政管道开口接往用气建筑物的庭院内管道。按气体压力等级可分为中压庭院管道和低压庭院管道，按照敷设的方式可分为埋地庭院管和架空庭院管。

1. 压力级制

庭院管道的压力与城镇燃气输配系统的压力级制相关。城市输配系统为低压一级系统，则庭院管为低压；若城镇燃气输配系统为中压一级系统、区域调压，则庭院管道为低压；若城镇燃气输配系统为中压一级系统、楼栋调压，则庭院管为中压。庭院管为中压时，输送能力大，经济性好，但安全性差；庭院管为低压时，安全性好，但输送能力小，经济性差。

2. 布线要求

（1）庭院燃气管道应按当地规划部门的规划位置，并优先考虑敷设在人行道、绿化草地、非车行道下，尽量避免敷设在车道下。

（2）地下燃气管道与建筑物、构筑物或相邻管道之间的水平净距见表5-4，垂直间距见表5-8。

表5-8　地下燃气管道与构筑物或相邻管道之间的垂直净距（m）

项目		地下燃气管道（当有套管时，以套管计）
给排水管或其他燃气管道		0.15
热力管的管沟底（或顶）		0.15
电缆	直埋	0.50
	在导管内	0.15
铁路轨底		1.20
有轨电车轨底		1.00

注：如受地形限制无法满足时，经与有关部门协商，采取行之有效的防护措施后，规定的净距均可适当缩小，但中压管道距建筑物基础不应小于0.5m且距建筑物外墙面不应小于1.0m，低压管道应不影响建（构）筑物和相邻管道基础的稳固性。

表5-4、表5-8所示的净距要求除地下燃气管道与热力管的净距不适用于聚乙烯燃气管道和钢骨架聚乙烯塑料复合管外，其他均适用于聚乙烯燃气管道和钢骨架聚乙烯塑料复合管道。聚乙烯燃气管道与各类地下管道或设施的水平净距和垂直净距见表5-9和表5-10。

表 5-9　聚乙烯燃气管道与供热管之间的水平净距

供热管种类	净距（m）	注
t<150℃的直埋供热管道		燃气管埋深小于2m
供热管	3.0	
回水管	2.0	
t<150℃的热水供热管沟		
蒸汽供热管沟	1.5	
t<280℃的蒸汽供热管沟	3.0	聚乙烯管工作压力不超过0.1MPa，燃气管埋深小于2m

表 5-10　聚乙烯燃气管道与各类地下管道或设施的垂直净距

名称		净距（m）	
		聚乙烯管道在该设施上方	聚乙烯管道在该设施下方
给排水燃气管		0.15	0.15
排水管		0.15	0.2 加套管
电缆	直埋	0.5	0.5
	在套管内	0.2	0.2
供热管道	*t*<150℃的直埋供热管	0.5 加套管	1.3 加套管
	t<150℃的热水供热管沟蒸汽供热管沟	0.2 加套管或 0.4	0.3 加套管
	t<280℃的蒸汽供热管沟	1.0 加套管，套管有降温措施可缩小	不允许
铁道轨底		—	1.2 加套管

（3）室外架空的燃气管道，可沿建筑物外端或支柱敷设，并应符合下列要求：

①中压和低压燃气管道，可沿建筑耐火等级不低于二级的住宅或公共建筑的外墙敷设；次高压 B、中压和低压燃气管道，可沿建筑耐火等级不低于二级的丁、戊类生产厂房的外墙敷设。

②沿建筑物外墙的燃气管道距住宅或公共建筑物门、窗洞口的净距：中压管道不应小于 0.5m，低压管道不应小于 0.3m。燃气管道距生产厂房建筑物门、窗洞口的净距不限。

③架空燃气管道与铁路、道路、其他管线交叉时的垂直净距不应小于表

5-11 的规定。

表 5-11 架空燃气管道与铁路、道路、其他管线交叉时的垂直净距

建筑和管线名称		最小垂直净距（m）	
		燃气管道下	燃气管道上
铁路轨顶		6.00	—
城市道路路面		5.50	—
厂区道路路面		5.50	—
人行道路路面		2.20	—
架空电力线	电压为 3kV 以下	—	1.50
	电压为 3~10kV	—	3.00
	电压为 35~65kV	—	4.00
其他管道	管径≤300mm	同管道直径，但不小于 0.10	同管道直径，但不小于 0.10
	管径>300mm	0.30	0.30

注：（1）厂区内部的燃气管道，在保证安全的情况下，管底至道路路面的垂直净距可取 4.5m，管底至铁路轨顶的垂直净距可取 5.5m。在车辆和人行道以外的地区，可在从地面到管底高度不小于 0.35m 的低支柱上敷设燃气管道。

（2）电气机车铁路除外。

（3）架空电力线与燃气管道的交叉垂直净距应考虑导线的最大垂度。

④输送湿燃气的管道应采取排水措施，在寒冷地区还应采取保湿措施。燃气管道坡向凝液缸的坡度不宜小于 0.002。

⑤工业企业内燃气管道沿支柱敷设时，应符合 GB 6222—2005《工业企业煤气安全规程》的规定。

（4）地下燃气管道埋设的最小覆土厚度（路面至管顶）应符合下列要求：

①埋设在车行道下时，不得小于 0.9m。

②埋设在非车行道（含人行道）下时，不得小于 0.6m。

③埋设在庭院（指绿化带及载货汽车不能进入之地）内时，不得小于 0.3m。

④埋设在水田下时，不得小于 0.8m。

当采取行之有效的保护措施后，上述规定均可适当降低。

（5）地下燃气管道穿过排水管、热力管沟、联合地沟、隧道及其他各种用途沟槽时，应将燃气管道敷设于套管内。套管伸出构筑物外壁的距离不应小于表 5-4 中燃气管道与该构筑物的水平净距。套管两端应采用柔性的防腐、

防水材料密封。

（6）燃气管道的套管公称直径可按表5-12选用。

表5-12　套管公称直径

内管 DN（mm）	15	20	25	32	40	50	65	80	100	150	200	300
套管 DN（mm）	32	40	50	65	65	80	100	150	150	200	300	400

（7）地下燃气管道的有效防护措施指受道路宽度、断面以及工程管线位置等因素限制难以满足净距或埋深要求时，根据现场实际情况而采取的有效保护措施。对于不同情况，可采取不同的保护措施，包括加套管、砌砖墙、焊缝内部100%无损探伤、提高防腐等级或加盖板等。

3. 庭院管线布线

庭院管道布线分为中压庭院管道布线和低压庭院管道布线，中压庭院管道布线见图5-7，低压庭院管道布线见图5-8。

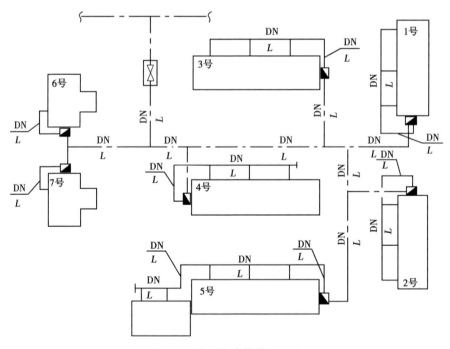

图5-7　中压庭院管道布置图

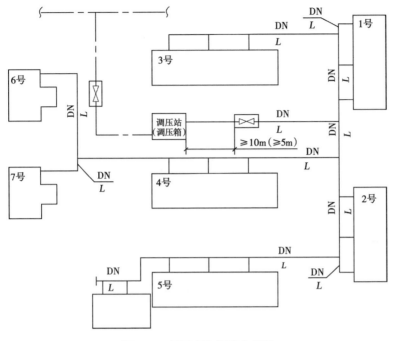

图 5-8　低压庭院管道布置图

六、室内管

对于中压至楼栋的情况，室内管一般指楼栋阁后的管道及设备；对于区域调压的情况，室内管一般指引入管（包括引入管）以后的管道及设备。

室内管的设计按管道系统划分，一般包括引入管、调压箱（柜）、楼栋及室内管道几部分；室内管按用户类型划分，一般分为居民住宅室内管、工商业用户室内管。

1. 引入管

1）引入管布线原则

引入管指室外配气支管与用户室内燃气进口管总阀门（当无总阀门时，指距室内地面 1m 高处）之间的管道。引入管一般可分地下引入法和地上引入法两种。

输送湿燃气的引入管一般由地下引入室内，当采取防冻措施时也可以地上引入。在非采暖地区或输送干燃气时，且管径不大于 75mm 时，则可由地上直接引入室内。引入管布线原则如下：

（1）燃气引入管不得敷设在卧室、浴室、地下室、易燃或易爆品的仓库、有腐蚀性介质的房间、配电间、变电室、烟道和进风道等地方。燃气引入管应敷设在厨房或走廊等便于检修的非居住房间内。如确有困难，可以从楼梯间引入，此时阀门井宜设在室外。

（2）燃气引入管进入密闭室时，密闭室必须进行改造，并设置换气口，其通风换气次数每小时不得小于 3 次。

（3）输送湿燃气的引入管，埋设深度应在土壤冰冻线以下，并应有不低于 0.01 的坡向凝液缸或燃气配气支管的坡度。

（4）燃气引入管穿过建筑物基础、墙或管沟时，均应设置在套管中，并应考虑沉降的影响，必要时采取补偿措施。

（5）燃气引入管最小公称直径应符合下列要求：

①当输送人工燃气和矿井气等燃气时，不应小于 25mm。

②当输送天然气和液化石油气等燃气时，不应小于 15mm。

（6）燃气引入管总管上应设置阀门和清扫口，阀门应选择快速式切断阀。阀门的设置应符合下列要求：

①阀门宜设置在室内，对重要用户应在室外另设置阀门。

②地上低压燃气引入管的直径不大于 75mm 时，可在室外设置带丝堵的三通，不另设置阀门。

2）引入管做法

（1）由室外引入室内的燃气管道遇暖气沟或地下室时的引入管做法见图5-9、图 5-10 和图 5-11。管材采用无缝钢管煨弯或采用镀锌钢管管件连接，

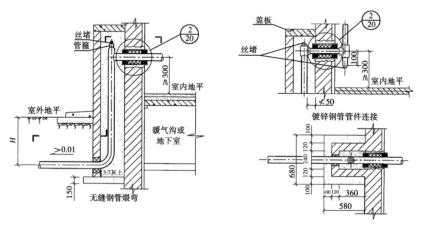

图 5-9　引入管做法（一）

做加强防腐层砌砖台保护。

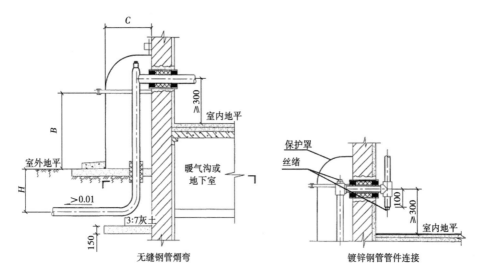

图 5-10 引入管做法（二）

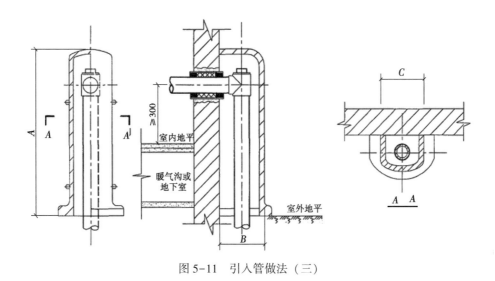

图 5-11 引入管做法（三）

（2）由室外地下直接引入室内的燃气管道引入管做法参见图 5-12。管材采用无缝钢管煨弯，套管采用焊接钢管，外墙至室内地面的管段采用加强防腐层。

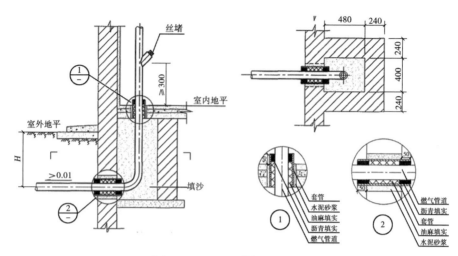

图 5-12　　引入管做法（四）

（3）从阳台上引入燃气管道的做法见图 5-13。管材采用无缝钢管煨弯或采用镀锌钢管管件连接，做加强防腐层。

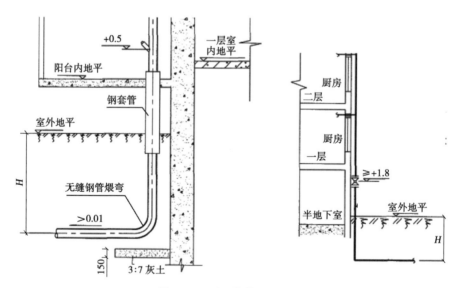

图 5-13　引入管做法（五）

2. 楼栋室内管道

楼栋室内燃气管道不应敷设在潮湿或有腐蚀性介质的房间内，当确需敷设时，必须采取防腐措施；输送潮湿气的燃气管道敷设在气温低于0℃的房间或输送气相液化石油气管道处的环境温度低于其露点温度时，其管道应采取保温措施。

楼栋室内燃气管道与电气设备、相邻管道之间的净距不应小于表5-13的规定。

表5-13　楼栋室内燃气管道与电气设备、相邻管道之间的净距

管道与设备		与燃气管道的净距（cm）	
		平行敷设	交叉敷设
电气设备	明装绝缘电线或电缆	25	10
	暗装或管内绝缘电线	5（从所做的槽或管子的边缘算起）	1
	电压小于1000V的裸露电线	100	100
	配电盘或配电箱、电表	30	不允许
	电插座、电源开关	15	不允许
相邻管道		保证燃气管道、相邻管道的安装便于维修	2

注：（1）当明装电线加绝缘套管且套管的两端各伸出管道10cm时，套管与燃气管道的交叉敷设净距可降至1cm。

（2）当布置确有困难，在采取有效措施后，可适当减小净距。

楼栋室内燃气管道的设计及安装参照05R502《燃气工程设计施工（新编）》。

（1）燃气立管不得敷设在卧室或卫生间内。立管穿过通风不良的吊顶时应设在套管内。燃气立管宜明装，当装在便于安装和检修的管道竖井内时，应符合下列要求：

①燃气立管可与空气、惰性气体、上下水管、热力管道等设在一个公用竖井内，但不得与电线、电气设备或氧气管、进风管、回风管、排气管、排烟管、垃圾道等共用一个竖井。

②竖井应每隔2~3层做相当于楼板耐火极限的不燃烧体进行防火分隔，且应设法保证竖井内自然通风并采取火灾时防止产生"烟囱"作用的措施。

③每隔4~5层设一燃气浓度检测报警器，上、下两个报警器的高度差不应大于20m。

④管道竖井的墙体应为耐火极限不低于 1.0h 的不燃烧体，井壁上的检查门应采用丙级防火门。

（2）燃气水平干管宜明设。当建筑设计有特殊美观要求时，可敷设在能安全操作、通风良好和检修方便的吊顶内；当吊顶内设有可能产生明火的电气设备或空调回风管时，燃气干管宜设在与吊顶地平的独立密封管槽内，管槽底宜采用可卸式活动百叶或带孔板。

（3）燃气支管宜明设。燃气支管不宜穿过起居室（厅）。敷设在起居室（厅）、走道内的燃气管道不宜有接头；当穿过卫生间、阁楼或壁柜时，燃气管道应采用焊接连接（金属软管不得有接头），并应设在钢套管内。

某高层住宅燃气供应设计见图 5-14 和图 5-15。

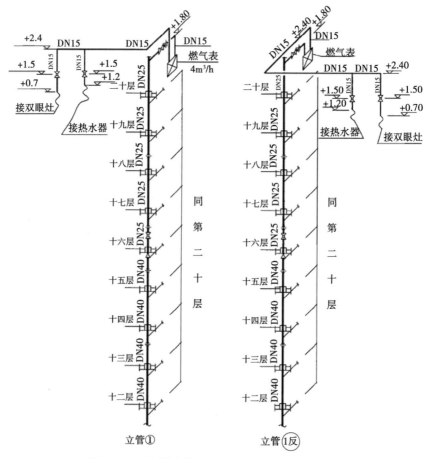

图 5-14　高层燃气供应设计（十二层至二十层）

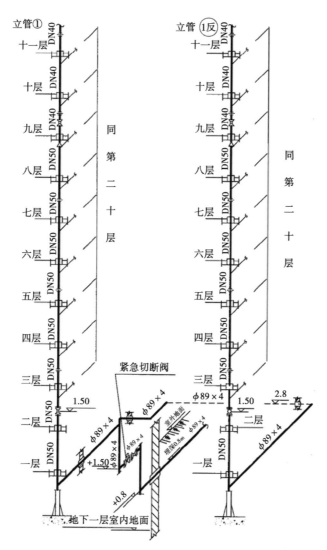

图 5-15 高层燃气供应设计（地下一层至二十层）

七、燃气管道纵断面布置

在决定纵断面布置时，要考虑以下要求：

（1）地下燃气管道埋设深度宜在土壤冰冻线以下。管顶覆土厚度还应满足下列要求：

①埋设在车行道下时，不得小于 0.9m；

②埋设在非机动车车道（含人行道）下时，不得小于 0.6m；

③埋设在机动车不可能到达的地方时，不得小于 0.3m；

④埋设在水田下时，不得小于 0.8m。

⑤随着干天然气的广泛使用以及管道材质的改进，埋设在人行道、次要街道、草地和公园的燃气管道可采用浅层敷设。

（2）输送湿燃气的管道，不论是干管还是支管，其坡度一般小于 0.003。布线时，最好能使管道的坡度和地形相适应。在管道最低点应设排水器。

（3）燃气管道不得在地下穿过房屋或其他建筑物，不得平行敷设在有轨电车轨道之下，也不得与其他地下施设上下并置。

（4）在一般情况下，燃气管道不得穿过其他管道本身，如因特殊情况要穿过其他大断面管道（污水干管、雨水干管、热力管沟等）时，需征得有关方面同意，同时燃气管道必须安装在钢管套内。

（5）燃气管道与其他各种构筑物以及管道相交时，应按统一规定保持一定的最小垂直净距，具体要求见表5-8。

第三节　城镇燃气管网管材

一、管材及其连接方式

能用于输送天然气的管材种类很多，因此必须根据天然气的性质、系统压力及施工要求来选用，并满足机械强度、抗腐蚀、抗震及气密性等各项基本要求。

1. 钢管

常用钢管有普通无缝钢管和焊接钢管。

普通无缝钢管用普通碳素钢、优质碳素钢、低合金钢轧制而成。按制造方法分为热轧无缝钢管和冷轧（冷拔）无缝钢管。热轧管有外径 32～630mm 规格，冷轧管有外径 5～200mm 规格。

焊接钢管中用途最广的是低压流体输送用焊接钢管，属于直焊缝钢管，常用管径为 6～150mm。焊接钢管按表面质量分为镀锌管（白铁管）和非镀锌管（黑铁管）两种；按壁厚分为普通管、加厚管和薄壁管三种；按管端有无螺纹分为带螺纹管和不带螺纹管两种。带螺纹白铁管和黑铁管长度为4~9m；不带螺纹的黑铁管长度为4~12m。

大口径焊接钢管有直缝卷焊管（DN200mm~DN800mm）和螺旋卷焊管（DN200mm~DN1000mm），管长3.8~18m，材质以低碳钢（Q235B）和低合金钢（16Mn）为主。

选用钢管时，当直径在150mm以下时，一般采用低压流体输送用焊接钢管；大口径管道多采用螺旋卷焊钢管。钢管壁厚应根据埋设地点、土壤和交通荷载加以选择，要求不小于3.5mm，如在街道红线内则不小于4.5mm。当管道穿越重要障碍物以及土壤腐蚀性甚强的地段，壁厚不应小于8mm。户内管壁厚不小于2.75mm。

管道材质方面，国际上多数国家一般采用美国石油学会（API）标准。随着我国冶金工业的发展，国内的钢管生产厂家也逐渐采用API标准，有厂家（如宝钢、武钢等）已能生产X65和X70级钢管管材。

钢管的连接方面，可以用螺纹连接、焊接连接和法兰连接等连接方式。室内管道压力较低、管径较小，一般用螺纹连接。室外输配管道以焊接连接为主。在设备与管道连接处常用法兰连接，法兰密封面应垂直于管道中心线，成对法兰用螺栓紧固时，不允许使用斜垫片或双层垫片，并应避免螺栓拧得过紧而承受过大的应力或受力不均匀。垫片的材质应根据输送介质的性质来选择，例如输送天然气时，应选用耐油橡胶垫片，以防止介质侵蚀垫片破坏管道气密性。

2. 铸铁管

铸铁管抗腐蚀性很强，用于燃气输配管道的铸铁管一般采用铸模浇铸或离心浇铸。灰铸铁管的抗拉强度、抗弯曲、抗冲击能力和焊接性能均不如钢管好。而随着球墨铸铁铸造技术的发展，铸铁管的机械性能大大增强，提高了其安全性，降低了维护费用。

低压燃气铸铁管道的连接，过去广泛采用承插接口的形式。承插接口又分刚性和柔性两种接口。承插接口的气密性和抗震能力较差，目前国内外都已淘汰这种接口的做法。为了提高铸铁管的抗震性能，降低接口操作难度和劳动强度，国内研制的柔性机械接口铸铁管已推广应用，直径为100~500mm。以耐油橡胶圈密封为材料的柔性机械接口，具有施工方便、气密性好（气密性试验压力可达到0.3MPa）、抗震和承受不均匀沉降的能力较强等特点。这些接口紧固部分都采用了螺栓、螺母，施工简便，但仍存在耐久性

差和紧固件易腐蚀的问题。

需要指出的是，由于铸铁管建设成本与钢管相近，再加上铸铁管承压能力较低，因此我国在新建管道中已不采用，并逐步淘汰城区的老铸铁管。

3. PE 管

PE 管即高中密度聚乙烯塑料管，具有耐腐蚀、质轻、流体流动阻力小、使用寿命长、施工简便、可盘卷、抗拉轻度较大等一系列优点。近年来，在天然气输配系统中得到广泛使用。

PE 管与金属管不同，它受持续应力及环境温度变化的影响较敏感，故其设计应力应根据长期强度来确定。除长期强度外，还必须考虑其他特性，如耐腐蚀性、耐化学性、耐老化性、强度和温度的关系、韧性、透气性及柔性等。另外，PE 管对紫外线敏感，长期暴露在空气中会缩短其使用寿命，因此只能作为埋地管使用。

目前用于燃气管道上的 PE 管在许多国家中最大工作压力为 0.3MPa，在少数国家中达 0.4~0.6MPa，最高工作温度 38℃。由于其刚性不如金属管，所以埋设施工时需夯实沟槽底，才能保证管道坡度的要求。

随着 PE 管的广泛应用，它的连接方法越来越简单化和多样化，包括黏结连接、焊接连接、热熔连接、电熔连接等，但普遍采用的方法是热熔连接和电熔连接。

黏结连接是 PE 管连接方法中最简单的一种。在预先磨光和除垢后的套筒管体内与管道连接头上，均匀地涂刷专用树脂胶黏剂，只需 20~60min 就可粘牢。操作时需要注意对化学物品的防护。

PE 管的焊接连接是利用塑料焊枪喷出的热空气，将塑料焊条与塑料管的管壁在塑性流动的状态下融为一体。焊接常与黏结并用，采用这种连接时施工也很方便。

PE 管热熔连接是用专门的加热模具，将套筒管件侧和管道侧同时加热到最佳温度（对聚乙烯为 170℃），待各自表面熔融时，即刻卸去模具就可以把它们承插连接起来。

电熔连接是采用电熔机对就位的预埋有电热丝的标准 PE 套管通过电加热熔融达到连接的目的。

PE 管与金属管还可用通用接头来连接。此外，也可以采用过渡连接管件来实现不同管材的螺纹或法兰连接。

综上所述，对于新建天然气管网来讲，推荐管材以钢管和 PE 管为主。其中，低压和中压 B 埋地管道可采用焊接钢管和 PE 管，常用管径为 15~

150mm。室内管可采用镀锌管。次高压和中压 A 管道可以采用无缝钢管和大口径焊接钢管。高压管道应采用 L245、L290、L360 等级的直缝焊管、螺旋焊管及无缝钢管。

二、高压与次高压管道管材选用

高压与次高压管道直径大于 150mm 时，一般采用焊接钢管；直径较小时采用无缝钢管，应通过技术经济比较确定钢种和制管类别。

选用的焊接钢管应符合现行的国家标准 GB/T 9711—2011《石油天然气工业 管线输送系统用钢管》的规定。

在确定钢种的基础上进一步选用焊接钢管的类型，其分为两类，即螺旋缝钢管和直缝钢管。

螺旋缝双面埋弧焊钢管（SAW）的焊缝与管轴线形成螺旋角，一般为45°，使热影响区不在主应力方向上，因此焊缝受力情况良好，可用带钢生产大直径管道，但由于焊缝长度长，使产生焊接缺陷的可能性增加。

直缝焊接钢管与螺旋缝焊接钢管相比具有焊缝短、焊缝质量好、热影响小、焊后残余应力小、管道尺寸较精确、易实现在线检测以及原材料可进行100%的无损检测等特点。

直缝焊接钢管又分为直缝高频电阻焊钢管（ERW）和直缝双面埋弧焊钢管（LSAW）。高频电阻焊是利用高频电流产生的电阻热熔化管坯。其特点为热量集中、热影响小，焊缝质量主要取决于母材质量，生产成本低、效率高。

采用直缝双面埋弧焊时，一般钢管直径在 400mm 以上时采用 UOE 成型工艺，单张钢板边缘预弯后，经 U 成型、O 成型、内焊、外焊、冷成型等工艺完成。其成型精度高、错边量小、残余应力小、焊接工艺成熟、质量可靠。

直缝双面埋弧焊钢管价格高于螺旋埋弧焊钢管，而价格最低的是直缝高频电阻焊钢管。

天然气输配工程中高（次高）压管道采用较普遍的是直缝电阻焊钢管，直径较大时采用直缝埋弧焊钢管或螺旋埋弧焊钢管。高压管道的附件不得采用螺旋焊缝钢管制作，严禁采用铸铁制作。

三、中压和低压管道管材选用

室外地下中压与低压管道有钢管、聚乙烯复合管（PE 管），钢骨架聚乙烯复合管（钢骨架 PE 复合管）、球墨铸铁管。

钢管具有高强的机械性能，如抗拉性、延伸率与冲击力等。焊接钢管采用焊接连接，气密性好。其主要缺点是地下易腐蚀，需防腐措施，投资大，且使用寿命较短，一般为 25 年左右。当管径大于 200mm 时，其投资少于聚乙烯管。可按 GB/T 3091—2008《低压流体输送用焊接钢管》要求采用直缝电阻焊钢管。

聚乙烯管是近年来广泛用于中、低压天然气输配系统的地下管材，具有良好的可焊性、热稳定性、柔韧性与严密性，易施工，耐土壤腐蚀，内壁当量绝对粗糙度仅为钢管的 1/10，使用寿命达 50 年左右。聚乙烯管得主要缺点是重载荷下易损坏，接口质量难以采用无损检测手段检验以及大管径的管材价格较高。目前已开发的第三代聚乙烯管材 PE100 较以前采用的 PE80 具有较好的快、慢速裂纹抵抗能力与刚度，改善了刮痕敏感度，因此采用 PE100 制管在相同耐压程度时可减少壁厚或在相同壁厚下增加耐压程度。

聚乙烯管道允许的最大工作压力见表 5-14，钢骨架聚乙烯复合管道允许的最大工作压力见表 5-15。

表 5-14　聚乙烯管道允许的最大工作压力

燃气种类		最大允许工作压力（MPa）			
		PE80		PE100	
		SDR11	SDR17.6	SDR11	SDR17.6
天然气		0.5	0.3	0.7	0.4
液化石油气	混空气	0.40	0.20	0.10	0.30
	气态	0.20	0.10	0.30	0.20
人工煤气	干气	0.40	0.20	0.50	0.30
	其他	0.20	0.1	0.30	0.20

表 5-15　钢骨架聚乙烯复合管道允许的最大工作压力

燃气种类		最大允许工作压力（MPa）	
		≤200mm	>200mm
天然气		0.7	0.5
液化石油气	混空气	0.5	0.4
	气态	0.2	0.1
人工煤气	干气	0.5	0.4
	其他	0.2	0.1

通常聚乙烯管道外径≥110mm时采用热熔连接，即由专用连接板加热接口到210℃使其熔化连接。外径<110mm时采用电熔连接，即由专用电熔焊机控制管内埋设的电阻丝加热使接口处熔化而连接。连接质量由外观检查、强度试验与气密性试验确定。

钢骨架聚乙烯复合管的钢骨架材料有钢丝网与钢板孔网两种。管道分为普通管与薄壁管两种，普通管宜用于输送人工燃气、天然气与液化石油气（气态），薄壁管宜用于输送天然气。CJ J63—2008 按《聚乙烯燃气管道工程技术规程（附条文说明）》要求选用。

输送天然气时，钢丝网骨架聚乙烯复合普通管与薄壁管允许的最大工作压力见表5-16与表5-17。钢板孔网骨架聚乙烯复合普通管与薄壁管允许的最大工作压力见表5-18与表5-19。

表 5-16　钢丝网骨架聚乙烯复合普通管允许的最大工作压力

公称内径（mm）	50	65	80	100	125	150	200	250	300	350	400	450	500
最大允许工作压力（MPa）	1.6		1.0		0.8	0.7		0.5		0.44			

表 5-17　钢丝网骨架聚乙烯复合薄壁管允许的最大工作压力

公称内径（mm）	50	65	80	100	125
最大允许工作压力（MPa）	1.0			0.6	

表 5-18　钢板孔网骨架聚乙烯复合普通管允许的最大工作压力

公称内径（mm）	50	63	75	90	110	140	160	200	250	345	400	500	630
最大允许工作压力（MPa）	1.6		1.0		0.8		0.7		0.5		0.44		

表 5-19　钢板孔网骨架聚乙烯复合薄壁管允许的最大工作压力

公称内径（mm）	50	63	75	90	110
最大允许工作压力（MPa）	1.0			0.6	

不同温度下的最大允许工作压力按表5-20的修正系数校正。

表5-20　钢骨架聚乙烯复合管不同温度下的最大允许工作压力

工作温度 t（℃）	$-20<t\leqslant0$	$0<t\leqslant20$	$20<t\leqslant25$	$25<t\leqslant30$	$30<t\leqslant35$	$35<t\leqslant40$
修正系数	0.9	1	0.93	0.87	0.8	0.74

钢骨架聚乙烯复合管与聚乙烯管相比，由于加设骨架而增加了强度，使壁厚减薄或耐压程度提高，但管道上开孔接管困难，且价格较高。

钢骨架聚乙烯复合管的连接方法有电熔连接与法兰连接，法兰连接时宜设置检查井。

球墨铸铁管采用离心铸造，接口为机械柔性接口，目前已被采用于中压A的输配系统。与钢管相比其主要优点是耐腐蚀，管材的电阻是钢的5倍，加之机械接口中的橡胶密封圈的绝缘作用，大大降低了埋地电化学腐蚀。同时，其机械性能较灰铸铁管有较大提高，除延伸率外与钢管接近，具体数值见表5-21。此外柔性接口使管道具有一定的可挠性与伸缩性。

表5-21　管材机械性能

管材	延伸率（%）	压扁率（%）	抗冲压强度（MPa）	强度极限（MPa）	屈服极限（MPa）
灰铸铁管	0	0	5	140	170
球墨铸铁管	10	30	30	420	300
钢管	18	30	40	420	300

球墨铸铁管的密封性取决于接口的质量，而接口的质量与使用寿命取决于橡胶密封圈的质量与使用寿命，密封圈一般采用丁腈橡胶制作。

球墨铸铁管按GB 13295—2013《水及燃气用球墨铸铁管、管件及附件》要求选用。

球墨铸铁管可用于中压A以下的燃气管网。

对于管材的选用，应做技术经济比较，表5-22是某年各种管材的价格比，设钢管（含防腐费）为1。

表5-22　管材的价格比

公称直径（mm）	聚乙烯管（SDR11）	钢管（含防腐费）	球墨铸铁管（K9）
100	0.73	1.0	1.18
200	1.09	1.0	0.92

续表

公称直径（mm）	聚乙烯管（SDR11）	钢管（含防腐费）	球墨铸铁管（K9）
250	1.10	1.0	0.96
300	1.34	1.0	0.90
400	1.80	1.0	0.81

由表 5-22 可见，聚乙烯管公称直径小于 200mm 时较钢管便宜，而球墨铸铁管公称直径小于 200mm 时较钢管贵。大管径的球墨铸铁管有一定的价格优势。

由于各类管材使用年限有差别，钢管可按 25 年考虑，聚乙烯管与球墨铸铁管可按 50 年考虑，按使用年限考虑的年平均价格比见表 5-23，设钢管（含防腐费）为 1。

表 5-23　按使用年限管材年平均价格比

公称直径（mm）	聚乙烯管（SDR11）	钢管（含防腐费）	球墨铸铁管（K9）
100	0.365	1	0.590
200	0.545	1	0.460
250	0.550	1	0.480
300	0.670	1	0.450
400	0.90	1	0.405

由表 5-23 可见，钢管的各种公称管径的价格比均高于聚乙烯管与球墨铸铁管。因此，如何加强钢管的防腐质量，有效延长钢管的使用年限是一个重要课题。

此外，由于各种管材内壁当量绝对粗糙度的不同，以及相同公称管径下内径的不同，造成不同管材管道输送燃气能力的差异，即在相同管长与压力降下输送流量不同或在相同管长与流量下压力降不同。表 5-24 列出了不同管材在相同管长与流量下的压力降比，由于按中压设定即为压力平方差比，其中设定钢管为 1。

表 5-24　管材在相同管长和流量下的压力降比

公称直径（mm）	聚乙烯管（SDR11）	钢管（含防腐费）	球墨铸铁管（K9）
100	1.15	1	1.56
200	1.0	1	1.47

续表

公称直径（mm）	聚乙烯管（SDR11）	钢管（含防腐费）	球墨铸铁管（K9）
250	1.01	1	1.58
300	0.72	1	1.49
400	0.75	1	1.12

由表 5-24 可见，聚乙烯管尽管内径较相同公称直径的钢管小，但由于其内壁当量绝对粗糙度仅为钢管的 1/10，当公称管径大于 200mm 时输送能力优于钢管。球墨铸铁管由于较大的内壁当量绝对粗糙度而使输送能力下降。考虑管材使用年限与输送能力的综合比值见表 5-25。综合比值为两个比值的乘积。

表 5-25　管材使用年限与输送能力的综合比值

公称直径（mm）	聚乙烯管（SDR11）	钢管（含防腐费）	球墨铸铁管（K9）
100	0.420	1	0.920
200	0.545	1	0.676
250	0.556	1	0.758
300	0.482	1	0.671
400	0.675	1	0.454

由表 5-25 可见，考虑使用年限与输气能力两因素影响的综合比值中，公称直径 400mm 以下的聚乙烯管较钢管占有优势。

受技术进步、生产规模发展等因素的影响，各种管材的价格与使用年限均会发生变化，上述数据仅做宏观参照，提供管材选用的技术经济比较思路与方法。

四、室内管管材选用

1. 室内管压力要求

室内管一般指楼栋阀后的管道及设备。室内管的设计按管道系统划分，一般包括引入管、调压箱（柜）、楼栋及室内管道；室内管按用户类型划分，一般分为居民住宅室内管、工商业用户室内管。

室内燃气管道的压力不应大于表 5-26 规定的压力值。

表 5-26　用户室内燃气管道的最高压力

燃气用户		最高压力（MPa，表压）
工业用户	独立、单层建筑	0.8
	其他	0.4
商业用户		0.4
居民用户（中压进户）		0.2
居民用户（低压进户）		<0.01

注：（1）液化石油气管道的最高压力不应大于 0.14MPa。

　　（2）管道井内的燃气管道的最高压力不应大于 0.2 MPa。

　　（3）室内燃气管道压力大于 0.8 MPa 的特殊用户设计应按有关专业规范执行。

　　燃气供应压力应根据用户设备燃烧器的额定压力及其允许的压力波动范围确定。民用低压用气设备的燃烧器的额定压力宜按表 5-27 采用。

表 5-27　民用低压用气设备的燃烧器的额定压力（kPa 表压）

燃气　　　燃烧器	人工煤气	天然气		液化石油气
		矿井气	天然气、油田伴生气、液化石油气混空气	
民用燃具	1.0	1.0	2.0	2.8 或 5.0

2. 室内管管材选用要求

　　室内燃气管道宜选用钢管，也可选用铜管、不锈钢管、铝塑复合管和连接用软管。

　　（1）室内燃气管道选用钢管时应符合下列规定：

　　①低压燃气管道应选用热镀锌钢管（热侵镀锌），其质量应符合现行国家标准 GB/T 3091—2008《低压流体输送用焊接钢管》的规定。

　　②中压和次高压燃气管道宜选用无缝钢管，其质量应符合现行国家标准 GB/T 8163—2008《输送流体用无缝钢管》的规定；燃气管道的压力不大于 0.4MPa 时，可选用焊接钢管。

　　③选用符合 GB/T 3091—2008 标准的焊接钢管时，低压宜采用普通管，中压应采用加厚管。

　　④选用无缝钢管时，其壁厚不得小于 3mm，用于引入管时不得小于 3.5mm。

　　⑤当屋面上的燃气管道和高层建筑沿外墙架设的燃气管道，在避雷保护范围以外时，采用焊接钢管或无缝钢管时其管道壁厚均不得小于 4mm。

（2）室内燃气管道选用铜管时应符合下列规定：

①铜管的质量应符合现行国家标准 GB/T 18033—2007《无缝铜水管和铜气管》的规定。

②铜管道应采用硬钎焊连接，宜采用不低于 1.8% 的银（铜—磷基）焊料（低银铜磷钎料）。铜管接头和焊接工艺按现行国家标准 GB/T 11618.1～2—2008《铜管接头》的规定执行。

③铜管道不得采用对焊、螺纹或软钎焊（熔点小于 500℃）连接。

④埋入建筑物地板或墙中的铜管应是覆塑铜管或带有专用涂层的铜管，其质量应符合有关标准的规定。

⑤燃气中硫化氢含量不大于 7mg/m³ 时，中低压燃气管道可采用现行国家标准 GB/T 18033—2007《无缝铜水管和铜气管》中规定的 A 型管和 B 型管。

⑥燃气中硫化氢含量大于 7mg/m³ 而小于 20mg/m³ 时，中压燃气管道应选用带耐腐蚀内衬的铜管；无耐腐蚀内衬的铜管只允许在室内的低压燃气管道中采用。

（3）室内燃气管道选用不锈钢管时应符合下列规定：

①薄壁不锈钢管的壁厚不得小于 0.6mm（DN15mm 及以上），其质量应符合现行国家标准 GB/T 12771—2008《流体输送用不锈钢焊接钢管》的规定。

②薄壁不锈钢管的连接方式，应采用承插氩弧焊式管件连接或卡套式管件机械连接，并宜优先选用承插氩弧焊式管件连接。承插氩弧焊式管件和卡套式管件应符合有关标准的规定。

（4）室内燃气管道选用不锈钢波纹管时应符合下列规定：

①不锈钢波纹管的壁厚不得小于 0.2mm，其质量应符合现行国家标准 CJ/T 197—2010《燃气用具连接用不锈钢波纹软管》的规定。

②不锈钢波纹管应采用卡套式管件机械连接，卡套式管件应符合有关标准的规定。

薄壁不锈钢管和不锈钢波纹管必须有防外部损坏的保护措施。

（5）室内燃气管道选用铝塑复合管时应符合下列规定：

①铝塑复合管的质量应符合现行国家标准 GB/T 18997.1—2003《铝塑复合压力管 铝管搭接焊式铝塑管》或 GB/T 18997.2—2003《铝塑复合压力管 铝管对接焊式铝塑管》的规定。

②铝塑复合管应采用卡套式管件或承插式管件机械连接。承插式管件应符合国家现行标准 CJ/T 110—2000《承插式管接头》的规定；卡套式管件应符合国家现行标准 GB/T 3765—2008《卡套式管接头技术条件》和 CJ/T

190—2015《铝塑复合管用卡压式管件》的规定。

③铝塑复合管安装时必须对铝塑复合管材采取防机械损伤、防紫外线（UV）伤害及防热保护措施，并应符合环境温度不应高于 60℃，工作压力应小于 10kPa，在户内的计算装置（燃气表）后安装的要求。

（6）室内燃气管道采用软管时应符合下列规定：

①燃气用具连接部位、实验室用具或移动式用具等处可采用软管连接。

②中压燃气管道上应采用符合现行国家标准 GB/T 14525—2010《波纹金属软管通用技术条件》、GB/T 10546—2013《在 2.5MPa 及以下压力下输送液态或气态液化石油气（LPG）和天然气的橡胶软管及软管组合件规范》规定的软管或同等性能以上的软管。

③低压燃气管道上应采用符合国家现行标准 HG 2486—1993《家用煤气软管》或现行国家标准 CJ/T 197—2010《燃气用具连接用不锈钢波纹软管》规定的软管。

④软管最高允许工作压力不应小于管道设计压力的 4 倍。

⑤软管与家用燃具连接时，其长度不应超过 2m，并不得有接口。

⑥软管与移动式的工业燃具连接时，其长度不应超过 30m，接口不应超过 2 个。

⑦软管与管道、燃具的连接处应采用压紧螺帽（锁母）或管卡（喉箍）固定。在软管上游与硬管的连接处应设阀门。

五、城镇燃气管网管材壁厚计算与校核

城镇燃气管道通过的地区，应按沿线建筑物的密集程度划分为四个地区等级，并依据地区等级做出相应的管道设计。城镇燃气管道地区等级的划分应沿管道中心线两侧各 200m 范围内，任意划分为 1.6km 长并能包括最多供人居住的独立建筑物数量的地段，作为地区分级单元（在多单元住宅建筑物内，每个独立住宅单元按一个供人居住的独立建筑物计算）。

管道地区等级应根据地区分级单元内建筑物的密集程度划分，并应符合下列规定：

（1）一级地区：有 12 个或 12 个以下供人居住的独立建筑物。

（2）二级地区：有 12 个以上，80 个以下供人居住的独立建筑物。

（3）三级地区：介于二级和四级之间的中间地区。有 80 个和 80 个以上供人居住的独立建筑物但不够四级地区条件的地区、工业区或距人员聚集的室外场所 90m 内铺设管线的区域。

（4）四级地区：4 层或 4 层以上建筑物（不计地下室层数）普遍且占多数、交通频繁、地下设施多的城市中心城区（或镇的中心区域等）。

同时，二、三、四级地区的长度可按如下规定进行调整：

（1）四级地区的边界线与最近的地上 4 层或 4 层以上建筑物不应小于 200m。

（2）二、三级地区垂直于管道的边界距该级地区最近建筑物不应小于 200m。

需要注意的是，确定城镇燃气管道地区等级，宜按城市规划为该地区的今后发展留有余地。

1. 不同压力级制管道管材的选取

高压燃气管道采用的钢管、管道附件材料应符合下列要求：

（1）燃气管道所用钢管、管道附件材料的选择，应根据管道的使用条件（设计压力、温度、介质特性、使用地区等）、材料的焊接性能等因素，做经技术经济比较后确定。

（2）燃气管道选用的钢管，应符合现行的国家标准 GB/T 9711-2011《石油天然气工业 管线输送系统用钢管》（L175 级钢管除外）和 GB/T 8163—2008《输送流体用无缝钢管》的规定，或符合不低于上述两项标准相应技术要求的其他钢管标准。三级和四级地区高压燃气管道材料钢级不应低于 L245。

（3）燃气管道所采用的钢管和管道附件应根据选用的材料、直径、壁厚、介质特性、使用温度及施工环境温度等因素，对材料提出冲击试验和落锤撕裂试验要求。

（4）当管道附件与管道采用焊接连接时，两者材质应相同或相近。

（5）管道附件中所用的锻件，应符合国家现行标准 NB/T 47008～NB/T 47010—2010《承压设备用碳素钢和合金钢锻件〔合订本〕》、NB/T 47009—2010《低温承压设备用低合金钢锻件》的有关规定。

（6）管道附件不得采用螺旋焊缝钢管制作，严禁采用铸铁制作。

次高压燃气管道应采用钢管，其管材和附件也应符合上述高压燃气管道对钢管和管道附件材料的相关要求。地下次高压 B 燃气管道也可采用钢号为 Q235B 的焊接钢管，并应符合现行国家标准 GB/T 3091—2008《低压流体输送用焊接钢管》的规定。

中压和低压燃气管道宜采用 PE 管、机械接口球墨铸铁管、钢管或钢骨架聚乙烯塑料复合管。PE 管应复合现行国家标准 GB 15558.1—2003《燃气用埋地聚乙烯（PE）管道系统 第 1 部分：管材》和 GB 15558.2—2005《燃气用埋地聚乙烯（PE）管道系统 第 2 部分：管件》中的相关规定。机械接口球墨铸铁管应符合现行的国家标准 GB/T 13295—2013《水及燃气用球墨铸铁管、管件和附件》的规定。钢管采用焊接钢管、镀锌钢管或无缝钢管时，应分别符合国家标准 GB/T 3091—2008《低压流体输送用焊接钢管》、GB/T 8163—2008《输送流体用无缝钢管》的规定。钢骨架聚乙烯塑料复合管应符合国家现行标准 CJ/T 125—2014《燃气用钢骨架聚乙烯塑料复合管及管件》的规定。

2. 钢管壁厚

钢质高压燃气管道直管段壁厚应按式（5-1）计算，计算所得到的厚度应按钢管标准规格向上选取钢管的公称壁厚。最小公称壁厚不应小于表 5-28 的规定。

$$\delta = \frac{pD}{2\sigma_s \varphi F} \tag{5-1}$$

式中 δ——钢管计算壁厚，mm；

p——设计压力，MPa；

D——钢管外径，mm；

σ_s——钢管的最低屈服强度，MPa；

F——强度设计系数，按表 5-29 和表 5-30 选取。

φ——焊缝系数，取 1.0。

表 5-28 钢质燃气管道最小公称壁厚

钢管公称直径 DN（mm）	公称壁厚（mm）
DN100~DN150	4.0
DN200~DN300	4.8
DN350~DN450	5.2
DN500~DN550	6.4
DN600~DN700	7.1
DN750~DN900	7.9
DN950~DN1000	8.7
DN1050	9.5

表 5-29　城镇燃气管道的强度设计系数

地区等级	强度设计系数
一级地区	0.72
二级地区	0.60
三级地区	0.40
四级地区	0.30

表 5-30　穿越铁路、公路和人员聚集场所的管道以及门站、储配站、
调压站内管道的强度设计系数

管道及管段	地区等级			
	一	二	三	四
有套管穿越Ⅲ、Ⅳ级公路的管道	0.72	0.6		
无套管穿越Ⅲ、Ⅳ级公路的管道	0.6	0.5		
有套管穿越Ⅰ、Ⅱ级公路及高速公路、铁路的管道	0.6	0.6		
门站、储配站、调压站内管道及其上、下游各200m管道，截断阀室管道及其上、下游各50m管道（其距离从站和阀室边界线起算）	0.5	0.5	0.4	0.3
人员聚集场所的管道	0.4	0.4		

3. 强度计算

埋地管道的强度一般是根据环向应力来计算，再用轴向应力和环向应力的组合当量应力不大于管子最低屈服强度的90%来进行强度校核。埋地天然气管道除受内压而产生的环向应力外，管顶以上回填土也要产生环向应力，但直径小于1400mm，埋设深度一般的钢管管壁不会因土壤的压力而产生足以屈服的应力。因此在一般情况下可不验算在空管情况受土壤压力而在管壁中产生的环向应力。

埋地管线的轴向应力计算可分为完全受约束和有出土端两种情况分别计算。

完全受约束的直线埋地管道，因土壤的摩擦力而使管线不能在地下自由伸缩，受内压将产生泊松应力，因温度变化将产生温度应力。管道总的轴向应力按式（5-2）和式（5-3）计算：

$$\sigma_L = \mu \sigma_h + E\alpha(T_1 - T_2) \qquad (5-2)$$

$$\sigma_h = \frac{pd}{2\delta_n} \qquad (5-3)$$

式中　σ_L——管道的轴向应力（拉应力为正，压应力为负），MPa；

　　　μ——泊松比，取 0.3；

　　　σ_h——由内压产生的管道环向应力，MPa；

　　　p——设计压力，MPa；

　　　d——钢管内径，cm；

　　　δ_n——钢管的公称壁厚，cm；

　　　E——管材的弹性模量，MPa；

　　　α——管材的线膨胀系数，℃$^{-1}$；

　　　T_1——管道下沟回填时温度，℃；

　　　T_2——管道工作温度，℃。

当直线埋地管道一端出土，管道的一端在内压作用和温差变化下可产生轴向位移，在靠近出土端（自由端）的截面上，管道中由内压引起的轴向应力按式（5-4）计算：

$$\sigma_h = \frac{pd}{4\delta_n} \qquad (5-4)$$

对于埋地弹性敷设管道，如果在弯曲段回填土很坚固，妨碍管道自由变形，此时曲线管段也处于受约束的情况下，弯曲管道中的轴向应力按式（5-5）计算：

$$\sigma_L = \mu \frac{pd}{2\delta_n} + \alpha E(T_1 - T_2) \pm \frac{ED}{2\rho} \qquad (5-5)$$

式中　D——管道外径，cm；

　　　ρ——弯曲管道的曲率半径，cm。

式中对于管道外侧为拉应力取正值，对于管道内侧压应力取负值。

受约束热膨胀直管段，按最大剪应力强度理论计算当量应力，并满足式（5-6）要求：

$$\sigma_e = \sigma_h - \sigma_L < 0.9\sigma_s \qquad (5-6)$$

式中　σ_e——当量应力，MPa；

　　　σ_s——管子的最低屈服强度，MPa。

4. 埋地管道稳定性校核和弹性敷设曲率半径计算

1）埋地管道稳定性校核

当输气管道埋深大或外载荷较大时，无内压输气管的水平方向变形量按

下式计算:

$$\Delta x = \frac{ZKWD_m^3}{8EI + 0.061E_sD_m^3} \quad\quad (5-7)$$

$$W = W_1 + W_2 \quad\quad (5-8)$$

$$I = \delta_n^3/12 \qu\quad (5-9)$$

式中　Δx——钢管水平方向最大变形量，m；

D_m——钢管平均直径，m；

W——作用在单位管长上的总竖向载荷，N/m；

W_1——单位管长上竖向永久荷载，N/m；

W_2——地面可变荷载传递到管道上的荷载，N/m；

Z——钢管变形滞后系数，取 1.5；

K——基床系数，按表 5-31 选取；

E——钢材弹性模量，N/m³；

I——单位管长截面惯性矩，m⁴/m；

δ_n——钢管公称壁厚，m；

E_s——土壤变形模量，当无实测资料时，可按表 5-31 选取。

表 5-31　不同敷管条件下的设计参数

敷管类型	敷管条件	E_s ($\times 10^6$ N/m²)	基床包角	基床系数 K
1 型	管道敷设在未扰动的土上，回填土松散	1.0	30°	0.108
2 型	管道敷设在未扰动的土上，管子中线以下的土轻轻压实	2.0	45°	0.105
3 型	管道放在厚度至少有 100mm 的松土垫层内，管顶以下的回填土轻轻压实	2.8	60°	0.103
4 型	管道放在砂卵石或碎石垫层内，垫层顶面应在管底以上 1/8 管径处，但不得小于 100mm，管顶以下回填土夯实密度约为 80%	3.8	90°	0.096
5 型	管子中线以下放在压实的黏土内，管顶以下回填土夯实，夯实密度约为 90%	4.8	150°	0.085

注：（1）管径不小于 750mm 的管道，不宜采用 1 型。

　　（2）基床包角指管基土壤反作用的圆弧角。

输气管在外载荷作用下，水平方向变形量不得大于钢管外径的 3%，即：

$$\Delta x \leqslant 0.03D \tag{5-10}$$

式中　Δx——钢管水平方向最大变形量，cm；

　　　D——钢管外径，cm。

2）弹性敷设曲率半径计算

弹性敷设是利用管线弹性弯曲，改变管线方向的敷设方法。弹性敷设分水平弹性敷设和纵向弹性敷设两种。水平弹性敷设是使用外力，使管线在水平方向产生弯曲，改变线路走向；纵向弹性敷设是利用管线自身重力产生的挠度曲线，改变管线纵向上的方向。

弹性敷设管子的曲率半径选取如下：

（1）水平弹性敷设曲率半径不得小于 1000 倍管子的公称直径。

（2）纵向弹性敷设的管子曲率半径须满足管子轴向应力不超过管材屈服应力的 90%（包括温差应力、内压引起的轴向应力、管线弯曲产生的轴向力），同时还须满足大于管子在自重作用下产生的挠度曲线的曲率半径。

自重力作用下管子挠度曲线的最小曲率半径可按式（5-11）计算：

$$R = 3600 \sqrt[3]{\frac{1 - \cos\dfrac{\alpha}{2}}{\alpha^4}D^2} \tag{5-11}$$

式中　R——管道弹性弯曲曲率半径，m；

　　　D——管道外径，m；

　　　α——管道的转角，（°）。

第四节　管道穿跨越工程

在城市区域范围，有大量的河、湖水面，密布铁路、公路、桥梁。在城市区域中敷设天然气管道需要大量的穿跨越工程。

一、设计原则

管道穿跨越工程在满足有关法规、规范与标准的前提下考虑如下原则。

（1）确保管道与穿跨越处交通设施等的安全性，并对运输、防洪、河道形态、生态环境以及水工构筑物、码头、桥梁等不构成不利的影响。

（2）穿跨越位置选择应服从线路总体走向，线路局部走向应服从穿跨越位置的选定。选定穿跨越位置应考虑地形与地质条件，具有合适的施工场地与方便的交通条件。在此基础上进行穿跨越位置多方案比选。

（3）应进行整个工程方案的技术经济比较，采用技术可行、投资节约的方案。一般情况下穿越方式优于跨越方式。

（4）工程设计应取得穿跨越相关主管部门同意，并签订协议后进行。

二、管道地层下穿越

1. 穿越管道结构计算

穿越工程钢管应按 GB/T 9711—2011《石油天然气工业 管线输送系统用钢管》要求，并根据钢种等级与设计使用温度提出韧性要求。

穿越管道必须进行结构计算。钢管壁厚与最小公称壁厚同前述高压管道，设计系数按表5-32选用，且径厚比不应大于100，此时可不计算径向变形引起的屈曲，即不做径向稳定性校核。

根据穿越管段所选壁厚，应核算其强度、刚度与稳定性，若不满足要求时，应增加壁厚。

强度核算包括环向应力、轴向应力与弯曲应力，其中每项均应小于钢管许用应力，且当量应力不应大于0.9倍钢管屈服强度。许用应力按下式计算。

$$[\sigma] = F\varphi\sigma_s \qquad (5-12)$$

式中　$[\sigma]$——钢管许用应力，MPa；

　　　F——设计系数，按表5-32选用；

　　　φ——焊缝系数，当符合上述钢管材料要求时，取 $\varphi=1$；

　　　σ_s——钢管屈服强度，按表5-33选取，MPa。

表5-32　设计系数 F

穿越管段条件	管道地区等级			
	一	二	三	四
Ⅲ、Ⅳ级公路（有套管）	0.72	0.6	0.5	0.4
Ⅲ、Ⅳ级公路（无套管）	0.6	0.5	0.5	0.4

续表

穿越管段条件	管道地区等级			
	一	二	三	四
Ⅰ、Ⅱ级公路，高速公路，铁路（有套管）	0.6	0.6	0.5	0.4
冲沟穿越	0.6	0.5	0.5	0.4
大型冲沟、水域穿越	0.72	0.6	0.5	0.4
大、中型水域穿越	0.6	0.5	0.4	0.4

表 5-33　钢管规定屈服强度

钢种或钢号	L205	L240	L290	L315	L360	L385	L415	L450	L480
屈服强度（MPa）	205	240	290	315	360	385	415	450	480

由于穿越管段荷载的多样性，因此应力状况较复杂，其中各种穿越方式中普遍出现的应力为内压、温差与弹性敷设产生的应力。内压产生的环向应力按下式计算。

$$\sigma_h = \frac{pd}{2\delta} \tag{5-13}$$

式中　σ_h——钢管环向应力，MPa；

　　　p——钢管的设计内压力，MPa；

　　　d——钢管内径，mm；

　　　δ——钢管壁厚，mm。

管段的轴向应力有三个产生原因，即温差引起的变形，由内压引起的环向变形而产生的轴向泊松应力与内压引起的轴向应力。前两个应力在轴向变形受约束（如土壤摩擦力）时发生，后一个应力被约束抵消，而轴向变形不受约束时，前两个应力不发生，后一个应力发生。轴向应力按下式计算。

管段轴向变形受约束时：

$$\sigma_a = E_a \alpha (t_1 - t_2) + \mu \sigma_h \tag{5-14}$$

管段轴向变形不受约束时：

$$\sigma_a = \frac{pd}{4\delta} \tag{5-15}$$

式中　σ_a——钢管轴向应力，MPa；

　　　E_a——钢材弹性模量，取 $E_a = 2.0 \times 10^{-5}$ MPa；

α——钢材的线膨胀系数，取 $\alpha = 1.2 \times 10^{-5}$ m/（m·℃）；

t_1——管道安装闭合时环境温度，℃；

t_2——输送燃气的温度，℃；

μ——钢材泊松比，取 $\mu = 0.3$。

管段弹性敷设时产生的弯曲应力按下式计算：

$$\sigma_b = \frac{E_a D}{2R} \tag{5-16}$$

式中　σ_b——钢管弯曲时的轴向弯曲应力，MPa；

　　　D——钢管外径，mm；

　　　R——弹性敷设半径，mm。

其他荷载引起的环向应力、轴向应力与弯曲应力应按穿越方法等实际情况计算，即进行荷载组合后，校核各类应力分别小于许用应力。荷载组合有三类，即主要组合、附加组合与特殊组合。主要组合是指永久荷载，包括内压力、管段自重、土压力、水压力、车荷载压力、浮力、以及温度应力。附加组合为永久荷载与可变荷载之和（按实际可能发生的进行组合）。可变荷载包括试运行时的水重与压力、清管荷载、施工拖管或吊管荷载。特殊组合为主要组合与偶然作用荷载之和，偶然作用荷载为位于地震基本烈度 7 度及 7 度以上地区，由地震引起的活动断层位移、砂土液化、地震土压力等。核算荷载组合时采用的许用应力应乘以表 5-34 所示的许用应力提高系数。

表 5-34　荷载组合许用应力提高系数

荷载组合	主要组合	附加组合	特殊组合
提高系数	1	1.3	1.5

当量应力按下式计算：

$$\sigma_e = \sum \sigma_k - \sum \sigma_a \leqslant 0.9\sigma_s \tag{5-17}$$

式中　σ_e——钢管当量应力，MPa；

　　　$\sum \sigma_k$——各荷载产生的环向应力代数和，MPa；

　　　$\sum \sigma_a$——各荷载产生的轴向应力代数和，MPa。

当输送燃气的温度与穿越管段敷设完成时的环境温度相差较大时，应按下式校核轴向稳定性，但采用定向钻敷设时可不核算轴向稳定性。

$$N \leqslant N_{\mathrm{er}} \tag{5-18}$$

$$N = \left[\alpha E_{\mathrm{s}}(t_1 - t_2) + (0.5 - \mu)\sigma_{\mathrm{h}} \right] F \tag{5-19}$$

式中　N——由温差和内压力产生的轴向力，MN；

　　　n——安全系数，对大、中、小型穿越工程分别为 0.7、0.8、0.9；

　　　N_{er}——管道失稳时的临界轴向力，MN；

　　　F——钢管的横截面积，m^2。

2. 水域、冲沟穿越工程的主要技术要求

水域与冲沟穿越工程是天然气输配管道工程中技术含量较高、投资较大的建设项目。其应遵守的主要技术要求如下。

（1）穿越工程应确定工程等级，并按工程等级考虑设计洪水频率。水域与冲沟穿越工程的等级分别见表 5-35 与表 5-36。

表 5-35　水域穿越工程等级

工程等级	穿越水域的水文特征	
	多年平均水位水面宽度（m）	相应水深度（m）
大型	≥200	不计水深
	≥100 且<200	≥5
中型	≥100 且<200	<5
	≥40 且<100	不计水深
小型	<40	不计水深

表 5-36　冲沟穿越工程等级

工程等级	冲沟特征	
	冲沟深度（m）	冲沟边坡（°）
大型	>40	>25
中型	10~40	>25
小型	<40	—

（2）穿越管段与大桥的距离不小于 100m，与小桥不小于 80m，若爆破成沟，应增大安全距离；与港口、码头、水下建筑物或引水建筑物的距离不小于 200m。

（3）穿越管段位于地震基本烈度 7 度及 7 度以上地区时应进行抗震设计。

（4）穿越位置应选在河道或冲沟水流平缓、断面基本对称、岩石构成较

单一、岩坡稳定、两岸有足够施工场地的地段，且不宜在地震活动断层上；穿越管段应垂直水流轴向，如需斜交，交角不宜小于60°。

（5）根据水文、地质条件，可采用控沟埋设、定向钻、顶管、隧道（宜用于多管穿越）敷设方法，有条件地段也可采取裸管敷设，但应有稳管措施。定向钻敷设管段管顶埋深不宜小于6m，最小曲率半径应大于1500mm。

（6）顶管采用钢管时，焊缝应进行100%的射线照相检验。

（7）定向钻的燃气钢管焊缝应进行100%的射线照相检查，燃气钢管的防腐应为特加强级，燃气钢管敷设的曲率半径应满足管道强度要求，且不得小于钢管外径的1500倍。

（8）挖沟埋设的管顶埋深按表5-37规定实施，岩石管沟应超过规定值挖深20cm，管段入沟前填20cm厚的砂类土或细砂垫层。

表5-37　挖沟埋设的管顶埋深（m）

类别	大型	中型	小型	备注
有冲刷或疏浚水域，应在设计洪水冲刷或规划疏浚线下	≥1.0	≥0.8	≥0.5	注意船锚与疏浚机具不得损害防腐层
无冲刷或疏浚水域，应在水床底面以下	≥1.5	≥1.3	≥1.0	
河床为基岩时，嵌入基岩深度（在设计洪水时不被冲刷）	≥0.8	≥0.6	≥0.5	用混凝土覆盖封顶，防止淘刷

（9）各种方式穿越管段均不得产生漂浮和移位，如产生漂浮和移位必须采用稳管措施。对于定向钻或顶管敷设管段埋深大于规定的最小埋深，且在设计冲刷线以下3m，可不进行抗漂浮核算。对于按管顶埋深要求沟埋敷设的穿越管段应进行抗漂浮核算，其计算公式如下：

$$W \geqslant KF_s \tag{5-20}$$

式中　W——单位长度管段总重力，包括管自重、保护层重、加重层重，不含管内介质重，N/m；

　　　K——稳定安全系数，大中工程$K=1.2$，小型工程$K=1.1$；

　　　F_s——单位长度管段静水浮力，N/m。

（10）穿越重要河流的管道应在两岸设置阀门。

（11）穿越管段不得在铁路、公路、隧道中敷设（专用隧道除外）。

三、铁路、公路等交通设施穿越工程的主要技术要求

穿越铁路、公路等陆上交通设施是天然气城区输配管网较多出现的项目，根据穿越对象的不同，技术要求有所区别，主要技术要求如下。

（1）管道宜垂直穿越铁路、高速公路、电车轨道和城镇主要干道。

（2）穿越Ⅰ、Ⅱ、Ⅲ级铁路应设置保护套管，穿越铁路专用线可根据具体情况采用保护套管或增加管壁厚度。穿越铁路的保护套管的埋深从铁路轨底至套管顶应不小于1.20m，并应符合铁路管理部门要求。套管内径大于管道外径100mm以上，套管与燃气管间应设绝缘支撑，套管两端与燃气管的间隙应采用柔性的防腐、防水与绝缘材料密封。套管一端应装设检漏管。套管端部距堤坡脚外距离不得小于2m。宜采用顶管或横钻机穿管敷设。

（3）穿越高速公路与Ⅱ级以上公路应设置保护套管。穿越Ⅲ级与Ⅲ级以下公路可根据具体情况采用保护套管或增加管壁厚度。套管两端应采用耐久的绝缘材料密封。在重要地段的套管宜安装检漏管，套管端部距道路边缘不应小于1m。套管内径与套管内绝缘支撑与穿越铁路要求相同。穿越Ⅱ级与Ⅱ级以上公路的穿管敷设方法与穿越铁路相同，Ⅲ级与Ⅲ级以下公路可挖沟穿管敷设。

（4）穿越电车轨道和城镇主要干道时宜将管道敷设在保护套管或地沟内，套管端部距电车轨道边轨不应小于2m，套管内径、套管内设绝缘支撑、套管部距道路边缘距离、套管或地沟两端密封与安装检漏管与穿越公路要求相同。城区主要干道可挖沟穿管敷设。

（5）保护套管宜采用钢管或钢筋混凝土管。

（6）严禁在铁路场站、有值守道口、变电所、隧道和设备下面穿越，严禁在穿越铁路、公路管段上设置弯头和产生水平或竖向曲线。穿越铁路、公路应避开石方区、高填方区、路堑、道路两侧为同坡向的陡坡地段。

（7）钢套管或无套管穿越管段应按无内压状态验算在外力作用下管子径向变形，其水平直径方向的变形量不得超过管子外直径的3%。穿越铁路、公路的管段，当管顶最小埋深大于1m时，可不验算其轴向变形。穿越公路的直埋管段或套管以及穿越铁路的套管所受土壤载荷与汽车载荷所产生的应力可按下式计算。

土壤载荷产生的压力：

$$w_f = \rho g H \qquad\qquad (5-21)$$

式中 w_f——土壤载荷产生的压力，MPa；

   ρ——土壤密度，kg/mm^3，砂土为 20×10^{-6}kg/mm^3；

   g——重力加速的，m/s^2；

   H——顶管埋深，mm。

汽车载荷产生的压力：

$$p = \frac{3G}{200\pi H^2}\cos^5\theta \qquad (5-22)$$

$$\cos\theta = \frac{H}{\sqrt{H^2 + X^2}} \qquad (5-23)$$

式中 p——汽车载荷产生的压力，MPa；

   G——汽车载荷，一般以后轮载荷计算，N；

   H——顶管埋深，cm；

   θ——当汽车载荷不在埋管截面中心线上方时，沿汽车载荷作用线自轮
      胎与土壤接触点与顶管中心的夹角，（°）；当汽车载荷在埋管截
      面中心线上方时，$\cos\theta=1$。

   X——汽车载荷不在埋管截面中心上方时，轮胎与土壤接触点与计算处
      埋管截面中心线的水平间距，cm。

当一辆车位于埋管中心线垂直上方，另一辆车不在，两车后轮与土壤接
触间距为 X，且须考虑行车时荷载的冲击作用，以冲击系数 i 表示，两辆汽车
载荷产生的压力由下式表示。

$$w_t = \frac{3G(1 + i)}{200\pi H^2} + \left[1 + \left(\frac{H}{\sqrt{H^2 + X^2}}\right)^5\right] \qquad (5-24)$$

式中 w_t——取前后两车做计算，且考虑冲击系数时，汽车载荷产生的压力，
      MPa；

   G——汽车载荷，可取20t载货车后轮载荷，N；

   i——冲击系数，一般 $i=0.5$。

由上述两种压力产生的最大弯矩发生在管段顶部或底部，可采用下列简
化公式计算最大弯曲应力，其应力不大于许用应力。

$$\sigma_b = \frac{6(k_t w_f + k_t w_t)D^2}{t^2} \qquad (5-25)$$

式中　σ_b——最大弯曲应力，MPa；

k_f，k_b——系数，见表5-38；

D——管段外径，mm；

t——管段壁厚，mm。

表5-38　k_f、k_b系数

管的部位	k_f	k_b
管顶	0.033	0.019
管底	0.056	0.003

对于穿越铁路的载荷计算，土壤产生的载荷与穿越公路相同，汽车载荷可简略估算，利用上述汽车行驶载荷公式代入火车荷重，并取冲击系数为0.75。

四、管道跨越

1. 跨越管道结构计算

跨越管道采用材料同穿越管道，但其要求屈服强度与抗拉强度之比应不大于0.85。

跨越管道随跨越方式的不同，其受力情况有较大的差异，且载荷及载荷效应组合较复杂，须按施工、使用、试压、清管各阶段计算后确定最不利组合进行设计，同时须进行整体与局部稳定性验算，可参阅有关规范与资料。其中较普遍发生的内压引起的环向应力与因温度变化引起的轴向应力计算公式均同于穿越管道，但当量应力的计算与强度验算不相同。穿越管段的当量应力为最大剪应力，采用最大剪应力理论（第二强度理论）验算；跨越管段的当量应力由材料形状改变比能计算，采用形状改变比能理论（第四强度理论）验算，其计算公式如下。

$$\sigma = \sqrt{\sigma_x^2 + \sigma_y^2 + \sigma_z^2 + \sigma_x\sigma_y + \sigma_y\sigma_z + \sigma_z\sigma_x + 3(\tau_{xy}^2 + \tau_{yz}^2 + \tau_{zx}^2)} \tag{5-26}$$

$$\sigma \leqslant F\sigma_s \tag{5-27}$$

式中　σ_b——当量应力，MPa；

σ_x、σ_y、σ_z——X、Y、Z方向的应力，MPa；

τ_{xy}、τ_{yz}、τ_{xz}——X、Y、Z方向的剪应力，MPa；

F——强度设计系数，见表5-39；

σ_s——钢管屈服强度，MPa。

表 5-39　强度设计系数 *F*

工程分类	大型	中型	小型
甲类（通航河流跨越）	0.4	0.45	0.5
乙类（非通航河流或其他障碍）	0.5	0.55	0.6

穿跨越工程等级见表 5-40。

表 5-40　跨越工程等级

工程等级	总跨长度（m）	主跨长度（m）
大型	≥300	≥150
中型	≥100 且＜300	≥50 且＜150
小型	＜100	＜50

2. 跨越管道工程的主要技术要求

跨越管道工程按工程类别有附桥跨越、管桥跨越与架空跨越等，其主要技术要求如下。

（1）跨越点选择在河流较窄、两岸侧向冲刷及侵蚀较小、良好稳定地层处。如河流出现弯道时，选在弯道上游平直段；附近如有闸坝或其他水工构筑物，选在闸坝上游或其他水工构筑物影响区外；避开地震断裂带与冲沟沟头发育地带。

（2）设计洪水频率按表 5-41 选用，设计洪水位由当地水文资料确定。

表 5-41　设计洪水频率

工程分类	大型	中型	小型
设计洪水频率（次/年）	1/100	1/50	1/20

（3）管道在通航河流上跨越时，其架空结构最下缘净空高度应符合《内河通航标准》GB 50139—2014 的规定。在无通航、无流筏的河流上跨越时，大型跨越管道应随桥铺设，架空结构最下缘比设计洪水位高 3m，中、小型跨越架空结构最小缘比设计洪水位高 2m。

（4）管道跨越铁路或道路时，其架空结构最下缘净空高度不低于表 5-42 的规定。

表 5-42　管道跨越铁路或道路时架空结构最下缘净空高度

类型	净空高度（m）	类型	净空高度（m）
人行横道	3.5	铁路	6.5~7.0
公路	5.5	电气化铁路	11

（5）跨越管道与桥梁之间的距离不小于表 5-43 的规定。

表 5-43　跨越管道与桥梁之间的距离（m）

大桥		中桥		小桥	
铁路	公路	铁路	公路	铁路	公路
100	100	100	50	50	20

（6）当燃气管道随桥梁敷设或采用管桥跨越河流时，必须采取安全防护措施。

五、管道随桥梁跨越河流

当条件许可时，可利用道路桥梁跨越河流，管道附桥的位置可为预留管孔、桥墩盖梁伸出部分，或悬挂在桥侧人行道下。从施工与维修角度考虑，管孔架设较为不利。

利用道路桥梁跨越河流的技术要求如下：

（1）随桥梁跨越河流的燃气管道，其管道的输送压力不应大于 0.4MPa。

（2）燃气管道产生的载荷应作为桥梁设计荷载之一，以保证桥梁安全性。对现有桥梁附桥设管时，须对桥梁结构做安全性核算。

（3）燃气管道随桥梁敷设，宜采取如下安全防护措施：

①敷设于桥梁上的燃气管道应采用加厚的无缝钢管或焊接钢管，尽量减少焊缝，对焊缝进行 100% 无损探伤。

②跨越通航河流的燃气管道管底标高应符合通航净空的要求，管架外侧应设置护桩。

③在确定管道位置时，与随桥敷设的其他管道的间距应符合现行国家标准 GB 6222—2005《工业企业煤气安全规程》支架敷管的有关规定。

④管道应设置必要的补偿和减震措施。

⑤对管道应做较高等级的防腐保护，采用阴极保护的埋地钢管与随桥管道之间应设绝缘装置。

⑥跨越河流的燃气管道的支座（架）应采用不燃烧材料制作。

六、典型图

1. 穿越已建管道

管沟回填时，已建管道下方的回填土应尽量密实。当穿越一般钢制管道，交角较小时，应采用临时支撑；当穿越承插口瓦管、混凝土或铸铁管时，应采用适当的支撑方式。具体参见图 5-16。

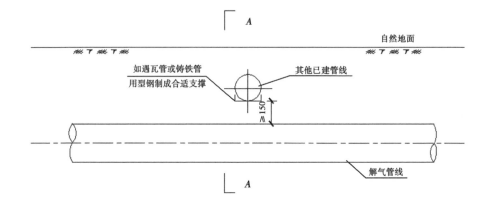

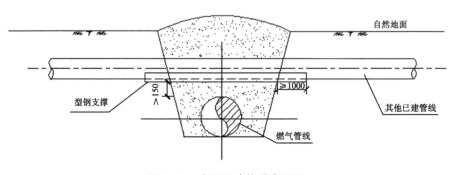

图 5-16　穿越已建管道典型图

2. 穿越沟渠典型图

穿越沟渠典型图参见图 5-17 至图 5-20。

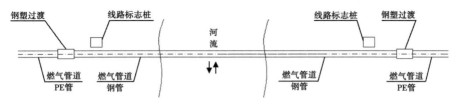

图 5-17　穿越小型河流平面图

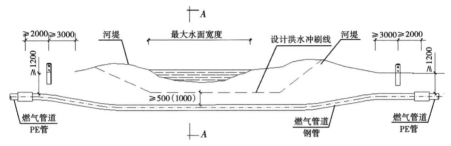

图 5-18　穿越小型河流剖面图

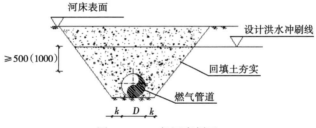

图 5-19　一般河床剖面

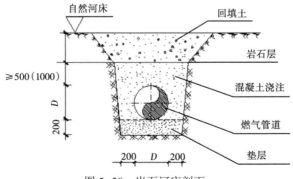

图 5-20　岩石河床剖面

3. 穿越地下电（光）缆典型图

穿越地下电（光）缆典型图见图5-21。

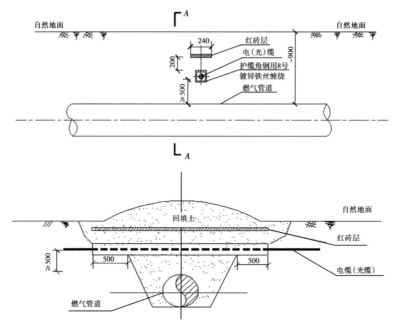

图5-21　穿越地下电（光）缆典型图

4. 沿桥敷设典型图

大桥两端应设置波纹补偿器各一只，补偿量需满足管线整个沿桥段的计算补偿量，本方案需桥梁部门和规划部门批准。具体见图5-22。

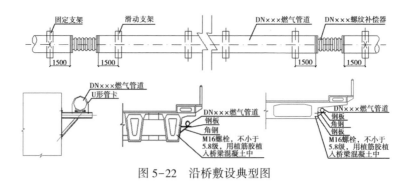

图5-22　沿桥敷设典型图

第五节　管道防腐与阴极防护工程

一、钢制管道腐蚀分类及原因

腐蚀是金属和周围环境起化学或者电化学反应而导致的破坏性侵蚀。GB/T 10123—2001《金属和合金的腐蚀　基本术语和定义》将腐蚀定义为"金属和环境间的物理-化学相互作用，其结果是使金属性能发生变化，导致金属、环境及其构成的技术体系功能受到损伤"。

腐蚀的特点可以归纳为自发性、普遍性和隐蔽性三点。

金属腐蚀的分类方法很多，根据相关文献，至少有 80 种腐蚀类型，而且由于金属材料的增加、腐蚀介质的更新，腐蚀的类型还在增加。下面只根据腐蚀机理介绍几种腐蚀类型。

1. 化学腐蚀

化学腐蚀指金属与腐蚀介质直接发生反应，在反应过程中没有电流产生。这类腐蚀过程是氧化还原的纯化学反应，带有价电子的金属原子直接与反应物分子相互作用。因此，金属转变为离子状态和介质中氧化剂组分的还原是同时、统一位置发生的。

化学腐蚀的腐蚀产物在金属表面形成表面膜，表面膜的性质决定了化学腐蚀速度。化学腐蚀可以分为以下两种情况。

（1）在干燥气体中的腐蚀。在干燥气体中的腐蚀通常指金属在高温气体作用下腐蚀。

（2）在非电解质溶液中的腐蚀。

化学腐蚀是在一定条件下，非电解质中的氧化剂直接与金属表面的原子相互作用，即氧化还原反应是在反应粒子瞬间碰撞的那一点完成的。在化学腐蚀过程中，电子的传递是在金属和氧化剂之间直接进行，没有电流产生。

实际上，单纯的化学腐蚀是很少见的，更为常见的是电化学腐蚀。

2. 电化学腐蚀

电化学腐蚀是最常见的腐蚀形式，自然条件下，如潮湿大气、土壤、地下水等介质中的金属的腐蚀通常具有电化学性质。电化学腐蚀是指金属与电解质溶液（大多数为水溶液）发生了电化学反应而发生的腐蚀。其特点是，在腐蚀过程中同时存在两个相对独立的反应过程——阳极反应和阴极反应，并与流过金属内部的电子流和介质中定向迁移的离子联系在一起，即在反应过程中伴有电流产生。阳极反应是金属原子从金属转移到介质中并放出电子的过程，即氧化过程。阴极反应是介质中的氧化剂得到电子发生还原反应的过程。例如，碳钢在酸性介质中腐蚀时，在阳极区 Fe 被氧化为 Fe^{2+}，所放出的电子自阳极（Fe）转移到钢表面的阴极区，与 H^+ 作用而还原成 H_2。

电化学腐蚀的特点是：

（1）介质为离子导电的电解质。

（2）金属/电解质界面反应过程因电荷转移而引起的电化学过程，必须包括电子和离子在界面上的转移。

（3）界面上的电化学过程可以分为两个互相独立的氧化还原过程，金属/电解质界面上伴随电荷转移发生的化学反应称为电极反应。

（4）电化学腐蚀过程伴随电子的流动，即电流的产生。

电化学腐蚀实际上是一个短路的原电池电极反应的结果，这种原电池又称为腐蚀电池。腐蚀原电池与与一般原电池的差别仅在于原电池把化学能转变为电能，做有用功，而腐蚀原电池只导致材料的破坏，不对外做功。燃气管道在潮湿的大气、土壤以及油气田的污水等环境中的腐蚀均属此类型。

土壤中埋地钢管受到电化学腐蚀的强弱程度，与土壤的腐蚀性即土壤的电阻率有关。依据电阻率的大小可以划分土壤的腐蚀等级，用于判断土壤对钢管的腐蚀性。

一般来说，电化学腐蚀比化学腐蚀强烈的多，金属的电化学腐蚀是普遍的腐蚀现象，它所造成的危害和损失也是极为严重的。

3. 物理腐蚀

物理腐蚀是指金属由于单纯的物理溶解作用引起的破坏。熔融金属中的腐蚀就是固态金属与熔融液态金属相接触引起的金属溶解或开裂。这种腐蚀是由于物理溶解作用形成合金，或液态金属渗入晶界造成的。

4. 生物腐蚀

生物腐蚀指金属表面在某些微生物生命活动或其产物的影响下所发生的

腐蚀。这类腐蚀很难单独进行，但它能为化学腐蚀、电化学腐蚀创造必要的条件，促进金属的腐蚀。微生物进行生命代谢活动时会产生各种化学物质，如含硫细菌在有氧条件下能使硫或硫化物氧化，反应最终将产生硫酸，这种细菌代谢活动所产生的酸会造成管道的严重腐蚀。

二、防腐主要内容

（1）干线管道外防腐层设计，包括钢管的外防腐层、管道的焊接补口、热煨弯管的外防腐层等。

（2）干线管道的阴极保护设计。

（3）交、直流干扰防护。

（4）站场内埋地及地上管道和附属设施的外防腐层设计。

（5）站场埋地钢质管道区域阴极保护。

（6）外防腐层完整性及阴极保护系统有效性测试评价。

（7）阴极保护系统的测试、调试与运行管理。

三、管道的外防腐层设计

早期的输油、气管道常用的防腐层有煤焦油瓷漆、石油沥青和聚乙烯冷缠带。20世纪80、90年代相继发展出熔结环氧粉末（FBE）、双层结构聚乙烯和三层结构聚乙烯（三层 PE）防腐层，并逐步取代煤焦油瓷漆、石油沥青和聚乙烯冷缠带，成为目前国、内外输油、气管道主要的外防腐层。

FBE 外防腐层对于环氧粉末的原材料、防腐层的涂覆工艺、管道运输、下沟回填等要求很高。与双层 PE 防腐层和三层 PE 防腐层的性能相比，主要的缺点是综合机械性能差、不适用于高含水地段及碎（卵）石土壤、石方段。

双层 PE 防腐层由于没有环氧粉末层，与 FBE 外防腐层和三层 PE 防腐层相比，防腐层与管道的黏结性能差，防腐层耐阴极剥离性能差。但是，其优势是价格较前述两种防腐层低。

三层 PE 防腐层兼具 FBE 外防腐层和双层 PE 防腐层的防腐性能好及综合机械性能好的优点，适用于各类的土壤环境，利于管道的运输和施工，减小了管道防腐层的修补工作量。另外，目前国内生产三层 PE 防腐层的钢管厂家较多、工艺成熟，能满足工程的订货要求。防腐层性能对比见表5-44。

表 5-44　外防腐层性能比较

项目	3LPE	单层 FBE	双层 FBE
材料	环氧粉末+胶黏剂+PE 层	环氧树脂粉末	环氧树脂粉末
涂敷工艺	静电喷涂+挤出包覆	静电喷涂	静电喷涂
使用温度	-15~70℃	-30~110℃	-30~110℃
除锈要求	Sa 2.5	Sa 2.5	Sa 2.5
涂层厚度	1.8~3.7mm	0.3~0.5mm	0.62~0.8mm
环境污染	很小	很小	很小
补口工艺	热收缩套	喷涂或刷涂	喷涂或刷涂
主要优点	综合性能优异，耐撞击性良好；适合长途运输；抗透湿性和高度绝缘性好，耐水性能优异	黏结力强，使用温度范围宽，涂敷管可冷弯，具有极好的耐土壤应力和耐阴极剥离性能；具有失效安全性；与阴极保护兼容；管道主体和补口、弯头处防腐层结构、材料相同	黏结力强，使用温度范围宽，涂敷管可冷弯，具有极好的耐土壤应力和耐阴极剥离性能；具有失效安全性；与阴极保护兼容；管道主体和补口、弯头处防腐层结构、材料相同
缺点	涂敷工艺复杂，管体防腐层与弯头等异形件防腐层结构不匹配；补口是难点和弱点	耐冲击性差，易被冲击破坏，防腐层脆性，对吸水敏感，不适合长途运输，耐光老化性能差	耐冲击性稍差，吸水敏感，耐光老化性能差
适用地区	大部分土壤环境，特别适合于岩石地区以及水网地区	大部分土壤环境，特别适用于软性土质、砂土环境	大部分土壤环境，适用于定向钻穿越段及黏质土壤；特别适用于土壤应力破坏作用较大的地区

四、线路阴极保护

　　管线的阴极保护方法通常有强制电流法和牺牲阳极法，两种方法各有优缺点和应用范围。

　　牺牲阳极法的优点有不需要外部电源、对邻近金属构筑物无干扰或干扰很小、保护电流分布均匀、工程规模越小越经济等。但其缺点也较为明显，如保护年限短、不宜在高电阻率环境下使用、保护电流的大小不易调节等。因此，牺牲阳极法常用于管线较短、管径较小、密集敷设的城区管网保护中。

　　强制电流法的优点有输出电流连续可调、保护范围大、不受环境电阻率的限制、保护装置寿命长、工程规模越大越经济等。缺点是需要外部电源、维护管理工作量较大，而且可能会对邻近金属构筑物造成干扰。强制电流法常用于长输管线的保护。

五、站场阴极保护

站场内埋地管线和站外的干线管道一样，也易于腐蚀。虽然站内埋地管线有防腐涂层保护，但防腐涂层不可避免会存在缺陷。另外，站场内的设备及人员较多，一旦站内工艺管道发生腐蚀穿孔等情况，将直接威胁到管道的运行安全及站内设备和人员的安全。为了有效保障管道的安全性运行，应对站场内埋地钢质工艺管道实施区域性阴极保护。

一般站场内埋地管道的阴极保护方法有强制电流法和牺牲阳极法，有时还需要两种方法相结合。

强制电流法的优点包括可用于各种土壤电阻率条件下，寿命较长，输出电流量较大而且可以连续调节。其缺点是容易对临近的埋地金属构筑物产生干扰，安装、调试较为复杂，维护管理工作量大。

牺牲阳极法的优点是安装调试方便，投产后不需管理，投资较强制电流法少，电流分布均匀，对临近的金属构筑物无干扰。其缺点是寿命短，需要定期更换，不适用于土壤电阻率高的地方。

强制电流法的阳极地床形式有深井阳极地床、浅埋分布式阳极地床以及线性阳极地床。

六、管道腐蚀检测

管线腐蚀检测技术大体上可分为两类，即局部开挖检测、不开挖检测技术，其中不开挖检测技术又有管道外腐蚀不开挖检测和管道内腐蚀不开挖检测两种形式。

1. 局部开挖检测方法

通过开挖等方法，使管路直接暴露，凭借肉眼或者简单仪器，检测管道外防腐层是否完整、管道腐蚀程度、有无腐蚀产物等，必要时可将样品送至室内做进一步分析。

2. 不开挖检测技术

1）管道外腐蚀不开挖检测技术

埋地钢管的外腐蚀保护一般由绝缘层和阴极保护组成的防护系统来承担。地下管道防腐层常因施工质量、老化、外力破坏等多种原因造成破损，致使管道阴极保护所加的强制电流从破坏处泄漏进入大地，导致保护距离变短，甚至建立不起来保护电位，达不到防腐的目的。实践证明，90%以上的腐蚀穿孔发生在防腐层破损处。

因此，通过检测管道防腐层的损坏程度，可以得出管道受腐蚀的情况。管道外腐蚀不开挖检测技术就是基于这一原理而采取的方法，其检测参数大都是管/地电位和管内电流，该技术包括密间距电位测量法、瞬变电磁法、变频选频检测等。这些方法能够实现在不开挖、不影响正常工作的情况下对管道腐蚀进行检测。

2）管道内腐蚀不开挖检测技术

管道发生腐蚀后，通常表现为管道的管壁变薄，出现局部的凹坑和麻点。管道内腐蚀不开挖检测技术主要针对管壁的变化来进行测量和分析。目前，内腐蚀检测存在的方法主要有加水试压、红外热像以及智能清管检测等。目前，国内外使用较为广泛的管道腐蚀检测方法是漏磁通法和超声波检测法。

第六章　燃气管网水力计算

燃气管网水力计算是燃气管道工程设计和建造的基础。水力计算的目的主要是为了计算系统水力平衡状况，管径、流量、流速、压降及调峰量等相关参数，使工程技术合理、经济可行。

水力计算的任务有以下两个方面：

（1）设计计算：根据计算流量和规定的压力损失来计算管径。

（2）校核计算：对已有管道进行流量与压力损失的验算，以发挥管道的输气能力或判断原有管道是否需要改造。

总之，通过水力计算，来确定管道的投资和金属耗量，保证管网工作的安全性、可靠性、稳定性、经济性。

第一节　水力计算的基本公式

一、摩擦阻力基本公式

在通常情况下的一小段时间内，燃气管道中的燃气流动可视为稳定流。

高、中压燃气管道的单位长度摩擦阻力损失为：

$$\frac{p_1^2 - p_2^2}{L} = 1.62\lambda \frac{Q_0^2}{d^5}\rho_0 p_0 \frac{TZ}{T_0 Z_0} \tag{6-1}$$

式中　p_1——燃气管道始端的绝对压力，Pa；

p_2——燃气管道末端的绝对压力，Pa；

p_0——标准大气压，$p_0 = 101325$Pa；

λ——燃气管道的摩擦阻力系数；

Q_0——燃气管道的计算流量，m^3/s；

d——管道内径，m；

ρ_0——标准状态下的燃气密度，kg/m^3；

T_0——标准状态下的绝对温度，取 273.15K；

T——燃气的绝对温度，K；

Z_0——标准状态下的气体压缩因子；

Z——气体压缩因子；

L——燃气管道的计算长度，m。

对低压燃气管道，$p_1^2 - p_2^2 = (p_1 - p_2)(p_1 + p_2) = \Delta p \cdot 2p_m$。

式中 $p_m = (p_1 + p_2)/2$ 为管道 1、2 断面压力的算术平均值，对低压管道，$p_m \approx p_0$，代入式（6-1），得低压燃气管道的单位长度摩擦阻力损失为：

$$\frac{\Delta p}{L} = 0.81\lambda \frac{Q_0^2}{d^5}\rho_0 \frac{TZ}{T_0 Z_0} \qquad (6-2)$$

若采用工程中常用单位，则高、中压燃气管道的单位长度摩擦阻力损失为：

$$\frac{p_1^2 - p_2^2}{L} = 1.27 \times 10^{10}\lambda \frac{Q_0^2}{d^5}\rho_0 \frac{TZ}{T_0} \qquad (6-3)$$

式中，Z 为气体压缩因子，当燃气压力小于 1.2MPa（表压）时，Z 取 1。p、Q_0、d、L 的单位分别是 kPa、m^3/h、mm、km。

低压燃气管道的单位长度摩擦阻力损失为：

$$\frac{\Delta p}{L} = 6.26 \times 10^7\lambda \frac{Q_0^2}{d^5}\rho_0 \frac{T}{T_0} \qquad (6-4)$$

式中，Δp、L 的单位分别是 Pa、m。

根据燃气在管道中不同的流动状态，λ 分别采用下列经验及半经验公式。

1. 低压燃气管道

（1）层流状态（$Re \leqslant 2100$）。

$$\lambda = 64/Re$$

$$\frac{\Delta p}{L} = 1.13 \times 10^{10} \frac{Q_0}{d^4}\nu\rho \frac{T}{T_0} \qquad (6-5)$$

（2）临界状态（$Re = 2100 \sim 3500$）。

$$\lambda = 0.03 + \frac{Re - 2100}{65Re - 10^5}$$

$$\frac{\Delta p}{L} = 1.9 \times 10^6 \left(1 + \frac{11.8Q_0 - 7 \times 10^4 d\nu}{23Q_0 - 10^5 d\nu}\right) \frac{Q_0^2}{d^5} \rho \frac{T}{T_0} \tag{6-6}$$

（3）紊流状态（$Re > 3500$）。

$$\frac{1}{\sqrt{\lambda}} = -2\lg\left(\frac{K}{3.7d} + \frac{2.5L}{Re\sqrt{\lambda}}\right) \tag{6-7}$$

由于是隐函数，工程中常采用适合于一定管材的专用公式：

①钢管。

$$\lambda = 0.11\left(\frac{K}{d} + \frac{68}{Re}\right)^{0.25}$$

$$\frac{\Delta p}{L} = 6.9 \times 10^6 \left(\frac{K}{d} + 192.2\frac{d\nu}{Q_0}\right)^{0.25} \frac{Q_0^2}{d^5} \rho_0 \frac{T}{T_0} \tag{6-8}$$

式中　Re——雷诺数，$Re = wd/\nu$；

　　　w——燃气流速（m/s）；

　　　ν——标准状态下的燃气运动黏度，m^2/s；

　　　K——管壁内表面的当量绝对粗糙度，钢管一般取 $0.1 \sim 0.2$mm，塑料
　　　　　管一般取 0.01mm。

②铸铁管。

$$\lambda = 0.102236\left(\frac{1}{d} + 5158\frac{d\nu}{Q_0}\right)^{0.284}$$

$$\frac{\Delta p}{L} = 6.4 \times 10^6 \left(\frac{1}{d} + 5158\frac{d\nu}{Q_0}\right)^{0.284} \frac{Q_0^2}{d^5} \rho_0 \frac{T}{T_0} \tag{6-9}$$

③塑料管。

公式同式（6-8）。

2. 次高压和中压燃气管道

（1）钢管。

$$\lambda = 0.11\left(\frac{K}{d} + \frac{68}{Re}\right)^{0.25}$$

$$\frac{p_1^2 - p_2^2}{L} = 1.4 \times 10^9 \left(\frac{K}{d} + 192.2\frac{d\nu}{Q_0}\right)^{0.25} \frac{Q_0^2}{d^5} \rho_0 \frac{T}{T_0} \tag{6-10}$$

（2）铸铁管。

$$\lambda = 0.102236\left(\frac{1}{d} + 5158\frac{d\nu}{Q_0}\right)^{0.284}$$

$$\frac{p_1^2 - p_2^2}{L} = 1.3 \times 10^9\left(\frac{1}{d} + 5158\frac{d\nu}{Q_0}\right)^{0.284}\frac{Q_0^2}{d^5}\rho_0\frac{T}{T_0} \quad (6-11)$$

（3）塑料管。

公式同式（6-10）。

3. 高压燃气管道

高压燃气管道的单位长度摩擦阻力损失，宜按现行的国家标准 GB 50251—2003《输气管道工程设计规范》有关规定计算，见公式（6-12）。

$$q_v = 1051\left\{\frac{[p_1^2 - p_2^2(1 + a\Delta h)]d^5}{\lambda Z\gamma T_m L\left[1 + \frac{a}{2L}\sum_{i=1}^{n}(h_i + h_{i-1})L_i\right]}\right\}^{0.5} \quad (6-12)$$

式中　q_v——气体流量（$p_0 = 0.101325\text{MPa}$，$T_0 = 293\text{K}$），m^3/d；

　　　p_1——输气管道计算段的起点压力（绝压），MPa；

　　　p_2——输气管道计算段的终点压力（绝压），MPa；

　　　d——输气管道内直径，cm；

　　　Z——气体压缩因子；

　　　γ——气体相对密度；

　　　T_m——气体平均温度，K；

　　　L——输气管道计算段长度，km；

　　　a——系数，$a = 0.0683（\gamma/ZT）$，m^{-1}；

　　　Δh——输气管道终点和起点的标高差，m；

　　　n——输气管道的计算段数；

　　　h_i，h_{i-1}——各分管段终点和起点的标高，m；

　　　L_i——各分管段长度，km；

　　　λ——水力摩阻系数。

水力摩阻系数采用 Colebrook 公式计算：

$$\frac{1}{\sqrt{\lambda}} = -2.0\log\left[\frac{K}{3.71d} + \frac{2.51}{Re\sqrt{\lambda}}\right] \quad (6-13)$$

式中 K——管内壁绝对粗糙度，m；

d——管内径，m；

Re——雷诺数。

[例6-1] 已知天然气密度 $\rho_0 = 0.73\text{kg/m}^3$，运动黏度 $\nu = 15 \times 10^{-6}\text{m}^2/\text{s}$，当流量 $Q_0 = 1000\text{m}^3/\text{h}$，温度 $t = 15℃$ 时，100m 长的低压燃气管道压力降为85Pa，求该管道的管径。取钢管绝对粗糙度 $K = 0.17\text{mm}$。

解：由于流量较大，流动假定为紊流状态：

$$\frac{\Delta p}{L} = 6.9 \times 10^6 \left(\frac{K}{d} + 192.2 \frac{d\nu}{Q_0} \right)^{0.25} \frac{Q_0^2}{d^5} \rho_0 \frac{T}{T_0}$$

代入数据：

$$\frac{85}{100} = 6.9 \times 10^6 \left(\frac{0.17}{d} + 192.2 \frac{d \times 15 \times 10^6}{1000} \right)^{0.25} \times \frac{1000^2}{d^5} \times 0.73 \times \frac{288.15}{273.15}$$

解上式得 $d = 259\text{mm}$，取标准管径 $d = 260\text{mm}$。

校核：

$$Re = \frac{\omega d}{\nu} = \frac{4Q_0}{\pi d\nu} = \frac{4 \times 1000}{\pi \times 0.26 \times 3600 \times 15 \times 10^{-6}} = 90733$$

因 $Re > 3500$，管内燃气的流动为紊流状态，计算有效。

二、局部阻力

在进行燃气管网的水力计算时，干管和配气管网由于局部阻力占总阻力的比例不大，一般按摩擦总阻力的 5%~10% 进行估算。庭院管道和室内管道，由于部件较多，局部阻力占总阻力的比例较大，要逐个进行详细计算，工厂内、站区内的燃气管道也要计算局部阻力。

局部阻力损失公式：

$$\Delta p = \sum \zeta \rho \frac{\omega^2}{2} \qquad (6\text{-}14)$$

式中 ζ——管道局部阻力系数，通常由实验测得，或由表或图查得。

局部阻力损失两种计算方法如下。

1. 查局部阻力损失计算表

实际工程中，产生局部阻力处的流动常处于紊流的粗糙区，它只与管件、部件或设备的形状、尺寸等几何参数及材料（粗糙度）有关，故一般由实验方法确定而制成表格，如表 6-1 所示。

表 6-1　局部阻力系数 ζ 值

局部阻力名称	ζ	局部阻力名称	不同直径的 ζ 值					
			15mm	20mm	25mm	32mm	40mm	$\geq$50mm
管径相差一级的骤缩变径管	0.35[①]	90°直角弯头	2.2	2.1	2.0	1.8	1.6	1.1
三通直流	1.0[②]	旋塞阀	4	2	2	2	2	2
三通分流	1.5[②]							
四通直流	2.0[②]	截止阀	11	7	6	6	6	5
四通分流	3.0[②]	闸板阀	$d = 50 \sim 100mm$		$d = 175 \sim 200mm$		$d \geq 300mm$	
90°光滑弯头	0.3		0.5		0.25		0.15	

注：①ζ 对应于较小管径的管段。
　　②ζ 对应于燃气流量较小的管段。

如果将式（6-15）改写成：

$$\Delta p = \sum \zeta \alpha Q_0^2 \qquad (6-15)$$

其中：

$$\alpha = \frac{\rho_0}{2(\pi d^2/4)^2} = \frac{4.45 \times 10^4}{d^4} \qquad (6-16)$$

式中，$\rho_0 = 0.71 \text{kg/m}^3$，$Q_0$、$d$ 的单位分别是 m^3/h、mm。可见 α 值与管径、燃气密度有关。

对应各种管径的 α 值如表 6-2 所示。

表 6-2　不同管径的 α 值

管径（mm）	15	20	25	82	40	50
α	0.879	0.278	0.114	0.0424	0.0174	0.00712
管径（mm）	75	100	150	200	250	300
α	1.41×10^{-3}	4.45×10^{-4}	8.79×10^{-5}	2.78×10^{-5}	1.14×10^{-5}	5.49×10^{-6}

利用 α 值和流量 Q_0 可求出局部阻力。

如果燃气密度 $\rho_0 \neq 0.71 \text{kg/m}^3$、$T \neq T_0$，则表中 α 值要进行修正。

$$\alpha = \alpha_\text{表} \frac{\rho_0 T}{0.71 \times 273.15}$$

2. 当量长度法

由 $\Delta p = \sum \zeta \dfrac{\omega^2}{2} = \lambda \dfrac{L_2}{d} \dfrac{\omega^2}{2}$ 得：

$$L_2 = \sum \zeta \frac{d}{\lambda} = \sum \zeta l_2 \qquad (6\text{-}17)$$

式中　L_2——局部阻力的当量长度，m；

　　　l_2——相对于 $\zeta = 1$ 时的局部阻力当量长度，$l_2 = d/\lambda$，m。

l_2 与管道内径 d 和不同流态的 λ 有关，表6-3给出了相对于 $\zeta = 1$ 时各种直径管子的当量长度。

表6-3　$\zeta = 1$ 时各种直径管子的当量长度

管径（mm）	15	20	25	32	38	50	75	100	150	200	250
当量长度 l_2（m）	0.4	0.6	0.8	1.0	1.5	2.5	4.0	5.0	8.0	12.0	16.0

这样，局部阻力就等于当量长度的摩擦阻力。计算含有局部阻力的总阻力时，管段的计算长度 L 为：

$$L = L_1 + L_2 \qquad (6\text{-}18)$$

式中　L_1——管段的实际长度，m。

利用燃气管道的单位长度摩擦阻力损失公式，计算出当量长度摩擦阻力损失，再乘以管段的计算长度 L，就可求出管段的总阻力（包括摩擦阻力和局部阻力）。

三、附加压头

由于燃气管道内的燃气与室外空气的密度不同，因此当管道的高程有变化时，管道中将产生附加压头 Δp，公式为：

$$\Delta p = (\rho_a - \rho) g (H_2 - H_1) \qquad (6\text{-}19)$$

式中　ρ_a——当地空气的密度，kg/m^3；

　　　ρ——燃气的密度，kg/m^3；

g——重力加速度，m/s^2；

H_1——管道初端的标高，m；

H_2——管道末端的标高，m。

附加压头有正有负，正值相当于动力，例如天然气、人工煤气（密度小于空气）的向上输运；负值相当于阻力，例如液化石油气（密度大于空气）的向上输运。管道总阻力等于摩擦阻力损失和局部阻力损失减去附加压头。因此在计算室内燃气管道时，附加压头相对较大，不可忽视，特别是高层建筑。

第二节　枝状管网的水力计算

管网基本上可分为枝状管网和环状管网。城市燃气干管一般都设计成环状管网，而自干管接出的配气管及室内燃气管道一般都是枝状管网。本节讲述枝状管网的水力计算。

一、室外枝状管网

室外枝状管网的水力计算，一般按以下步骤进行：

（1）先对管道的节点依次进行编号；根据布置好的管线图和用气情况，确定各管段的计算流量。流量按同时工作系数法进行计算，表6-4是居民生活用燃具的同时工作系数 k。

表6-4　居民生活用燃具的同时工作系数 k

同类型燃具数目 N	燃气双眼灶	燃气双眼灶和快速热水器	同类型燃具数目 N	燃气双眼灶	燃气双眼灶和快速热水器
1	1.00	1.00	7	0.60	0.29
2	1.00	0.56	8	0.58	0.27
3	0.85	0.44	9	0.56	0.26
4	0.75	0.38	10	0.54	0.25
5	0.68	0.35	15	0.48	0.22
6	0.64	0.31	20	0.45	0.21

续表

同类型燃具数目 N	燃气双眼灶	燃气双眼灶和快速热水器	同类型燃具数目 N	燃气双眼灶	燃气双眼灶和快速热水器
25	0.43	0.20	100	0.34	0.17
30	0.40	0.19	200	0.31	0.16
40	0.39	0.18	300	0.30	0.15
50	0.38	0.178	400	0.29	0.14
60	0.37	0.176	500	0.28	0.138
70	0.36	0.174	700	0.26	0.134
80	0.35	0.172	1000	0.25	0.13
90	0.345	0.171	2000	0.24	0.12

（2）选取枝状管网的干管（最不利管线），根据给定的允许压力降及由高程差而产生的附加压头来确定管道的单位长度允许压力降。根据管段的计算流量及单位长度允许压力降来选择标准管径。根据所选的标准管径，求出各管段实际阻力损失（摩擦阻力损失和局部阻力损失），进而求得干管总的阻力损失。

（3）在计算支管之前，先检查干管的计算结果，若总阻力损失趋近允许压力降，则认为计算合格；否则要适当变动某些管径，再进行计算，直到符合要求为止。

（4）对支管进行水力计算。

［例 6-2］如图 6-1 所示，天然气密度 $\rho_0 = 0.73 \mathrm{kg/m^3}$，每户的用具为一个燃气双眼灶和一个快速热水器，额定流量分别是 $0.7 \mathrm{m^3/h}$ 和 $1.7 \mathrm{m^3/h}$，此

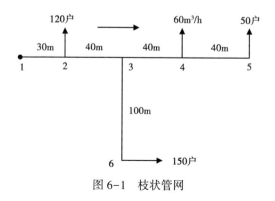

图 6-1　枝状管网

管道允许压力降为350Pa，求各管段的管径。

解：将各管段依次进行节点编号，取管段 1—2—3—4—5 为干管，总长150m，根据给定的允许压力降350Pa，考虑局部阻力取10%，单位长度摩擦损失为：

$$\frac{\Delta p}{L} = \frac{350}{150 \times 1.1} = 2.1\text{Pa/m}$$

以 4—5 管段为例，额定流量 $q = 2.4\text{m}^3/\text{h}$，用户数 $N = 50$ 户，查表 6-4 得同时工作系数 $k = 0.178$，管段计算流量为：

$$Q = 2.4 \times 50 \times 0.178 = 21.36\text{m}^3/\text{h}$$

利用燃气管道的单位长度摩擦阻力损失公式，计算得管径 $d \approx 50\text{mm}$，对应实际密度下的单位长度摩擦阻力损失：

$$\frac{\Delta p}{L} = 2.50 \times 0.73 = 1.83\text{Pa/m}$$

该管段长 40m，摩擦阻力损失为：

$$\Delta p_1 = 1.83 \times 40 = 73.2\text{Pa}$$

干管各管段计算结果列表于表 6-5，从表中可见干管总阻力损失为349.36Pa，趋近允许压力降350Pa。如果不适合，则要调整某些管径，再次计算。

表 6-5　枝状管网水力计算表

管段号	额定流量 q （m^3/h）	用户数 N （户）	同时工作系数 k	计算流量 Q （m^3/h）	管径 d （mm）	实际 $\Delta p/L$ （Pa/m）	管段长度 L （m）	摩擦阻力损失 Δp_1 （Pa）	总阻力损失 Δp （Pa）
4—5	2.4	50	0.178	21.36	50	1.83	40	73.2	
3—4				81.36	80	2.40	40	96.4	
2—3				140.76	100	1.75	40	70.0	
1—2	2.4	120	0.168	189.14	100	2.60	30	78.0	
								合计 317.6	317.6×1.1 = 349.36
3—6	2.4	150	0.165	59.40	80	1.61	100	161.0	

支管的水力计算有两种方法：全压降法和等压降法，此处采用全压降法。由于支管 3—6 与干管 3—4—5 并联，其允许压力降为：

$$\Delta p_1 = \Delta p_{3-4-5} = 73.2 + 96.4 = 169.6 \text{Pa}$$

单位长度摩擦阻力损失为：

$$\frac{\Delta p}{L} = \frac{169.6}{100} = 1.70 \text{Pa/m}$$

仿照干管的水力计算，得管径 $d = 80 \text{mm}$，实际摩擦阻力损失 $\Delta p_1 = 161.0 \text{Pa}$，趋近允许压力降 169.6Pa，见表 6-5。

如用等压降法进行水力计算，即各支管允许压力降均取相等的数值。两种设计各有利弊，全压降法充分利用允许压力降，减小管径，提高设计经济性，但在管网发生故障时，由于干管压力变化而影响支管压力，特别是支管末端的压力偏低，而等压降法正好相反。

二、室内燃气管道

室内燃气管道是指从引入管到管道末端燃具前的管道，其阻力损失应不大于表 6-6 的规定。

表 6-6 室内燃气管道允许的阻力损失

燃气种类	从建筑物引入管至管道末端阻力损失（Pa）	
	单层建筑	多层建筑
人工煤气、矿井气、液化石油气混空气	150	250
天然气、油田伴生气	250	350
液化石油气	350	600

注：阻力损失包括燃气计量装置的损失。

在水力计算前，必须根据燃气用具的数量和布置的位置，画出管道平面图和系统图，以后的步骤与室外枝状管网基本相同。室内管道部件较多，局部阻力要一一计算，由于高程变化大，管道的附加压头也要计算在内。

[例 6-3] 如图 6-2 所示的某六层居民住宅，天然气密度 $\rho_0 = 0.73 \text{kg/m}^3$，每户的用具为一个燃气双眼灶和一个快速热水器，额定流量分别是 $0.7 \text{m}^3/\text{h}$

和 $1.7m^3/h$，此管道允许压力降为250Pa，求各管段的管径。

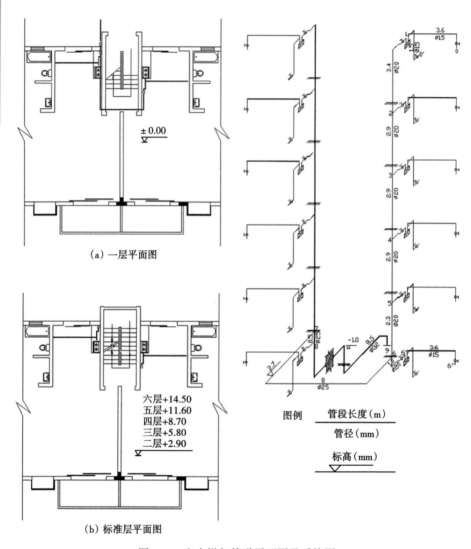

（a）一层平面图

六层+14.50
五层+11.60
四层+8.70
三层+5.80
二层+2.90

（b）标准层平面图

图例　管段长度（m）

管径（mm）

标高（mm）

图 6-2　室内燃气管道平面图及系统图

解：将各管段进行节点编号，标出各管段的长度；根据各管段的用具数及同时工作系数，计算管段的流量；估计室内管道的局部阻力为摩擦阻力的50%，根据允许压力降250Pa和最不利管线长35m，得单位长度平均摩擦损失为：

$$\frac{\Delta p}{L} = \frac{250}{35 \times 1.5} = 4.76 \mathrm{Pa/m}$$

取 0—9 为计算管段（最不利管线）。以 0—1 管段为例：热水器额定流量 $q=1.7\mathrm{m^3/h}$，对一户而言，同时工作系数 $k=1.00$，计算流量为 $Q=1.7\mathrm{m^3/h}$，为了利用图 6-2 进行水力计算，要进行密度修正：

$$\left(\frac{\Delta p}{L}\right)_{\rho_0=1} = \frac{\Delta p/L}{\rho_0} = \frac{4.76}{0.73} = 6.52 \mathrm{Pa/m}$$

由 $Q=1.7\mathrm{m^3/h}$，在 $\left(\dfrac{\Delta p}{L}\right)_{\rho_0=1} = 6.52\mathrm{Pa/m}$ 附近查得管径 $d=15\mathrm{mm}$（天然气支管管径不得小于 15mm），$\left(\dfrac{\Delta p}{L}\right)_{\rho_0=1} = 6.50\mathrm{Pa/m}$；对应实际密度下的 $\dfrac{\Delta p}{L} =$ $6.50 \times 0.73 = 4.75 \mathrm{Pa/m}$。

采用当量长度法计算局部阻力损失为：$\sum\zeta = 9.4$。查表 6-3 可知，$d=$ 15mm、$\zeta=1$ 时的当量长度 $l_2=0.4\mathrm{m}$，则当量长度 $L_2=\sum\zeta l_2=3.76\mathrm{m}$，管段计算长度 $L=L_1+L_2=7.36\mathrm{m}$，管段压降 $\Delta p_1=\dfrac{\Delta p}{L}\cdot L=34.96\mathrm{Pa}$。

高程差（沿流动方向）$\Delta H=-1.2\mathrm{m}$，附加压头为：

$$\Delta p_2 = (\rho_a - \rho)g\Delta H = (1.29 - 0.73) \times 9.8 \times (-1.2) = -6.59\mathrm{Pa}$$

该管段实际压力损失 $\Delta p = \Delta p_1 - \Delta p_2 = 34.96 - (-6.59) = 41.50\mathrm{Pa}$（与 0—1 管段并联的 0′—1 管段 $\Delta p=17.78\mathrm{Pa}$，故只考虑 0—1 管段的压力损失）。最后计算表明，9—8—7—6—5—4—3—2—1—0 管段的总压力损失为 121.19Pa。

为得出谁是最不利管线，再计算 6—6′—6″管段，得到 9—8—7—6—6′—6″管段的总压力损失为 107.61Pa，因此系统的计算压降为 121.19Pa，考虑燃气表的压力降为 80~100Pa，系统总压力降趋近允许压力降 250Pa。如果不合适，则要适当调整个别管段的管径。

全部计算结果列于表 6-7（其他未计算管段均与所对应的计算管段相同）。

表6-7 室内燃气管道水力计算表

管段号	额定流量 Q (m³/h)	用户数 N (户)	同时工作系数 k	计算流量 Q (m³/h)	管径 d (mm)	Δp/L (Pa/m)	管段长度 L₁ (m)	l₂ (m)	局部阻力系数 Σζ	当量长度 L₂ (m)	计算长度 L (m)	阻力损失 Δp₁ (Pa)	高程差 ΔH (m)	附加压头 Δp₂ (Pa)	实际阻力 Δp (Pa)	局部阻力名称及系数
0—1	1.7	1	1.00	1.7	15	4.75	3.6	0.4	9.4	3.76	7.36	34.96	-1.2	-6.59	41.55	90°弯头 ζ=2×2.2, 三通直流 ζ=1, 旋塞 ζ=4
(0'—1)	0.7	—	1.00	0.7	15	1.68	1.5	0.4	12.1	4.84	6.34	10.65	-1.3	-7.13	17.78	90°弯头 ζ=3×2.2, 三通分流 ζ=1.5, 旋塞 ζ=4
1—2	2.4	1	1.00	2.4	20	2.41	3.4	0.6	9.3	5.58	8.89	21.64	2.9	15.92	5.73	90°弯头 ζ=3×2.1, 三通直流 ζ=1, 旋塞 ζ=2
2—3	2.4	2	0.56	2.69	20	2.77	2.9	0.6	1	0.6	3.5	9.71	2.9	15.92	-6.21	三通直流 ζ=1
3—4	2.4	3	0.44	3.17	20	4.38	2.9	0.6	1	0.6	3.5	15.33	2.9	15.92	-0.59	三通直流 ζ=1
4—5	2.4	4	0.38	3.65	20	6.21	2.9	0.6	1	0.6	3.5	21.74	2.9	15.92	5.82	三通直流 ζ=1
5—6	2.4	5	0.35	4.2	20	7.50	2.3	0.6	1.5	0.9	3.2	24.00	2.3	12.62	11.38	三通分流 ζ=1.5
6—7	2.4	6	0.31	4.46	25	2.85	8	0.8	5.5	4.4	12.4	35.34	—	—	35.34	90°弯头 ζ=2×2, 三通分流 ζ=1.5
7—8	2.4	11	0.24	6.34	32	1.53	0.5	1	1	1	1.5	2.30	0.5	2.74	-0.44	三通直流 ζ=1
8—9	2.4	12	0.23	6.65	32	1.68	8.5	1	9	9	17.5	29.40	3.2	17.56	11.84	90°弯头 ζ=5×1.8
9—8—7—6—5—4—3—2—1—0 实际阻力损失 Δp=121.19Pa																
6—6'	2.4	1	1.00	2.4	20	2.41	1	0.6	9.8	5.88	6.88	16.58	-0.5	-2.74	19.32	90°弯头 ζ=3×2.1, 三通分流 ζ=1.5, 旋塞 ζ=2
6'—6"	1.7	1	1.00	1.7	15	4.75	3.6	0.4	9.4	3.76	7.36	34.96	-1.2	-6.59	41.55	90°弯头 ζ=2×2.2, 三通直流 ζ=1, 旋塞 ζ=4
9—8—7—6—6'—6"实际阻力损失 Δp=107.61Pa																

第三节　环状管网的水力计算

环状管网可保证管网工作的可靠性，但是如果改变环状管网某一管段的管径，不仅引起其他管段流量的重新分配，还改变了管网各点的压力值。其水力计算不但要确定管径，还要进行平差计算，确保在均衡的工况下运行，因此它比枝状管网的水力计算要复杂得多。环状管网分高、中压环状管网和低压环状管网。

一、管段计算流量的确定

1. 途泄流量

城市环网是一个输配管网，既有输运作用，又有分配功能，把沿管段直接分配给用户的流量叫途泄流量。一般低压管网和某些有分配流量的中压管网都有途泄流量，管网的计算流量中包括途泄流量。将管段的途泄流量设为 Q_1，由此管段输往后面管段的转输流量设为 Q_2，很显然，管段的计算流量既不是 $Q=Q_1+Q_2$，也不是 $Q=Q_2$，这是一个变流量管段的水力计算。假定沿管段均匀输出流量，由该管段起点 A 的流量 Q_1+Q_2，均匀减少到终点 B 的流量 Q_2，用一个假想不变的流量 Q，使它产生的管段压力降与实际压力降相等，此流量 Q 就是该变流量管段的计算流量，如图 6-3 所示。

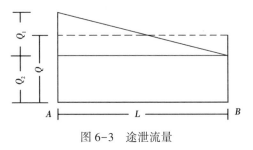

图 6-3　途泄流量

从图上可以看出：

$$Q = \alpha Q_1 + Q_2$$

式中　α——流量折算系数，它与途泄流量及转输流量的比值以及燃气沿途输出的均匀程度有关。

经过分析，当管段上的支管数不少于 5～10 根，Q_1/Q 的值在 0.3～1.0 时，$\alpha=0.5\sim0.6$，在实际计算时可取其平均值 $\alpha=0.55$，则：

$$Q = 0.55Q_1 + Q_2 \tag{6-20}$$

2. 途泄流量的计算

式（6-20）是建立在沿管段均匀输出流量的基础上，对沿管线的大量居民用户、小型商业、工业用户的流量基本上可满足这个条件，对用气大的用户，可把该点作为集中流量的节点。

以图 6-4 所示的管网为例：

（1）根据该区域的布局，划分小区 A、B、C、D、E，并布置配气管段 1—2、2—3、1—5……根据气源点的位置，决定或假设各管段燃气的流向。

（2）根据小区的燃气用气量，计算各管段的单位长度途泄流量：

$$q_{1i} = \frac{Q_{1i}}{L_i} \tag{6-21}$$

式中　q_{1i}——第 i 小区管道的单位长度途泄流量，$m^3/(h \cdot m)$；

　　　Q_{1i}——第 i 小区内各类用户的小时计算流量，即途泄流量，m^3/h；

　　　L_i——第 i 小区管道总长度，m。

$$q_{1A} = \frac{Q_{1A}}{L_{1-2} + L_{2-3} + L_{4-3} + L_{5-4} + L_{1-5}}$$

$$q_{1B} = \frac{Q_{1B}}{L_{1-2} + L_{2-6}}$$

$$\vdots$$

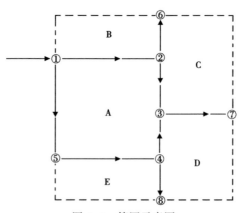

图 6-4　管网示意图

（3）计算各管段的途泄流量。

管段的途泄流量等于单位长度途泄流量乘以该管段的长度，如果该管段是两个小区的公共管段，并同时向两侧供气，则单位长度途泄流量是管道两侧单位途泄流量之和，例如：

$$Q_1^{1-5} = 1_{1A}L_{1-5}$$
$$Q_1^{1-2} = (q_{1A} + q_{1B})L_{1-2}$$
$$\vdots$$

途泄流量求出后，管段的计算流量就可由式（6-20）确定了。

3. 节点流量

环网的水力计算有好几种方法，其中有一种方法就是节点流量法，就是把途泄流量转化为节点流量来表示。如果把各节点比作调压站，低压管网就像高、中压管网一样，沿管线不再有流量，而只有输送给调压站的恒定流量，把途泄流量转化为节点流量，特别适合计算机的运算。由式（6-20）可知，管道的计算途泄流量为 αQ_1，也可以看作是流入管段末端节点的途泄流量是 αQ_1，对整个途泄流量而言，$(1-\alpha)Q_1$ 应分摊到管段始端，即流出端的节点。取 $\alpha = 0.55$，则分摊到流入端节点的途泄流量是 $0.55Q_1$，流出端节点的途泄流量是 $0.45Q_1$，例如在图6-4中，各节点分摊到的途泄流量 q_{1i} 分别为：

$$q_{11} = 0.45Q_1^{1-2} + 0.45Q_1^{1-5}$$
$$q_{12} = 0.55Q_1^{1-2} + 0.45Q_1^{2-3} + 0.45Q_1^{2-6}$$
$$\vdots$$

如果取 $\alpha = 0.5$，则分摊到流入、流出端节点的途泄流量均为 $0.5Q_1$。

对于管段上所接的大型集中用户，可将该点的用气量按离该管段两端节点的距离，反比例地分摊在两端节点上；或者就将此点作为节点，其用气量就是该节点的集中流量 q_{2i}。

二、环状管网水力计算的特点

环状管网的水力计算，有手工计算和计算机计算，不论采用何种方法，都要满足两个条件：

（1）每一节点处流量的代数和为零，即流入量等于流出量。

$$\sum Q_i = 0 \qquad (6-22)$$

（2）对每一个环，如果设按顺时针方向流动的管段压力降定为正值，逆时针方向流动的管段压力降定为负值，则环网的压力降之和为零，即：

$$\sum \Delta p_i = 0 \qquad (6-23)$$

要做到管网的闭合差 $\sum \Delta p_i = 0$，实际上是很困难的，常规定一个精度要求 ε（如 $\varepsilon < 10\%$）。

对高、中压管网：

$$\frac{\left| \sum \Delta p^2 \right|}{0.5 \sum \left| \Delta p^2 \right|} \times 100\% < \varepsilon \qquad (6-24)$$

式中　Δp^2——管段的压力平方差，MPa^2。

对低压管网：

$$\frac{\left| \sum \Delta p \right|}{0.5 \sum \left| \Delta p \right|} \times 100\% < \varepsilon \qquad (6-25)$$

式中　Δp——管段的压力差，MPa。

如果未达到精度要求，则必须进行流量的再分配，即采用校正流量来消除环网的闭合差。各环的校正流量 ΔQ 可近似地由两项表示：

$$\Delta Q = \Delta Q' + \Delta Q'' \qquad (6-26)$$

式中　$\Delta Q'$——未考虑邻环校正流量对计算环的影响而得到的第一个校正流量，m^3/h；

　　　$\Delta Q''$——考虑邻环校正流量对计算环的影响而得到的第二个校正流量，它是 $\Delta Q'$ 的附加项，使校正流量精确些，m^3/h。

对高、中压管网：

$$\Delta Q' = -\frac{\sum \Delta p^2}{2 \sum \dfrac{\Delta p^2}{Q}}$$

$$\Delta Q'' = \frac{\sum \Delta Q_{nn}' \left(\dfrac{\Delta p^2}{Q} \right)_{ns}}{\sum \dfrac{\Delta p^2}{Q}}$$

式中　$\Delta Q_{nn}'$——邻环校正流量的第一个近似值，m^3/h；

$\left(\dfrac{\Delta p^2}{Q}\right)_{ns}$——与该邻环共用管段的$\dfrac{\Delta p^2}{Q}$值。

对低压管网：

$$\Delta Q' = -\frac{\sum \Delta p}{1.75 \sum \dfrac{\Delta p}{Q}}$$

$$\Delta Q'' = \frac{\sum \Delta Q_{nn}' \left(\dfrac{\Delta p}{Q}\right)_{ns}}{\sum \dfrac{\Delta p}{Q}}$$

式中　$\left(\dfrac{\Delta p}{Q}\right)_{ns}$——与该邻环共用管段的$\dfrac{\Delta p}{Q}$值。

如果校正后闭合差仍未达到精度要求，则需要再次计算校正流量，直到达到精度要求为止。

三、进行环状管网水力手工计算的示例

在手工计算中，常有表格法和图上作业法，现以一个例题介绍这两种方法。

[例6-4] 有一低压环网，如图6-5所示，节点2、6、9处是集中用户处，调压站出口压力为3100Pa，管网中允许压力降为800Pa，天然气对空气的相对密度S为0.55，求管网中各管段的管径，并进行平差计算。

解：本环网有三个环，分别为Ⅰ、Ⅱ、Ⅲ环，给各节点依次编号，将每个环距调压站最远处的点假定为压力最低点，简称零点，图中的4、7、9点定为零点。由节点处 $\sum Q_i = 0$，从零点以及调压站两端开始决定气流方向，如果有的管段气流方向确定不了，可先假设。

1. 表格法

（1）计算各管段的途泄流量 Q_1，方法见途泄流量的计算。为突出后面的平差过程，此题的途泄流量直接给出，并由 $Q = 0.55Q_1 + Q_2$，得到管段的计算流量，见表6-8。

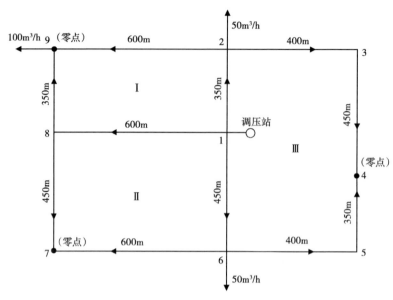

图 6-5　低压环网图

表 6-8　计算流量表

环号	管段号	管段长度 L （m）	途泄流量 Q_1 （m³/h）	$0.55Q_1$ （m³/h）	转输流量 Q_2 （m³/h）	计算流量 Q （m³/h）	说明
I	1—8	600	574	316	436	752	节点 9 的用气量由管段 2—9 及 8—9 各供气 50m³/h
	8—9	350	155	85	50	135	
	1—2	350	341	188	818	1006	
	2—9	600	265	146	50	196	
II	1—6	450	471	259	758	1017	
	6—7	600	308	170	0	170	
	1—8	600	574	316	436	752	
	8—7	450	231	127	0	127	
III	1—2	350	341	188	818	1006	
	2—3	400	213	117	240	357	
	3—4	450	240	132	0	132	
	1—6	450	471	259	758	1017	
	6—5	400	213	117	187	304	
	5—4	350	187	103	0	103	

（2）由各环的单位长度平均压力降（局部阻力损失取摩擦阻力损失的10%）及各管段的计算流量来选择管径，并得出管段的压力降。

①各环的单位长度平均压力降：

Ⅰ环　　　　　　　　$\dfrac{\Delta p}{L} = \dfrac{800}{950 \times 1.1} = 0.77\text{Pa/m}$

Ⅱ环　　　　　　　　$\dfrac{\Delta p}{L} = \dfrac{800}{1050 \times 1.1} = 0.69\text{Pa/m}$

Ⅲ环　　　　　　　　$\dfrac{\Delta p}{L} = \dfrac{800}{1200 \times 1.1} = 0.61\text{Pa/m}$

②选择管径和计算管段的压力降。

此处采用低压管网中常用的普尔（Pole）公式，它实际上是将式（6-4）具体化的另一种表达式：

$$Q = 0.316K\sqrt{\dfrac{d^5 \Delta p}{SLK_1}} \tag{6-27}$$

式中　K——依管径而异，$d \geqslant 15\text{cm}$ 时，K 取 0.707（$d = 12.5\text{cm}$，K 取 0.67）；

　　　S——燃气的相对密度；

　　　K_1——考虑局部阻力损失占摩擦阻力损失的 10%，K_1 取 1.1。

Q、d、Δp、L 分别取 m^3/h、cm、Pa、m。

由计算流量 Q 及单位长度平均压力降 $\Delta p/L$ 代入式（6-27），解出管径，再标准化，得到初选管径，并求得管段的压力降。

以管段 1-8 为例：$Q = 752\text{m}^3/\text{h}$，将Ⅰ环的 $\Delta p/L = 0.77\text{Pa/m}$，Ⅱ环的 $\Delta p/L = 0.69\text{Pa/m}$ 取平均，按 $\Delta p/L = 0.73\text{Pa/m}$ 代入式（6-27），解出 $d = 24.8\text{cm}$，再标准化，得到初选管径 $d = 25\text{cm}$，将 $d = 25\text{cm}$ 代入式（6-27），求得该管段压降为 421Pa，其他计算结果见表 6-9。

③平差计算。

从表 6-9 中可见，初步计算中，Ⅰ、Ⅱ环闭合差的精度大于 10%，需进行校正。第一次校正后，Ⅱ环的 $\Delta p_{1-8-7} = 447 + 355 = 802\text{Pa}$，超过允许压力降；虽然 3 个环闭合差的精度均小于 10%，但对于允许压力降大于 100Pa 的环网，闭合差不能采用精度 $\varepsilon < 10\%$ 的标准，而应采用闭合差小于 10Pa 的精度标准。第一次校正后，Ⅰ环的闭合差大于 10Pa，因此再进行第二次校正，第二次校正后，各环的闭合差均小于 10Pa。

表6-9　低压环网水力计算结果

环号	管段号	邻环号	长度 L (m)	流量 Q (m³/h)	管径 d (cm)	压力降 Δp (Pa)	Δp/Q	校正流量 (m³/h) ΔQ'	ΔQ"	ΔQ	校正后流量 Q₁ (m³/h) ΔQ₁	Q₁	Δp' (MPa)	Δp'/Q₁	校正流量 (m³/h) ΔQ'	ΔQ"	ΔQ	校正后流量 Q₂ (m³/h) ΔQ₂	Q₂	实际压力降 Δp" (MPa)
I	1—8	II	600	752	25	421	0.56	16.12	-7.93	8.19	22.63	775	447	0.58	3.69	0.07	3.76	2.31	777	450
	8—9	III	350	135	12.5	253	1.87				8.19	143	284	1.99				3.76	147	300
	1—2	III	350	-1006	25	-440	0.44				5.78	-1000	-434	0.43				3.78	-996	-431
	2—9		600	-196	15	-368	1.88				8.19	-188	-338	1.80				3.76	-184	-324
	合计					-18 (-18.1%)	4.75						-31 (-4.1%)	4.80						-5 (-0.7%)
II	1—6	III	450	1017	25	578	0.57	-16.59	2.15	-14.44	-16.85	1000	559	0.56	1.11	0.34	1.45	1.47	1001	560
	6—7		600	170	15	277	1.63				-14.44	156	233	1.49				1.45	157	236
	1—8	I	600	-752	25	-421	0.56				-22.63	-775	-447	0.58				-2.31	-777	-450
	8—7		450	-127	12.5	-288	2.27				-14.44	-141	-355	2.52				1.45	-139	-345
	合计					146 (18.7%)	5.03						-10 (-1.3%)	5.15						1 (0.1%)

续表

环号	管段号	邻环号	长度 L (m)	流量 Q (m³/h)	管径 d (cm)	初步计算 压力降 Δp (Pa)	Δp/Q	第一次校正计算 校正流量 (m³/h) ΔQ'	ΔQ''	ΔQ	校正流量 ΔQ₁ (m³/h)	校正后流量 Q₁ (m³/h)	Δp' (MPa)	Δp'/Q₁	第二次校正计算 校正流量 (m³/h) ΔQ'	ΔQ''	ΔQ	校正流量 ΔQ₂ (m³/h)	校正后流量 Q₂ (m³/h)	实际压力降 Δp'' (MPa)
Ⅲ	1—2	Ⅰ	350	1006	25	440	0.44				-5.78	1000	434	0.43				-3.78	996	431
	2—3		400	357	20	193	0.54				2.41	359	195	0.44				-0.02	359	195
	3—4		450	132	15	125	0.95	3.08	-0.67	2.41	2.41	134	129	0.96	-0.67	0.65	-0.02	-0.02	134	129
	1—6	Ⅱ	450	-1017	25	-578	0.57				16.85	-1000	-559	0.56				-1.47	-1001	-560
	6—5		400	-304	20	-140	0.46				2.41	-302	-138	0.46				-0.02	-302	-138
	5—4		350	-103	15	-59	0.57				2.41	-101	-57	0.56				-0.02	-101	-57
	合计					-19 (-2.5%)	3.53						4 (0.5%)	3.14						0 (0%)

校核从调压站至零点的压力降：

Ⅰ环 $\qquad \Delta p_{1-8-9} = 450 + 300 = 750\text{Pa}$

$\Delta p_{1-2-9} = 431 + 324 = 755\text{Pa}$

Ⅱ环 $\qquad \Delta p_{1-6-7} = 560 + 236 = 796\text{Pa}$

$\Delta p_{1-8-7} = 450 + 345 = 795\text{Pa}$

Ⅲ环 $\qquad \Delta p_{1-2-3-4} = 431 + 195 + 129 = 755\text{Pa}$

$\Delta p_{1-6-5-4} = 560 + 138 + 57 = 755\text{Pa}$

计算结果均小于管网允许压力降800Pa，计算结束。

2. 图上作业法

采用节点流量法计算：

（1）把途泄流量 Q_1 按 $0.45Q_1$ 和 $0.55Q_1$ 分摊到管段的流出端节点和流入端节点，得节点流量。例如第9节点，管段2—9、8—9的途泄流量是265m³/h 和155m³/h，考虑第9节点还有100m³/h的集中用气量，该节点的流量为 Q_9 ＝（265+155）×0.55+100=331m³/h。

节点流量加上转输流量等于管段的计算流量，其中连接零点的管段计算流量是按相邻管段的长度正比例进行分摊，见表6-10，并把这些参数标在草图上（图6-6）。

表6-10 管段计算流量表

管段号	节点流量（m³/h）	转输流量（m³/h）	管段计算流量（m³/h）
2—9	331（节点9）	0	331×6/9.5＝209
8—9	331（节点9）	0	331×3.5/9.5＝122
8—7	297（节点7）	0	297×4.5/10.5＝127
6—7	297（节点7）	0	297×6/10.5＝170
3—4	235（节点4）	0	235×4.5/8＝132
5—4	235（节点4）	0	235×3.5/8＝103
2—3	225（节点3）	132	357
6—5	201（节点5）	103	304
1—8	489（节点8）	122+127＝249	738
1—2	453（节点2）	209+357＝566	1019
1—6	544（节点6）	170+304＝474	1018
	624（节点1）		

（2）仿照表格法中的方法选择管径及管段的压力降，也把这些参数标在草图 6-6 上。

（3）平差计算。

将各环的压力降 Δp（Pa），按顺时针方向为正，逆时针方向为负，得：

Ⅰ 环   −869   613

Ⅱ 环   −694   856

Ⅲ 环   −778   769

各环的闭合差：

Ⅰ 环 $$\frac{\sum \Delta p}{0.5 \sum |\Delta p|} \times 100\% = \frac{-256}{741} = -34.5\%$$

同理，Ⅱ 环为 20.9%；Ⅲ 环为 1.2%。

Ⅰ、Ⅱ 环闭合差超过 10%，并超过管网允许压力降，需进行校正。

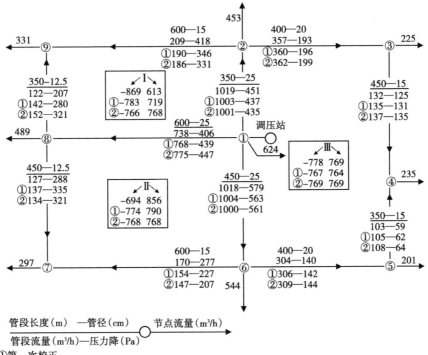

图 6-6 管网水力平差计算草图

从图 6-6 上看，管径设置是合理的，故不必调整管径，只调整流量。如果加大管段 1—8 的流量将增大 Ⅰ 环正压及 Ⅱ 环的负压，有利于闭合差的减小，所以将管段 1—8 的流量由 738m³/h，提高到 768m³/h（因为离精度要求很远，可一次加的流量较大），分摊到管段 8—9、8—7 上。Ⅲ 环的闭合精度较好，但管段 1—8 流量的增加势必减少了管段 1—2、1—6 的流量，而降低了 Ⅲ 环的压力降，故适当增加 Ⅲ 环中独立管段的流量，见草图 6-6 中的①。

Ⅰ 环	−783	719
Ⅱ 环	−774	790
Ⅲ 环	−767	764

第一次校正后，各环闭合差精度均小于 10%，但 Ⅰ、Ⅱ 环的闭合差均大于 10Pa，故再进行第二次校正（微调），见草图 6-6 中的②。

Ⅰ 环	−766	768
Ⅱ 环	−768	768
Ⅲ 环	−769	769

至此三个环的闭合差最多只有 2Pa，调压站至各零点的压力降基本相等（766~769Pa），均在允许压力降（800Pa）范围内，将结果作在正式图上，见图 6-7，其中各节点还标出节点流量和节点压力，便于对从该节点接出的支

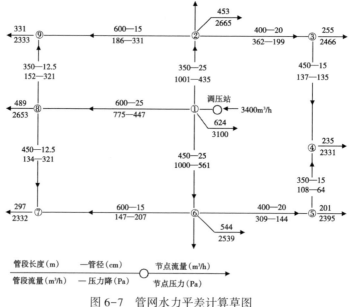

图 6-7 管网水力平差计算草图

管进行水力计算。

对两种方法进行比较，表格法计算过程清楚，适合初学者；图上作业法直观，较容易进行流量分配，平差效果比表格法好，但需要有一定的平差经验。

第四节　计算机在管网水力计算中的应用

解析法的局限性：由于我国近年来天然气管道发展突飞猛进，天然气的气源以及用户也越来越多元化，各气源所能提供的气量的条件各不相同，各用户的用气需求也各不相同。因此，在设计阶段对工艺系统分析的要求也越来越高，计算也越来越复杂，若继续沿用常规的解析法来进行工艺计算，则存在着计算时间长且计算结果误差较大这两个问题。

计算机应用及其优越性：利用计算机对天然气管网进行动态和稳态计算是目前为满足越来越高的工艺系统分析要求的重要手段，它具有计算结果精确且计算时间短两大优点，大大提高了工作效率和工作质量。

一、天然气管道常用的水力计算软件简介

1. 成熟的计算软件

1）国际常用的成熟软件

在天然气管道领域，目前流行的国际计算机模拟软件主要有英国 ESI 公司的 TGNET（Pipeline Studio for Gas）软件，德国 GL 公司的 SynerGEE Gas 软件和 SPS（Stoner Pipeline Simulator）软件。

2）国产天然气管网模拟软件

我国输气管道稳态仿真和非稳态仿真的研究工作始于 20 世纪 80 年代，虽然在软件实现的功能和应用广度等方面与国外开发的软件存在较大差距，但在建立数学模型和求解模型所采用的数学方法上做了许多探索，并且开发了一些模拟软件。

中国市政工程华北设计研究院和北京赛远科技发展公司联合开发了 G-NET 燃气管网水力分析计算软件。主要功能是对城市不同压力级制的管网进行水力分析计算，从而达到燃气管网的最优化配置，可对大量管网进行多方

案比较。该软件比较符合燃气设计规范的要求。

2. 软件简介

1) SPS 软件

美国 Stoner 公司开发了用于长输管道动态工况模拟软件 SPS（Stoner Pipeline Simulator），目前该软件属于德国 GL（Germanischer Lloyd）公司。SPS 既可以对管道系统的水力、热力工况进行仿真，又可以对管道系统的调节过程及结果进行仿真。SPS 还设置了理想化的调节器，可以方便地模拟管道系统的控制，如进、出站压力控制，流量控制等。

SPS 软件的气体计算模块，采用国际上标准的气体计算方程 BWRS 和 AGA 等，适用于多种工况（组合）的计算。例如，多个气源同时给 1 个系统供气，其中每个气源的气体组分不同、进气量不同；同一系统中有多个用气点，每个用气点的用气曲线不同；环状管网结构、枝状管网结构、环状管网结构和枝状管网结构的组合。

2) TGNET 软件

TGNET 软件是英国 ESI 公司开发的天然气集输管网模拟软件，是历史悠久的输气管道离线模拟软件，能够对输气管道中的单相流进行稳态模拟和动态模拟，已经在全世界范围得到了广泛的应用。

使用本软件可以对输气管道的正常工况和事故工况进行分析，测试和评价输气管道的设计或操作参数的设置，最终获得优化的系统性能。使用本软件还可以为实时模拟软件的组态提供建模数据。

TGNET 软件的主要功能包括：

（1）能够对管道中的单相流进行稳态模拟和动态模拟，诸如节点的压力、流量、温度、管壁粗糙度等参数的模拟，以确定最佳的设计方案、改扩建方案或最有效的操作方式。

（2）对输气管道的正常工况和事故工况进行分析，测试和评价输气管道的设计参数或操作参数，最终获得优化的系统性能。

（3）当管网结构发生变化或配产发生变化时，对管线的运行数据进行模拟预测，为生产决策提供有力依据。

（4）为实时模拟软件的组态提供建模数据。

TGNET 的一个完整模拟过程包括四个部分：管网模拟建立、基本参数输入、启动稳态与瞬态模拟、模拟结果的输出。

此外，ESI 公司还有针对液体管网的瞬态模拟软件 TLNET。

3）SynerGEE Gas 软件

天然气输配管网分析计算软件 SynerGEE Gas，是一套世界公认的用于输配管网设计、储气调峰分析以及系统模拟的高精度软件，是由美国的 Advantica Stoner 公司开发，目前该软件与 SPS 软件同属德国 GL（Germanischer Lloyd）公司。该软件为世界多家知名天然气公司所采用，在世界范围内得到了广泛的认可和应用。该软件可根据压力、管径、流量等各种参数对管网进行稳态计算，也可根据流量等参数的波动对管网进行动态（不稳定流）分析。

（1）主要特色。

①该软件能够对大型城市管网进行分析，也能够对远距离的长输管道进行模拟分析。

②SynerGEE Gas 的模拟计算介质，适用于天然气、丙烷、蒸汽、氧气、二氧化碳、氮气、氯气和空气。

③允许各种各样的光栅图（＊.JPG 等图片格式）、矢量图（例如 AutoCAD、Microstation 等文件）作为背景图。

（2）SynerGEE Gas 可以建立如下模型。

①为一个小城镇或者是一个大都市区域供气的天然气供气系统：可建立包括调压器等设施的多级压力系统模型。

②天然气输气系统：对在稳态下安装有大量压缩机的长输管线的压力流量关系进行分析，以对系统的每小时、每天或者每一季度的状态进行研究。

③天然气采集或者生产系统：可对含有集气井、储气田、压缩机、调压器和管道的系统建模。

3. 软件应用领域

管道模拟计算软件主要应用于以下三个领域：

（1）管道设计。

在燃气管道设计过程中，稳态模拟可以帮助工艺设计工程师进行计算，确定工艺设计方案。瞬态模拟可以针对不同工艺设计方案进行多种典型工况条件（如调峰、管道发生断裂事故等）下的非稳态工况计算，从而为设计方案优选提供数据。

（2）管道运行。

在燃气管道运行过程中，模拟软件可以对制定和优化运行方案，预测管道的运行状态，预测事故后果，评价事故应急方案的效果等多方面进行模拟。在正常运行条件下，燃气管网的非稳态工况往往是由于用气流量随时间变化而引发的，因而在燃气管道运行管理过程中，模拟软件的最主要用途是对调峰过程的模拟，根据其模拟结果来进行调峰方案评价与优选。

（3）操作人员培训。

利用模拟软件进行培训是 20 世纪 90 年代兴起的，这种培训方式是利用专门的模拟培训软件在计算机网络上进行，与在实际管道上进行的传统培训方式相比，它可以丰富培训内容、提供培训深度、增加培训兴趣和灵活性，而且不会干扰实际管道的运行。

二、燃气输配系统设计——软件分析实例

由于支状管网计算较为简单，本节仅对水力分析计算软件在环状管网水力计算中的应用进行分析介绍。天然气输配管网分析计算采用 SynerGEE Gas 软件。

［例 6-5］某县城区天然气门站的出站压力为 0.4MPa，该县中压管网供气规模为 $992 \times 10^4 m^3/a$，设计输量为 $992 \times 10^4 m^3/a$，高峰小时流量为 $4509 m^3/h$。中压管网管材采用 PE 管。

（1）中压管网布置。

该县城区中压管网布置情况见图 6-8。

中压燃气管网管径及数量见表 6-11。

表 6-11　中压管网管径及数量统计表

序号	路名	管外径（mm）	长度（km）	备注
1	清凉北路（门站—观泉路）	200	0.87	PE 管
2	观泉路（馆前路—育才北巷）	200	0.27	PE 管
3	育才北巷（观泉路—人民路）	200	0.28	PE 管
4	人民路（育才北巷—解放街）	200	0.63	PE 管
5	人民路（解放街—文化街—御景鸿府）	160	1.8	PE 管
6	文昌街（人民路—长乐路）	160	0.21	PE 管
7	解放街（人民路—长乐路）	160	0.23	PE 管
8	文艺街（人民路—长乐路）	160	0.23	PE 管
9	观泉路（育才北巷—解放街—文苑街）	200	1.31	PE 管
10	清凉北路（储配站—宁安路）	200	0.06	PE 管
11	宁安路（清凉北路—解放街）	160	0.72	PE 管
12	宁安路	160	0.53	PE 管
13	宁安路	160	0.26	PE 管

续表

序号	路名	管外径（mm）	长度（km）	备注
14	文苑街（观泉路—人民路）	160	0.29	PE 管
15	解放街（宁安路—观泉路—人民路）	200	0.63	PE 管
16	文昌街（宁安路—观泉路）	160	0.57	PE 管
17	解放街（宁安路—青年路）	160	0.83	PE 管
18	解放街（青年路—兴庆路）	160	0.3	PE 管
19	朝阳路（兴庆路—昌盛路）	160	0.81	PE 管
20	兴庆路（解放街—清凉北路）	160	0.45	PE 管
21	预留分输支管	110	0.14	PE 管
22	合计		11.42	PE 管

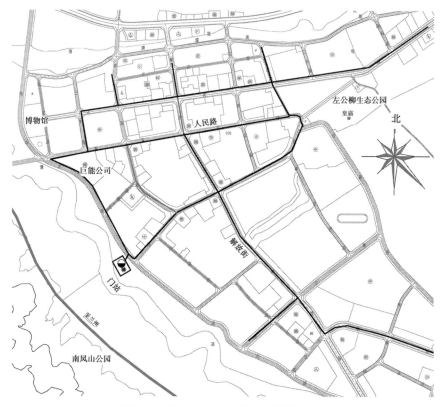

图 6-8　某县城区中压管网总体布置图

（2）水力系统校核内容。

针对确定的中压管网进行水力系统校核分析，主要从以下 3 种工况进行计算：

①校核中压管网高峰小时输配工况。

②中压管网事故工况（一）。

③中压管网事故工况（二）。

（3）水力计算基础参数。

①标准状态：气体标准状态为压力 1.01325×105Pa（绝对压力），温度 20℃。

②年工作天数：年设计工作天数为 350d。

③不均匀系数：该县居民及公建用户月、日、小时不均匀系数分别为 1.2、1.1、3.0；工业及其他用户主要用作燃料，运行具有较强的季节性，运行期间较为稳定，故月高峰系数取 $K_{m,max} = 1.05$，日高峰系数取 $K_{d,max} = 1.0$，小时高峰系数取 $K_{h,max} = 1.0$。

④设计压力及管径：本工程中压管网设计压力为 0.4MPa，干线管道口径为 200mm×18.2mm 和 160mm×14.6mm。

（4）工艺计算软件和公式。

①水力计算软件 SynerGEE Gas。

天然气输配管网分析计算软件 SynerGEE Gas，是一套世界公认的用于输配管网设计、储气调峰分析以及系统模拟的高精度软件，为世界多家知名燃气公司所采用，在世界范围内得到了广泛的认可和应用。该软件可根据压力、管径、流量等各种参数对管网进行稳态计算，也可根据流量等参数的波动对管网进行动态（不稳定流）分析。

②计算公式。

在 SynerGEE Gas 软件中，采用的水力计算公式如下：

$$Q = (n + 1)77.54 \frac{T_b}{p_b} D^{25} e \left(\frac{p_1^2 - p_2^2 - \left(\dfrac{0.0375G(h_2 - h_1)p_a^2}{ZT_a} \right)}{GT_a LZF} \right)^{0.5}$$

式中　Q——气体（$p_0 = 0.101325$MPa，$T = 293$K）的流量，m^3/h；

　　　D——输气管道直径，mm；

　　　e——管道的输气效率；

　　　F——水力摩阻系数；

G——气体的相对密度；

h_1，h_2——各管段起点和终点的标高，m；

L——管道计算段的长度，m；

n——输气管道沿线高差变化所划分的计算段数；

p_1——输气管道计算段的起点压力（绝），MPa；

p_2——输气管道计算段的终点压力（绝），MPa；

p_a——输气管道计算段内的平均压力，MPa；

p_b——标准状态下气体（$p_0=0.101325\text{MPa}$，$T=293\text{K}$）的压力，MPa；

T_a——输气管道计算段内介质均匀流动时的温度，K；

T_b——标准状态下气体（$p_0=0.101325\text{MPa}$，$T=293\text{K}$）的温度，K；

Z——天然气的压缩因子。

水力摩阻系数采用科尔布鲁克（Colebrook-White）计算公式：

$$\frac{1}{\sqrt{F}}=-2.01\lg\left[\frac{k}{3.71d}+\frac{2.51}{Re\sqrt{F}}\right]$$

式中　k——管内壁绝对粗糙度，m；

　　　d——管内径，m；

　　　Re——雷诺数。

（5）水力计算分析。

①远期中压管网高峰小时输配工况。

门站供气压力为0.4MPa，管网小时设计总流量为4509m³/h。高峰小时中压管网参数见图6-9，远期高峰小时最远端水力坡降见图6-10。

由以上两图可以看出，远期高峰小时工况下，管网中最远端压力为387kPa，压力充足，可以满足各类用气用户需要。

②中压管网事故工况（一）。

事故工况下（门站北侧干管切断）中压管网参数见图6-11，最远端水力坡降见图6-12。

由以上两图可以看出，远期高峰小时工况下，当门站北侧干管由于意外原因被切断供气，只能由南侧干线供气时，管网中最远端压力为381kPa，压力仍然充足，可以满足各类用气用户需要。

③远期中压管网事故工况（二）。

事故工况下（门站南侧干管切断）中压管网参数见图6-13，最远端水力坡降见图6-14。

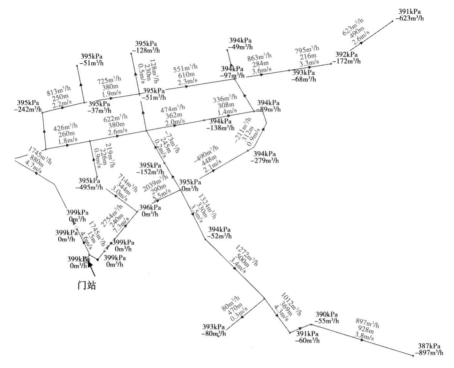

图 6-9　高峰小时中压管网参数图

注：图中黑色标注为管网的节点参数：压力、分输流量；灰色标注为
管网的管段参数：管段流量、管段长度、该管段流速

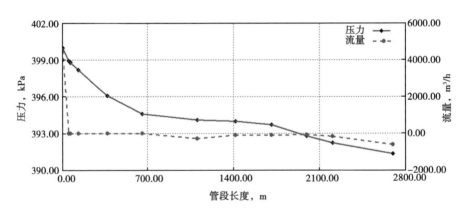

图 6-10　高峰小时最远端水力坡降图

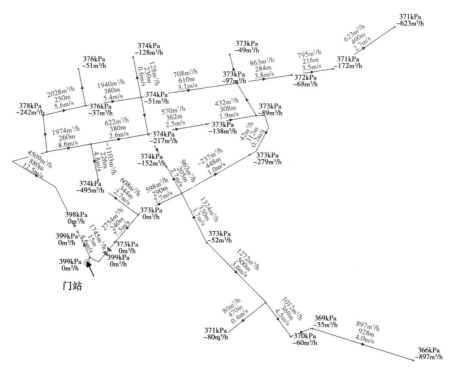

图 6-11　事故工况下（门站北侧干管切断）中压管网参数图

注：图中黑色标注为管网的节点参数：压力、分输流量；灰色标注为
管网的管段参数：管段流量、管段长度、该管段流速

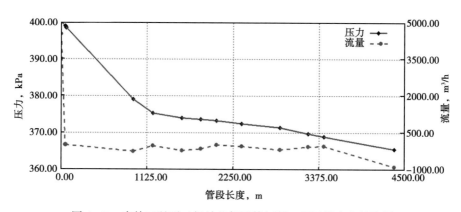

图 6-12　事故工况下（门站北侧干管切断）最远端水力坡降图

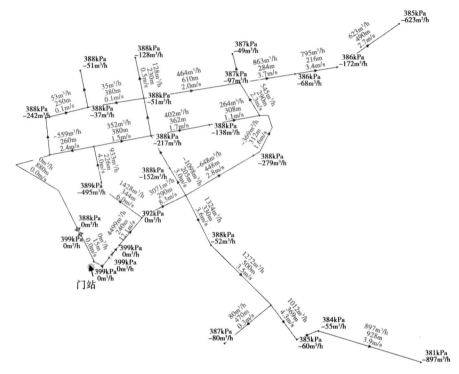

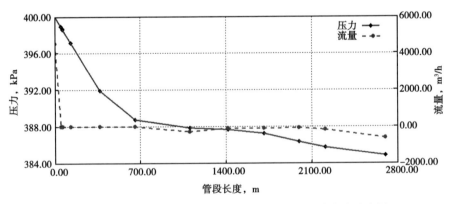

图 6-13　事故工况下（门站南侧干管切断）中压管网参数图

注：图中黑色标注为管网的节点参数：压力、分输流量；灰色标注为
管网的管段参数：管段流量、管段长度、该管段流速

图 6-14　事故工况下（门站南侧干管切断）最远端水力坡降图

由以上两图可以看出，远期高峰小时工况下，当门站南侧干管由于意外原因被切断供气，只能由北侧干线供气时，管网中最远端压力为366kPa，压力仍然较充足，可以满足各类用气用户需要。

④水力分析计算结论。

通过不同工况下对该县天然气中压管网的校核计算可以看出，本工程中压管网成环布置，在各类工况下均能满足下游用户的用气需要，可以有力地保证用户的用气安全，具有较高的可靠性和稳定性。

第七章　燃气输配站场工程

燃气输配站场一般包括燃气门站、储配站和调压站（包括调压装置）。

门站一般指天然气门站，接收气源为长输管道气。

储配站按储存燃气形态分类，分为天然气储配站、人工煤气储配站、CNG储配站、LPG储配站、LNG储配站等。其中，CNG储配站、LPG储配站、LNG储配站的介绍分别见本书第八章、第九章、第十章。

对于天然气，整个供应系统分为上、中、下游三大部分，上游指天然气的开采、集气、天然气净化系统，中游指长距离天然气管道输送和大规模的储存系统，下游指天然气的分配、储存及应用系统。

城市天然气的门站、储配站、调压站及其管道系统处于整个天然气供应系统的下游，属于城市燃气输配系统，是城市燃气输配系统重要的基础设施。

门站是城市输配系统的气源点，也是天然气长输管线进入城镇燃气管网的配气站，其任务是接收长输管线输送来的燃气，在站内进行过滤、计量调压、加臭、分配后，送入城市输配管网或直接送入大用户。

储配站的主要功能是储存燃气、向城市输气管网输送燃气。

调压站是城镇燃气输配系统中不同压力级别管道之间的连接节点。

第一节　门　　站

一、门站功能

门站位于城镇燃气管道系统的起点，接收由气源经长输管道输送来的天然气，接收来气压力一般在1.6~4.0MPa范围内，甚至更高。正常情况下，在进入城镇燃气输配系统之前，需要在门站对其进行成分分析，经分离器和过滤器除去杂质，经过稳压后，再经计量、加臭出站，进入下一级输配系统。它具有过滤、计量、加臭、调压等功能，这是门站必须具备的一般功能，此外，为了满足管理和安全的需要，门站在功能设置上还应该考虑以下需要：

（1）主要阀门启闭情况，流量、温度、压力信息需上传至站控室，有条件的还要上传至调度中心。

（2）为避免瞬时超压对下游设备的不利影响，在进气管上设置安全放散阀，保护站内设备。

门站投入运行后应能以稳定的压力、充足的储备保证周边城镇、郊区发展的用气量。门站内设置 SCADA 终端单元设施可以对站内的全部运行过程进行控制和监视，随时了解设备是否处于正常运行状态及何时需要维护检查，为正常的运行和管理提供可靠的保证。

二、门站的设置与总平面设计

1. 门站的设置

由长输管道供给城市的天然气，一般经分输站通过分输管道送到城市门站。对于区域面积较大的城市，为了保证供气的可靠性，适应城市区域对天然气的需求，可以通过敷设两条分输管道达到以上目的。一座城市建立两座接受长输管道来气的门站的情形也是较为常见的。

依天然气长输管道与城市天然气压力级制和管网形式的相对关系不同，分输站与门站有邻建、小距离邻近或相当距离相接等几种情况。

对分输站与门站邻近的情况，从国家整体利益角度考虑，应提倡分输站与门站两站合一。这样可节省建站投资及用地，并有利于充分利用长输管道天然气的压力能量以及相应的储气能力。

长输管道送来的天然气压力一般为 1.6~4.0MPa，之后进入门站，应通过除尘、过滤后，经调压器调压再计量出站，同时，需要对加臭情况进行检测。对于有清管需要的下游管道，站内还需设清管球发送设备。对站内主要参数（如流量、压力等）数据进行采集，并设置远传装置进行监控，确保正常运行。

2. 门站的选址

门站选址的一般要求是：

（1）门站的设计必须在规划、设计、选址的内容上，以安全、环保、技术及经济作为考虑前提，并必须符合有关的标准和法规要求。

（2）门站站址必须与当地规划部门密切协商，并得到有关主管部门的批准；应根据负荷分布情况和城镇重点发展方向，结合上游输气干线走向综合布置，并宜设在规划城区的外围。

（3）避免布置在地质不良的地区或紧靠河流，或容易被大雨淹灌的地区。

（4）应避开油库、铁路枢纽站、飞机场等重要目标。

（5）门站应位于市郊，并按照 GB 50028—2006《城镇燃气设计规范》的要求留有一定的安全距离。

3. 门站的平面布置

现有天然气气门站站内大致包括如下设施：综合值班室、工艺设备区、排污池、放散区、箱式变电站等。综合值班室主要功能房间设置一般包括控制室、办公室、会议室、活动室、宿舍、厨房、餐厅、库房、电信间、卫生间、车库、锅炉房等。

门站工艺管道系统一般包括工艺设备区、进站阀门区、出站阀门区等区域，目前通常将这些区域合并统称工艺设备区。工艺管道与设备安装工程分埋地与地面敷设两种方式。

门站的总平面布置图以图 7-1 和图 7-2 为例。

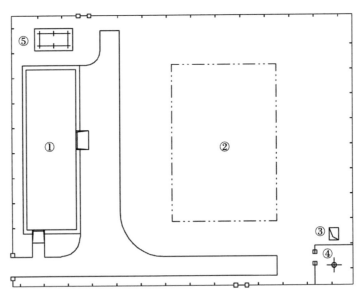

图 7-1　门站总平面布置图（一）

①—综合值班室；②—工艺设备区；③—排污池；④—放散区；⑤—箱式变电站

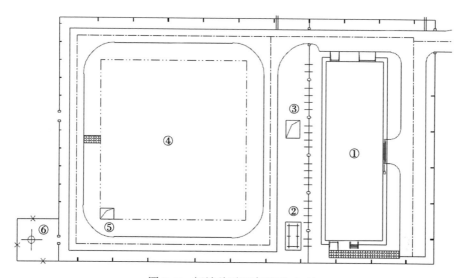

图 7-2 门站总平面布置图（二）

①—综合值班室；②—箱式变电站；③—污水收集池；④—工艺设备区；
⑤—排污池；⑥—放散区

对于图 7-1，该门站占地约 4000m²，工艺设备区较小，设置非环形站内道路。其工艺流程对应图 7-3，适用于中小城市门站站场。

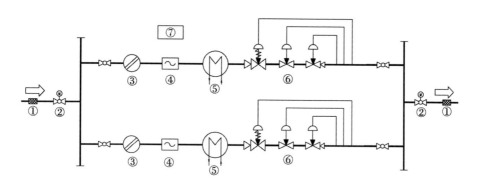

图 7-3 门站典型工艺流程图（一）

①—绝缘接头；②—进出站 ESD 阀门；③—篮式过滤器；④—流量计；
⑤—加热装置；⑥—调压阀组；⑦—加臭装置

对于图 7-2，该门站占地约 8000m²，工艺设备区较大，设置环形站内道路。其工艺流程对应图 7-4，适用于大中型城市门站站场。

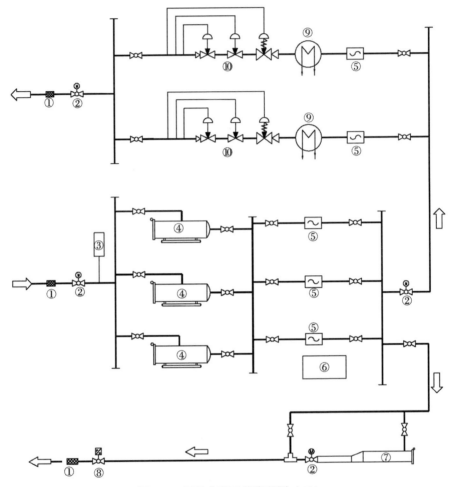

图 7-4　门站典型工艺流程图（二）

①—绝缘接头；②—电动阀门；③—气质分析橇；④—过滤分离器；⑤—流量计；
⑥—加臭装置；⑦—发球筒；⑧—气液联动阀门；⑨—加热装置；⑩—调压阀组

三、门站工艺

根据长输管道末端和下游管网系统的压力、流量波动范围，调峰方式以及压力级制确定门站工艺基本流程。

门站的工艺流程设计主要应考虑以下要求：

（1）门站内主要设备应至少设置一路备用，在常用设备出现故障时备用设备开启运行；

（2）门站内主要设备可远程控制（主要指进出口阀门等）；

（3）门站的主要工艺参数（如压力、流量、温度、重要设备状态等参数）需要远传至站控室或调度中心；

（4）门站内一般设有高、中压调压装置。

门站的工艺流程按系统分类通常由以下几个系统组成：

（1）天然气输气主管线系统，通常包括过滤/分离、计量、加臭、加热、调压、清管等设备及其配套阀门管线等。

（2）天然气放空系统。

（3）站场紧急截断（ESD）系统。

（4）超压保护与安全泄放系统。

（5）排污系统。

（6）电气与自控系统。

（7）其他辅助系统，如阴极保护系统、自用气系统、伴热系统、加臭系统等。

1. 典型工艺流程

对于中小型城市（一般为中等规模的地级市或县级城市）天然气供应系统，门站只需设置正常的过滤、计量、加臭、加热、调压功能即可。典型流程见图7-3。

对于大中型城市（一般为省会城市或较大规模的其他城市）天然气供应系统，一般设有较长的城市天然气高压储气管道，这时门站工艺除了需要考虑正常的过滤、计量、加臭、加热、调压功能外，还需考虑在门站中设清管球发送装置，接收装置可设置在下游高、中压调压站内。典型流程见图7-4。

2. 放空

为方便设备的检修，站内设有多处手动放空，手动放空采用双阀，前端为球阀，后端为具有节流截止功能的放空阀，便于维修与更换。另外，为防止站场系统超压，需在门站进站处、调压装置后及其他可能超压的位置设置自动放空装置。

为确保系统的安全，将站内不同压力等级的放空管线分开，汇入不同的管道。

沿线工艺站场和阀室均应设置放空立管。站内放空总管埋地敷设，放空时可以通过调节放空阀的开度来控制放空时间，以减小放空时的气体流速，降低噪声。

3. 站场紧急切断（ESD）

为了减少事故状态下天然气的损失和保护站场安全，门站进出站管道上一般设置紧急切断（ESD）阀。

紧急切断阀一般由气液联动或电动执行机构驱动，站场或干线发生事故时，可关闭紧急切断阀，切断站场与上、下游管道的联系。ESD 切断阀可由 UPS 供电，以保证站场断电后 ESD 仍可操作。

4. 超压保护与安全泄放

为保护站内设施，防止管线和设备超压，在有超压可能的管线上设安全阀。根据 GB 50028—2006《城镇燃气设计规范》要求，在调压器燃气入口（或出口）处，应设防止燃气出口压力过高的安全保护装置。当调压器出口压力不小于 0.08MPa，但不大于 0.4MPa 时，启动压力不应超过出口工作压力上限 0.04MPa；当调压器出口压力大于 0.4MPa 时，启动压力不应超过出口工作压力上限的 10%。

为防止上游分输站来气压力超过门站正常设计压力，造成站内设备损坏，一般在门站进站处设置安全阀，提供超压保护。

在调压系统出现故障时，为避免调压橇下游管道压力超高，调压橇下游设置安全阀，为管道提供超压保护。

为防止加热器运行过程中下游阀门误关闭，加热器下游管道温度持续升高导致超压，加热器下游管道设置安全阀，提供超压保护。

所选用安全阀的额定泄放面积应大于由安全泄放量计算得到的最小泄放面积。

5. 排污

由于天然气无法完全保证在运行状态下不析出液相（水或液烃），为避免液相在站内挥发产生安全隐患，站场应设排污收集装置（如排污罐、排污池等），用于收集站内过滤设备以及接收清管器过程中排出的粉尘和残液。门站一般采用排污池即可。

门站过滤分离器或篮式过滤器均设液位变送器，当液位过高时可发出报警，运行人员根据液位显示确定排污时机。

所有排污均手动完成，必须提前将设备内天然气压力放空至 1.0MPa 以下。排污前，首先关闭过滤设备上下游球阀，然后开启放空阀门，将天然气压力放空至 1.0MPa 以内，再关闭放空阀门，最后打开过滤器底部手动排污阀排污。

6. 自用气

门站为有人值守站，一般设有厨房。另外，当门站建筑需要锅炉系统进行采暖或工艺伴热时，门站需要为站场的厨房和锅炉进行供气。

站内自用气处理橇需维护放空时，可切断进、出口管线上的球阀，仅放空橇内天然气，放空天然气量较小，放空时间短，采用就地放空方式。生活用气一般实行单独计量。

7. 加臭

燃气泄漏后与空气混合，当其浓度处于一定范围时，遇火即发生着火或爆炸。爆炸浓度极限范围越宽，爆炸下限越低，则着火或爆炸的危险性就越大。天然气主要成分为甲烷，甲烷的爆炸极限范围为 5%～15%；人工煤气因来源不同、组分不同，爆炸极限范围亦有所差别，其爆炸极限范围一般为 6.5%～36.5%。

为提高燃气输配与应用过程中的安全性，防止燃气泄漏，一般通过燃气泄漏报警仪提示，但更多的情况下是通过人的嗅觉感知的。这就要求燃气必须具有一定的"异味"或"臭味"。这就需要在天然气门站或储配站对天然气进行加臭之后输入城市管网。

根据 GB 50028—2006《城镇燃气设计规范》的规定，城镇燃气应具有可以察觉的臭味，燃气中加臭剂的最小量应符合下列规定：

（1）无毒燃气泄漏到空气中，达到爆炸下限的 20% 时，应能察觉。

（2）有毒燃气泄漏到空气中，达到对人体允许的有害浓度时，应能察觉；对于含有一氧化碳的燃气，空气中一氧化碳含量达到 0.02%（体积分数）时，应能察觉。

8. 加热

天然气中的低碳氢化合物和水蒸气组分，在绝热节流降压过程中会发生降温，即焦耳–汤姆逊效应。在天然气门站调压前后的压降很大，若气体节流降温结霜，势必会使调压器发生故障。可以采取气体在降压之前借助于热交换器提供的热量预先升温的措施，以抵消气体发生焦耳—汤姆逊效应引起的温降，避免气体温度低于所处环境下的水露点。在城镇燃气工程中根据其所需的加热负荷，加热装置常用的有电伴热带、电加热器、锅炉—换热器等。

四、门站设备选型

门站天然气管道系统一般采用密闭输送工艺，在满足任务输量的情况下，以系统运行可靠、节约能源、技术先进、工艺流程尽量简捷、方便操作运行为原则，采用技术先进、成熟的工艺设备。

1. 过滤器

1）过滤分离器

过滤分离器依靠过滤元件的过滤作用将固体或液体分离出来，是天然气长输管道常用的过滤设备，具有过滤效率高、去除粒径小等优点，需定时更换滤芯。过滤分离器可避免管输天然气带有的污物、铁锈、粉尘等杂质进入工艺站场。主要要求如下：

（1）在设计温度和设计压力下满足规定的强度要求，使用安全可靠，检查、维修方便。

（2）要求滤芯经久耐用，具有较大的过滤面积和纳污能力，更换周期长。

（3）要求过滤设备正常操作时的压降低于 0.01MPa。

（4）要求过滤分离器的滤芯最少应能承受 0.65MPa 的压差，滤芯应采用通用的公称直径。

（5）为便于操作和更换滤芯，过滤分离器为配带快开盲板的卧式结构。

（6）快开盲板应开闭灵活、方便，密封可靠无泄漏，且带有安全联锁保护装置。

（7）过滤精度要求见表 7-1。

表 7-1　过滤分离器过滤精度要求

设备	过滤精度和效率要求			备注
过滤分离器	粉尘	1μm	99%	卧式，带快开盲板，积液包带液位计，带差压计接口
		3μm 及 3μm 以下	99.1%	
		5μm 及 5μm 以下	99.9%	
	液滴	1μm	98%	
		3μm 及 3μm 以下	98.6%	
		5μm 及 5μm 以下	99.0%	

2）篮式过滤器

流量计前应安装篮式过滤器，一般篮式过滤器过滤精度为 5μm，效率不小于 98%。篮式过滤器上应有前后压差检测装置。筒盖一般为快开式，方便定期清洗和更换滤芯。承压部分构件应按 GB 150—2011《压力容器》（或同级）的要求设计，并必须由具备资格的厂家制造。

3）过滤器选型原则

为保护站内设备安全，各站场均须设置过滤器。过滤器选型原则如下：

（1）有清管接收功能的站场或在运行工况下设计流量大于 1500m³/h 的站场，一般采用过滤分离器。

（2）运行工况下设计流量不大于 1500m³/h 且无清管接收功能的站场，一般采用篮式过滤器。

2. 清管设备

清管设备可以不停输状态下接收、发送各种清管器。

一般情况下，当输气管道距离较短、口径较小、输气量较小时，可采用清管阀装置，或根据需要不设置清管设施。当输气管道距离较长、口径较大、输气量较大时，可采用清管器接收和发送筒，它可以接收、发送各种形式的清管器和检测器。以下仅对智能清管器发送、接收筒进行介绍。

站场的清管设施采用适合于智能清管器操作的清管器发送、接收设备，主要技术要求如下。

1）功能要求

清管器接收和发送筒除满足正常输送情况下的清管作业外，还应考虑智能清管器（对管道的腐蚀及管道壁厚进行检测，了解管线使用状态）的工况。

（1）清管器收发筒的筒体内径应比主管内径大 100~200mm，以便清管器的放入和取出。

（2）发送筒长度应满足发送较长清管器或检测器的需要。

（3）接收筒需要容纳清管污物，接收筒上设两个排污口，排污口入口处应焊接挡条以阻止大块污物进入。

2）安全性

清管器接收、发送筒作为非定型设备，应能满足操作压力、环境条件变化的需要。设备应能承受清管作业时来自清管器所产生的冲击载荷。所用快开盲板应开闭灵活、方便，密封可靠无泄漏，且具有确保安全的压力自锁装置。

3. 计量设备

天然气流量计量系统是企业进行贸易交接、经济分析、成本核算的主要依据，将直接影响管道的经济效益与用户利益。门站计量系统应满足 GB/T 18603—2014《天然气计量系统技术要求》的规定。

到目前为止，在国内外天然气输气管道用于贸易交接的流量计量仪表主要有气体涡轮流量计、气体超声流量计等。

气体涡轮流量计的应用历史较长，技术较为成熟，目前在国际天然气计量领域应用也较为普遍。其特点是准确度较高（0.5 级），稳定性较好，量程比较宽，所需的直管段较短。由于涡轮流量计具有可动部件，故障率较高，使用中、后期维护量较大（近年来各涡轮流量计生产厂的产品，在性能上均有很大程度的改进，产品寿命可长达 10~15 年）。此外，气体涡轮流量计对被测介质的清洁度要求较高，投运操作上也有要求，同时流量计前要求安装过滤器。

气体超声波流量计的特点：准确度高（0.5 级），满足天然气贸易计量的要求；适用的流量范围大；无压力损失，节省能源；无运动部件，维护量小，可节省大量的人力和物力。高准确度的气体超声流量计在近年新建的长输管道有广泛的应用。

门站接气压力一般为 1.6~4.0MPa，门站流量计选型的一般原则为：流量计计算口径在 DN100mm 以下时采用气体涡轮流量计，流量计计算口径 DN100mm 及以上时采用气体超声流量计。

4. 加热设备

根据 GB 50028—2006《城镇燃气设计规范》的要求，在交接点压力下，水露点和烃露点均应比输送条件下最低环境温度低 5℃。

由于门站分输去用户的用气压力较低，向用户供气的调节阀前后压差大，天然气的节流温降大，导致调压阀后的天然气温度过低。天然气温度过低会产生诸多不利影响，主要包括：

（1）可能会使调节阀冻结、管道冰堵，威胁管道安全运行。

（2）天然气温度低于 0℃，会导致土壤冻胀，同时也会破坏周边环境。

为确保运行安全，根据门站进站压力、温度和调压后的压力，保证调压后温度比水露点和烃露点高 5℃ 以上（出站温度一般不低于 1℃），在站场调压设备上游设置加热器，为天然气预加热。

1）加热负荷计算公式

天然气调压温降，一般选取多种工况进行加热负荷计算。加热器负荷计算公式为：

$$P = V\rho(H_1 - H_2)/(3600 \times 24) \qquad (7-1)$$

式中　P——功率，kW；

　　　V——气体体积流量，m^3/d；

　　　ρ——气体密度，kg/m^3；

　　　H_1——加热器出口温度对应气体焓值，kJ/kg；

　　　H_2——加热器进口温度对应气体焓值，kJ/kg。

目前，可用于加热负荷计算的国际通用软件为 UniSim（原 HYSYS）。

2）加热设备选型

在城镇燃气工程中根据其所需的加热负荷，加热装置常用的有电伴热带、电加热器、锅炉—换热器等。

在满足使用要求的前提下，加热设备的选型以节能、高效、智能、经济、操作简便为原则。

电伴热带一般在加热负荷小于 10kW 时使用。优点是造价便宜，安装较方便；缺点是加热负荷不能实时调节。

电加热器一般适用于负荷较小工况，占地较小，可通过增减加热部件的使用数量控制加热温度，运行较为灵活，维护较简单。

当加热功率较大（一般大于 150kW）时，可采用锅炉—换热器系统进行加热，较为经济。

5. 绝缘接头

1）作用

绝缘接头安装于管线上，由于其结构上的特点，可以使连接在其两端的管道不导电，从而防止阴极保护电流的流失和对其他系统的不良影响。

2）性能要求

对绝缘接头的主要性能要求有：

（1）在设计压力和设计温度下，满足强度要求，能安全可靠的运行。

（2）电绝缘性能良好。

（3）密封可靠，不泄露要求采用自紧式密封。

（4）具有高压放电功能，在静电集聚达到一定电压时能自动放电，而不导致绝缘接头失效。

（5）与管道内径一致或接近，确保智能清管器顺利通过。

3）结构

绝缘接头结构上是整体式结构，由三个主要元件构成，即两个对焊法兰和一个固定环，两个对焊法兰之间有绝缘环和密封垫起到绝缘和密封的作用。

6. 调压系统

1）调压系统设计的原则

（1）必须保证稳定下游压力。

（2）必须能满足下游管网流量所需。

（3）必须保证下游不可超压。

（4）必须提供连续不断的供气。

2）调压系统设计的常见形式

（1）采用串联工作加监控调压器形式，当工作调压器出现故障导致下游超压时，由监控调压器补上，连续供气。

（2）采用串联工作调压器加超压切断装置形式，当工作调压器出现故障导致下游超压时，由超压切断装置截断供应。

（3）采用串联工作加监控调压器加超压切断装置形式，当某一调压器失效或出现故障时，能保证安全及连续的供气。

3）调压系统的选择

根据下游连续供气可靠性和安全的要求，可选取串联工作加监控调压器、串联工作调压器加超压切断或串联工作加监控调压器加超压切断等形式。在进口压力为 0.4MPa 以下的系统，一般推荐串联工作加监控调压器或串联工作调压器加超压切断装置的形式；当进口压力大于 0.4MPa 时，使用串联工作加监控调压器加超压切断装置的形式，可同时满足避免超压及保障连续供气的要求。

4）调压系统的阀门选择

（1）超压切断阀。

超压切断阀（又称安全切断阀）是压力安全系统中安全设备，安装在工作调压阀和监控调压阀的上游。压力测量点位于工作调压阀的下游，设定值高于工作调压回路压力值且低于安全值。其作用是当工作调压阀和监控调压阀出现故障时，能保证系统下游不超压。当测量值大于设定值时，切断供气管路并发出报警，以保证下游设施的安全。安全切断阀关闭后，必须人工在现场才能将其开启。安全切断阀为自力式并独立设置，以保证在任何情况下避免调压阀与安全切断阀之间相互影响。

（2）监控调压阀。

监控调压阀一般采用自力式调压阀，其作用是工作调压器出现故障引致下游超压时，由监控调压器补上，连续供气。

（3）工作调压阀。

一般采用自力式调压阀。当需要对下游用户进行压力控制的同时，也进行流量控制，工作调压阀可采用电动调节阀。

当工作调压阀采用电动调节阀时，该压力控制系统由安全切断阀、监控调压阀和工作调压阀以串联的形式组成，安全切断阀、监控调压阀采用自力式阀门。该压力控制系统为压力/流量自动选择性控制系统，对去用户的压力或流量进行控制，保证安全、平稳、连续地为下游用户供气。正常情况下，该系统为压力控制，以控制下游压力，压力控制回路在要求的设定值下工作。当供气流量超过设定值时，根据管理需要，控制系统将自动切换为流量控制，对用户供气量进行限量控制。

5）调压系统工作与备用路数选择

对于门站，调压系统工作与备用路数一般采用 $N+1$ 模式，即至少保证1路备用。总路数需根据站场设计规模，从可靠、经济、适用等方面综合考虑。

7. 放空立管

放空立管的设置应符合下列规定：放空立管直径应满足最大的放空量要求；严禁在放空立管顶端装设弯管；放空立管底部弯管和相连接的水平放空引出管必须埋地；弯管前的水平埋设直管段必须进行锚固；放空立管应有稳管加固措施。

1）放空流量的计算

（1）质量流量的计算。

$$W = 0.25 \times 3.14 D^2 L\rho/t \tag{7-2}$$

式中　W——质量流量，kg/s；

D——干线管径，m；

L——站场或阀室间距，m；

ρ——开始放空时干线内的气体密度，kg/m^3；

t——放空时间，s。

（2）体积流量的计算。

$$Q = 3600W/\rho_0 \tag{7-3}$$

式中　Q——体积流量，10^4m^3/h；

ρ_0——标准大气压下的气体密度，kg/m^3。

2）放空立管出口管径的计算

$$d = \left[11.61 \times 10^{-2} \frac{W}{p \cdot m} \left(\frac{T}{K \cdot M} \right)^{0.5} \right]^{0.5} \tag{7-4}$$

式中　d——放空立管出口直径，m；

W——排放气体质量流量，kg/s；

m——放空立管出口流速，m/s；

T——排放气体温度，K；

K——排放气体绝热系数；

M——排放气体平均相对分子质量；

p——放空立管出口内侧压力（绝压），kPa。

3）主要参数取值

（1）放空压力。

放空管线的设计压力按实际需要选取，一般不高于 1.6MPa。

（2）放空时间。

根据国内已建输气管线运行经验，在紧急情况下，2 座站场或阀室间线路放空时间按 10h 计算。

（3）放空立管出口速度。

根据 GB 50183—2004《石油天然气工程设计防火规范》要求，在事故状态下，放空立管出口速度取 170m/s。

[例 7-1] 某城市环城高压环网工程的 2 座站场之间的距离 L 为 12.7km，管径为 $\phi711mm \times 14.2mm$，设计压力为 4.0MPa，放空时间 10h，天然气温度取 20℃，天然气密度取 0.7 kg/m³。

解：经过计算，此段需要的放空管径为 174mm；本工程放空立管规格统一选取，各站场和阀室放空立管出口管径取 DN200mm。

8. 阀门

门站所用的阀门除能满足其功能要求外，还应具有密封性能好、使用寿命长、操作维护方便、价格便宜的特点。

为满足站控要求，工艺站场内与逻辑控制有关的阀门选用气液联动或电动球阀。

1）站场球阀

门站管道系统压力较高，站场主要工艺流程上的阀门均采用球阀，其特点是密封性能好，操作灵便。需要通过清管器的阀门应为全通径球阀。具有远控要求的阀门采用电动球阀。电动球阀操作维修简便，开闭时间短。

公称直径不小于 25mm 的球阀应为固定球结构。阀门应有双截断功能及具备双活塞效应的阀座，以保证进口端和出口端的密封，达到零泄漏，同时要求每一侧都能承受数据单要求的全压差。

手动操作的阀门应便于人工操作，公称直径为 80mm 及以上的球阀应带蜗轮蜗杆齿轮传动机构、手轮，公称直径为 50mm 及以下的球阀应带手柄，手柄长度不大于 600mm。手轮和手柄的操作力不大于 250N。

公称直径不小于 100mm 的阀门应设阀腔放空、排污，排污管应由阀门底部开口以便将阀体内的杂质排出，放空管应在阀体顶部开口安装以便对阀腔进行放空和清洗。埋地安装的阀门应将放空口、排污口以及密封注脂口延伸至地面，其接口高度为至加长杆端面法兰下缘 150～250mm。阀门需考虑阀体本身排污的操作方便性，地上安装的公称直径不小于 300mm 的阀门本体排污管线应引出至阀门本体外。放空管、排污管与阀体应采用焊接连接。放空和排污管线均应安装双阀，靠近阀体的阀门为焊接连接的球阀，末端应设置螺纹连接的放空阀或排污阀，端部应配朝向地面的弯头（带堵头）。

2）截止阀

截止阀根据安装位置及功能不同，分为节流截止放空阀和排污截止阀。节流截止放空阀具有密封可靠、耐冲刷、使用寿命长、操作轻便等特点。该阀门采用双质（硬质及软质）密封结构，节流面与密封面分开，使阀门的密封性和使用寿命大大提高。排污截止阀也采用硬软双质密封面，并采用阀座浮动连接，设有平衡孔，可调节软密封面变形量，保证了密封的可靠性，具有耐冲蚀、排污性能好、使用寿命长等优点。

站内放空管线上采用节流截止放空阀，在排污管线上采用排污截止阀。放空管线及排污管线均采用双阀结构，节流截止放空阀及排污阀上游设置球阀，以保证密封性，便于维修与更换。

3）安全阀

安全阀有弹簧式和先导式两种类型。先导式安全阀与弹簧式安全阀相比，改粗弹簧直接感应压力为压力传感器（先导器）感应压力，大大提高了对压力感应的灵敏度，同时克服了传统弹簧式安全阀动作后阀芯不易复位、关闭不严的问题。

门站压力较高，一般选用全启式的先导式安全阀。其由主阀和外部的导阀组成，当主阀开启时，不允许有主气流流经导阀放空。导阀失效时不影响主阀的开启。

9. 执行机构

阀门执行机构是管道自动控制的关键设备，要求其性能必须稳定可靠。阀门执行机构主要有电动、气动、气液联动等类型。

室外执行机构防爆/防护等级一般不低于 ExdⅡBT4／IP65。

10. 加臭装置

1）加臭装置种类

加臭装置种类通常有三种，简易滴定式加臭装置、应用差压原理的加臭装置、计算机控制注入式加臭装置。目前计算机控制注入式加臭装置应用较为广泛。

（1）简易滴定式加臭装置。

简易滴定式加臭装置由加臭剂储存机构、气相平衡管、连接阀和针型阀构成。加臭剂依靠重力和滴定管的毛细作用，滴定进入燃气输送管中并在燃气中蒸发，据此达到加臭效果。

（2）应用差压原理的加臭装置。

加臭装置的加臭量是需要与管道中流动的天然气流量相适应的，当流量大时加入的量要多，反之要减少，也就是要做到等比例加臭。

根据气体节流原理，利用节流机构的气体在节流机构前后的存在压差。该装置实际上是起到了管道中检测、监测装置的作用，流量的大小反映在节流装置前后的压差上，而这一压差是可以用于其他流体介质流动的动力的。

由于加臭剂储存筒的上部气相空间与燃气输送管通过气相平衡管接通，气相压力与燃气输送管节流前是相同的。因此，加臭剂储存筒中的加臭剂液相便在差压的作用下通过加臭剂导液管经加臭剂输送管流入燃气输送管。

（3）计算机控制注入式加臭装置。

计算机控制注入式加臭装置由加臭剂存储机构、控制系统，计量加臭泵、计量罐及其他附属配件构成。加臭剂储存筒中的加臭剂由计量加臭泵导入加臭剂输送管，再由注射器阀将加臭剂注入燃气输送管中与燃气混合加臭。加臭剂的流量由计量加臭泵调节，调节依据来源于控制器，控制器根据从燃气输送管中的燃气中采集的加臭剂浓度数据来决定计量加臭泵的输出，达到随流量等比例加臭的目的。

计算机控制注入式加臭装置示意图见图7-5。

2）加臭剂的作用

（1）加臭剂除了有警示作用外，还可作为管道的检漏材料。

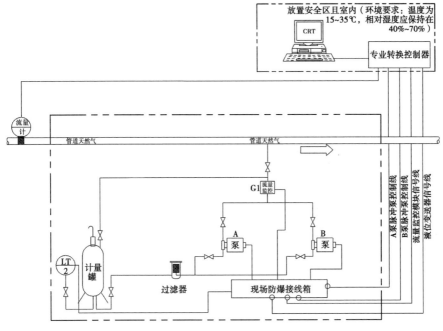

图 7-5　计算机控制注入式加臭装置示意图

（2）在巡回检查时，注入较多的加臭剂，如果闻到加臭剂的臭味，可断定此管道遭到破坏，即可找到具体破裂部位进行修补。

（3）天然气加臭有助于发挥社会公众在管道事故报警中的作用。

3）加臭剂的要求

（1）加臭量应在浓度极低的条件下能够嗅到臭味，并能识别出加臭剂味与其他气味。

（2）对人体无害、毒性小、气味存留长久。

（3）化学性质稳定，气态无腐蚀性，易于储存、运输。

（4）完全燃烧，燃烧后无异味，残留污染物少。

（5）汽化后常温下不冷凝，不易吸附于传输物上（如管道、煤气表、阀门等）。

（6）造价相对便宜。

（7）货源充足。

我国目前常用的加臭剂主要有四氢噻吩（THT）和乙硫醇（EM）等。目前对天然气普遍采用的加臭剂是四氢噻吩（THT），它具有煤制气臭味。硫醇

（DMS）曾是使用较多的加臭剂，以乙硫醇为代表，它具有洋葱腐败味，分子式为 $H_3C-S-CH_3$。

四氢噻吩相比乙硫醇有较多的优点，四氢噻吩的衰减量为为乙硫醇的 1/2，对管道的腐蚀性为乙硫醇的 1/6，但价格比乙硫醇高。四氢噻吩的性质见表 7-2。

表 7-2　四氢噻吩的性质

相对分子质量	含硫量	沸点	凝固点	热分解温度	水中溶解度	腐蚀性	毒性
88	36.4%	119~121℃	−101℃	480℃以上	0.07%（体积分数）	无	无

四氢噻吩对天然气的耗用量为 $15\sim20mg/m^3$。新建管网投入使用时应加大用量至正常耗用量的 2~3 倍。冬季耗用量大于夏季，可为正常耗用量的 1.5~2 倍。

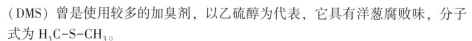

第二节　储　配　站

燃气储配站是具有接收气源来气并进行净化、加臭、储存、压力控制、气量分配、计量和气质检测等功能的站场。它是城镇燃气输配系统中储存和分配燃气的设施，其主要任务是根据燃气调度中心的指令，使燃气输配管网达到所需压力和保持供气与需气之间的平衡。

储配站按储存燃气形态分类，可分为天然气储配站和人工煤气储配站。

一、天然气储配站

1. 天然气储配站功能

单一的天然气储配站应该是很少的，工程上往往通过在门站增加储气和加压的系统来实现储气调峰的功能。用气低峰时，天然气存入储罐中。用气高峰时，储罐中的气体进入城市管网，补充高峰用气不足。如果来自管网的天然气压力不能满足储气设施的压力要求，可以通过加压实现，而采用高压引射的方式也可以提高储气设施的利用效率（提高出管的容积利用系数）。采用储罐储气的储配站，通常作为平衡小时不均匀性的调峰设施，一般具有高—中压调压站功能。对于用气量较大的城市，其储罐总体容积较大，且多为成组布置。

储配站不仅具有调峰功能，同时还具有调压功能。储配站控制中心通过对进站压力、流量、球罐压力、温度、引射器前后压力以及过滤器前后的压差等参数进行监视和分析，从而对其进出站总阀门、进出球罐阀门、进出引射器阀门、各调压计量系统阀门以及站内外旁通阀门进行控制。

2. 天然气储配站的总平面布置

储配站应设在城市全年最小频率的上风侧或侧上风侧，远离居民稠密区、大型公共建筑、重要物资仓库以及通信和交通枢纽等重要设施，同时应避开雷击区、地裂带和易受洪水侵袭的区域。储配站平面布置时应该注意以下问题。

1）防火间距

依据 GB 50028—2006《城镇燃气设计规范》的有关要求，根据天然气储罐容积大小、可燃气体存量及具有爆燃的危险性等特点，防火间距应从严要求。

储配站内的储气罐与站内的建、构筑物的防火间距应符合表 7-3 的规定。

表 7-3 储气罐与站内的建、构筑物的防火间距（m）

储气罐总容积 （m³）	≤1000	>1000 且 ≤10000	>10000 且 ≤50000	>50000 且 ≤200000	>200000
明火、散发火花地点	20	25	30	35	40
调压室、压缩机室、计量室	10	12	15	20	25
控制室、变配电室、 汽车库等辅助建筑	12	15	20	25	30
机修间、燃气锅炉房	15	20	25	30	35
办公、生活建筑	18	20	25	30	35
消防泵房、消防水池取水口	20				
站内道路（路边）	10	10	10	10	10
围墙	15	15	15	15	18

2）功能分布

储配站区域上有生产区和辅助区，布置时生产区与辅助区应用围墙或栅栏隔开。

3）消防车道

罐区周围应设有环形车道，方便消防车辆通过。环形车道与罐区应保证一定间距，中间设置绿化带。

4）消防水池

根据天然气储罐的特性，消防水池及消防水泵房应与储罐适当拉开距离，设在储配站远离罐区的一侧。

3. 天然气储配站的工艺流程

在低峰时，由长输管道来的天然气一部分经过一级调压进入高压球罐，另一部分经过二级调压进入城市。在高峰时，高压球罐和经过一级调压后的高压干管来气汇合经过二级调压送入城市。为提高储罐的利用系数，在站内安装引射器，当储罐内的天然气压力接近管网压力时，可以利用高压管道的高压天然气从压力较低的储罐中将天然气引射出来，以提高整个储配站的储罐容积利用系数。天然气储配站的工艺流程如图7-6所示。

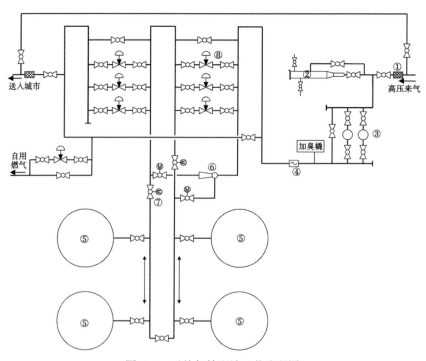

图7-6　天然气储配站工艺流程图

①—绝缘法兰；②—清管球接收装置；③—除尘装置；④—流量计；
⑤—储罐；⑥—引射器；⑦—电动球阀；⑧—调压计

4. 天然气储配站的设施

1）加压设施

通过长输管道进入储配站的天然气通常压力较高，能够满足储罐的储气压力要求。特殊情况下，当来气压力较低而不能满足储气压力要求时，需要设置加压设施，建设压缩机室，选用适当的压缩机来对来气进行加压。

储配站的加压设备选择应根据吸排气压力、排气量及气体净化程度，选用活塞式、罗茨式、离心式等压缩机。所选压缩机应便于操作维护，安全可靠，并符合节能、高效、低震、低噪的要求。压缩机应设置备用，压缩机出口管道应有止回阀和闸阀。

压缩机宜按独立机组配置进气和排气管、阀门、旁通、冷却器、安全放散阀、供油及供水等各项辅助设施。

压缩机宜单排布置，压缩机之间及压缩机与墙壁之间的净距应大于1.5m，距重要通道应大于2m。

压缩机室宜采用单层建筑，并应按现行的 GB 50016—2014《建筑设计防火规范》规定的"甲类生产厂房"设计。其建筑耐火等级不宜低于二级，室内应设有检修用的起重设备。

2）建筑结构

（1）储配站内建、构筑物的耐火等级不应低于二级。

（2）储罐的承重支架应该进行耐火处理，使其耐火极限不低于115h。

（3）压缩机房、仪表室等易发生爆炸的区域应设防爆泄压构件，以满足泄压比。

3）消防设施

（1）火灾自动报警装置。

在引射间、仪表间、罐区应设置可燃气体泄漏装置，并且应与房间上方通风设施联动控制，报警后及时启动，将可燃气体排出室外。在配管区、仪表间、引射间、发电机房、变配电室及生活区应设感烟或感温探测器，将报警信号传送至消防控制室，确保及时报警。

（2）消火栓系统。

储配站内设室外消防管网，同时设置消防水泵房以保证消火栓压力。

4）电气设施

（1）储配站供电系统应按一级负荷设计。

（2）压缩机房、引射间、仪表间等应按防爆1区设计电气防爆等级。

（3）罐区可不设照明系统，以减少供电装置。在辅助区设探照灯，以解决罐区照明问题。

（4）储气罐和压缩机室应有防雷接地设施，其设计应符合现行国家标准GB 50057—2010《建筑物防雷设计规范》的"第二类防雷建筑物"的规定。

5）监视系统

设置电视监视系统可使工作人员在控制室监控生产区全貌，以达到对生产区全方位监控，随时发现问题，对于特定时期的人为破坏也能起监控作用。

6）SCADA 终端单元

储配站应建立自动控制系统，对站内设施进行全方位量化监控，进行在线分析，将各种参数进行归纳处理，并将控制状态及参数送至控制室监视屏。

二、人工煤气储配站

通常在使用人工煤气的城市需要建设人工煤气低压储配站。受到气源因素制约，当城市气源压力较低，通常需要建设低压储配站。如果采用高压储气则需要增加较高的加压成本，而低压储气具有较为明显的技术经济优势。

在城镇人工煤气系统中，一般在气源厂设置低压储配站。当系统中有两个或两个以上低压储配站时，往往将另外的低压储配站设置在管网系统的末端，构成对置储配站。储配站对置形式对改善管网运行工况、减少管网工程投资都是有利的。

1. 低压储配站的功能

低压储配站利用容积式储罐（干式罐或者湿式罐）进行常压储气，作为日和小时调峰使用，储气罐体积较为庞大。对于采用低压一级管网供气的小规模城市，用气低峰时管网的燃气直接进入储罐储存，而用气高峰时则可以由储罐直接将燃气输送到城市管网中。如果是在采用中压燃气管网供气的城市，则用气高峰时储罐向管网的供气需要进行加压。

2. 低压储配站的总平面布置

低压储配站通常是由低压储气罐、压送机室、辅助间（变电室、配电室、控制室、水泵房、锅炉房、消防水池、冷却水循环水池及生活间、值班室、办公室、宿舍、食堂和浴室等）组成。

低压储配站平面布置时，应该遵循以下基本原则：

（1）储罐应设在站区年主导风向的下风向。

（2）两个储罐的间距等于相邻最大罐的半径，储罐的周围应设有环形消防车道。

（3）有两个通向站区的通道。

（4）锅炉房、食堂和办公室等有火源的构筑物应布置在站区的上风向或侧风向。

（5）站区布置要紧凑，同时各构筑物之间的间距应满足 GB 50016—2014《建筑设计防火规范》的要求。低压储配站平面布置见图 7-7。

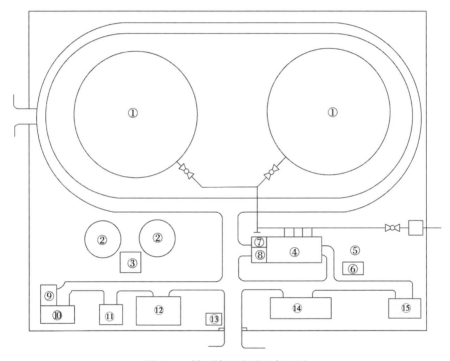

图 7-7　低压储配站平面布置图

①—低压储气罐；②—消防水池；③—消防水泵房；④—压缩机室；⑤—循环水池；⑥—循环泵房；⑦—配电室；⑧—控制室；⑨—浴室；⑩—锅炉房；⑪—食堂；⑫—办公楼；⑬—门卫；⑭—维修车间；⑮—变电室

3. 低压储配站的工艺流程

常见的低压储配站的工艺流程有两种。一种是低压储气、中压输送工艺流程，如图 7-8 所示。另一种是低压储气、中低压分路输送工艺流程，如图 7-9 所示。

对于低压气源储配站，调压计量装置的流程可根据站内选用的调峰储气

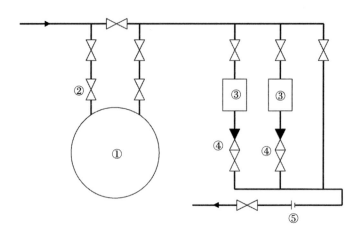

图 7-8　低压储存、中压输送储配站工艺流程
①—低压储气罐；②—水封阀；③—压缩机；④—单向阀；⑤—流量计

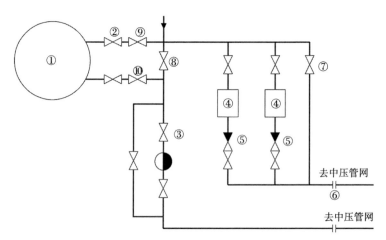

图 7-9　低压储存、中低压输送储配站工艺流程
①—低压储气罐；②—水封阀；③—稳压器；④—压缩机；
⑤—单向阀；⑥—流量计；⑦，⑧，⑨，⑩—阀门

压力和低压气源所配置的压缩机排气压力以及管网系统起点输气压力设计成两级调压的流程，以适应管网流量工况不断变化的需要。

第三节　调压站与调压装置

调压站是城镇燃气输配系统中不同压力级别管道之间的连接节点。调压站在城镇燃气管网系统中是用来调节和稳定管网压力的设施，其任务是按照用户的需求，对管网中的天然气进行调压，以满足用户的需求。

根据 GB 50028—2006《城镇燃气设计规范》的规定，城镇燃气管道的设计压力分为 7 级，并应符合表 7-4 的要求。

表 7-4　城镇燃气设计压力（表压）分级

名称		压力（MPa）
高压燃气管道	A	$2.5<p\leqslant4.0$
	B	$1.6<p\leqslant2.5$
次高压燃气管道	A	$0.8<p\leqslant1.6$
	B	$0.4<p\leqslant0.8$
中压燃气管道	A	$0.2<p\leqslant0.4$
	B	$0.01<p\leqslant0.2$
低压燃气管道		$p<0.01$

调压站通常是由调压器、过滤器、安全装置、旁通管及测量仪表组成。有的调压站还装有计量设备，进行调压计量，通常将这种调压站叫做调压计量站。

燃气输配系统调压设施的建设需根据不同气源及其输配范围和功能而采用不同的工艺流程。首先要了解和确定以下三个方面的因素：

（1）下游近期和远期的用气负荷。

（2）上游和下游远期管网的设计压力及运行压力。

（3）上游和下游管网的建设情况。

调压设施的建设应按"远近结合，以近期为主"的方针，根据管网结构平衡合理地划分调压设施供气区域及其配气量，把规划负荷落到实处。调压设施的设计压力应与输配系统压力级制相匹配，与管道压力级别保持一致，同时要根据实际用气负荷发展和管网水力工况，考虑实施调整其运行压力。

调压设施在围绕调压器等设备的选择方面应力求性能可靠、功能完善，

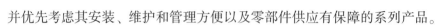
并优先考虑其安装、维护和管理方便以及零部件供应有保障的系列产品。

调压设施的技术内容不仅只有调压器，还涵盖了围绕燃气压力的变化及其效应而必须配置的处理设备，以保证调压器正常运行。同时，根据输配系统运行管理上的需要配置必要的参数测量与控制仪表。

燃气调压过程的预处理工序主要有燃气调压前的过滤与补偿、节流、降温、预热，以及调压后减噪声和加臭，甚至还包括燃气的干燥或加湿。燃气调压过程参数测量与控制的内容包括压力（压差）、流量、密度、热值、温度、湿度、噪声等级和燃气浓度等。从调压设施安全技术方面考虑，在工艺流程上必须设置调压器下游发生超压的安全切断装置和安全放散装置，以及采取多路或旁通等避免检修停气的措施。

尽管调压设施的设计负荷及其连接用户情况有所不同，其工艺繁简程度也各异，但在消防设计要求上是一致的，并要严格遵守 GB 50028—2006《城镇燃气设计规范》在建筑结构、电气、暖通和环保等相关专业方面的各项规定。根据城镇环境、气候条件、设备维护与仪表检测、操作人员巡视要求等，调压设施可以设计安装在建筑物内或金属箱体中，甚至采取设备露天设置，但一般以地上布置为宜。若采取地下、半地下设置时，应有良好的防腐、通风和防爆设计。

一、调压设施的类型

按气源接收的情况，通常天然气长输管道末端与城镇天然气门站交接处的压力较高，天然气可直接利用进站压力实现管网分级输配向用户调压供气。除高压汽化煤气生产工艺之外，人工煤气制气厂站与城镇燃气输配站交接处的压力较低，人工煤气通常需要通过压缩机升压和选择相匹配的储气方式，解决管网分级输配向用户调压供气问题。为了节能，天然气（或高压汽化煤气）门站往往采用单级调压、计量装置系统，而人工煤气储配站则采用压缩机与高压或低压调峰储罐相匹配的多级调压的调压计量装置系统。

按管网输气压力区分，调压设施可分成高—次高压调压站、次高—中压调压站、中—中低压调压站。由于管道压力级别中高压、次高压和中压又分为 A、B 两级压力，故实际工程中调压站分类可再细分。

按调压设施作用功能分，有区域调压站和专用调压站，调压柜和调压箱之分。当区域调压站用于中—低压两级管网系统时，调压站出站管道与低压管网相连；当箱式调压装置用于中压一级管网系统时，调压箱出口管与小区庭院管道（或楼前管）相连。调压柜即可用于管网级间调压，也可用于中压一级管网系统调压直供居民小区或其他用户；居民小区的配气管道限制在小区范围内布置，并可根据用户数配置调压柜大小（流量）或数量。

对独立用户，无论是专用调压站还是调压箱（柜），设定其出口压力时，必需考虑所连接用户室内燃气管道的最高压力或用气设备燃烧器的额定压力，并符合 GB 50028—2006《城镇燃气设计规范》相关规定，详见表 7-5 和表 7-6。

表 7-5　用户室内燃气管道的最高压力（表压，MPa）

燃气用户		最高压力	燃气用户	最高压力
工业用户	独立、单层建筑	0.8	商业用户	0.4
			居民用户（中压进户）	0.2
	其他	0.4	居民用户（低压进户）	<0.01

注：（1）液化石油气管道的最高压力不应大于 0.14MPa。

（2）管道井内的燃气管道的最高压力不应大于 0.2MPa。

（3）室内燃气管道压力大于 0.8MPa 的特殊用户设计应按有关专业规范执行。

表 7-6　民用低压用气设备燃烧器的额定压力（表压，kPa）

燃气种类 用气设备	人工煤气	天然气		液化石油气
民用燃具	1.0	矿井气	天然气、油田伴生气、液化石油气混空气	2.8 或 5.0
		1.0	2.0	

GB 27790—2011《城镇燃气调压器》推荐的区域和用户调压器的额定出口压力（见表 7-7），可供与调压器出口相连的管道进行水力计算时参考。

表 7-7　区域和用户调压器的额定出口压力（表压，kPa）

工作介质	区域	楼栋	表前
人工煤气	1.76	1.40	1.16
天然气	3.00	2.40	2.16

二、调压设施的设置

不同压力级别管道之间设置的调压设施，其布置大致可按高—中压和中—低压区分类别进行设计，设计原则简述如下。

1. 高—中压调压设施配置原则

由于高—中压调压站输气压力高、供气量大，供气范围小则几个小区，大则数平方千米区域，小时流量可达数千乃至数万立方米。配置调压设施时，要按远期规划负荷和选定调压器的最大流量控制调压站数量，同时还要兼顾低峰负荷时调压站仍处在正常开启度（15%~85%）范围内工作。布置要点包括：

（1）符合城镇总体规划安排。

（2）布置在区域内，总体分布较均匀。

（3）布局满足下一级管网的布置要求。

（4）调压站及其上、下游管网与相关设施的安全净距符合规范要求。

2. 中—低压调压设施配置原则

（1）力求布置在负荷中心，即在用户集中或大用户附近选址。

（2）尽可能避开城镇繁华区域，一般可选在居民区的街坊内、广场或街头绿化地带或大型用户处。

（3）调压设施作用半径在 0.5km 左右，供气流量为 2000~3000m³/h 为宜。

（4）要考虑与相邻调压设施建立互济关系，以提高事故工况下供气的安全可靠性。

GB 50028—2006《城镇燃气设计规范》对不同压力级别管道之间设置的调压站、调压箱（柜）和调压装置提出了下列要求：

（1）自然条件和周围环境许可宜露天设置，但应设置围墙、护栏或车挡。

（2）设置在地上单独的调压箱（悬挂式）内时，对居民和商业用户燃气进口压力不应大于 0.4MPa；对工业用户（含锅炉房）燃气进口压力不应大于 0.8MPa。

（3）设置在地上单独的调压柜（落地式）内时，对居民、商业用户和工业用户（含锅炉房）燃气进口压力不宜大于 1.6MPa。

（4）设置在地上单独的建筑物内时，对建筑物的设计应符合下列要求：

①耐火等级不低于二级。

②调压室与毗连房间相隔应满足防火要求。

③调压室采取自然通风措施，换气次数每小时 2 次以上，并按照 GB 50016—2014《建筑设计防火规范》要求采取泄压措施。

④无人值守调压站按现行国标 GB 50058—2014《爆炸危险环境电力装置

设计规范》"1"区标准进行电气防爆设计。

⑤调压站地面选用不发火花材料。

⑥调压站应单独设置避雷装置，接地电阻小于10Ω。

⑦重要调压站宜设保护围墙，其门窗设防护栏（网）。

（5）地上调压箱（悬挂式）的设置要求：

①箱底距地坪的高度宜为1.0~1.2m，可安装在用气建筑物（耐火等级不应低于二级）的外墙或悬挂于专用的支架上，所选用的调压器公称直径宜不大于50mm。

②调压箱不应安装在窗下、阳台下和室内通风机进风口墙面上，其到建筑物门、窗或通向室内其他孔槽的水平净距（S）：当调压器进口压力，$p_1<0.4MPa$时，$S>1.5m$；当$p_1>0.4MPa$时，$S>3.0m$。

③调压箱应有自然通风孔。

（6）调压柜（落地式）的设置要求：

①调压柜应单独设置在坚固的基础上，柜底距地坪高度宜为0.30m。

②体积大于1.5m³的调压柜应设有泄爆口（通风口计入在内），并设置盖面，其面积不小于上盖或最大柜壁面积的50%（取较大者）。

③自然通风口的设置要求：当燃气相对密度大于0.75时，应在柜体上、下各设1%柜底面积的开口，其四周应设护栏；当燃气相对密度不大于0.75时，可在柜体上部设4%柜底面积的通风口，其四周宜设护栏。

（7）调压箱（或柜）的安装位置应满足调压器安全放散的安装要求，开箱（柜）操作不影响交通或不被碰撞。

（8）当受到地上条件限制时，进口压力不大于0.4MPa的调压装置可设置在地下单独的建筑物内或地下单独的箱体内，并符合下列要求：

①地下建筑物宜整体浇铸，地面为不发火花材料，留集水坑，净高低于2m，防水防冻，顶盖上设有两个对置人孔。

②地下调压箱设自然通风口，地址应满足安全放散的安装要求，方便检修，箱体有防腐措施。

（9）液化石油气和相对密度大于0.75的燃气调压装置不得设于地下室、半地下室内和地下单独的箱体内。

（10）调压站（含调压柜）与其他建筑物、构筑物的水平净距应符合表7-8的规定。

表 7-8　调压站（含调压柜）与其他建筑物、构筑物的水平净距（m）

设置形式	调压装置入口燃气压力级制	建筑物外墙面	重要公共建筑、一类高层民用建筑	铁路（中心线）	城镇道路	公共电力变配电柜
地上单独建筑	高压（A）	18.0	30.0	25.0	5.0	6.0
	高压（B）	13.0	25.0	20.0	4.0	6.0
	次高压（A）	9.0	18.0	15.0	3.0	4.0
	次高压（B）	6.0	12.0	10.0	3.0	4.0
	中压（A）	6.0	12.0	10.0	2.0	4.0
	中压（B）	6.0	12.0	10.0	2.0	4.0
调压柜	次高压（A）	7.0	14.0	12.0	2.0	4.0
	次高压（B）	4.0	8.0	8.0	2.0	4.0
	中压（A）	4.0	8.0	8.0	1.0	4.0
	中压（B）	4.0	8.0	8.0	1.0	4.0
地下单独建筑	中压（A）	3.0	6.0	6.0	—	3.0
	中压（B）	3.0	6.0	6.0	—	3.0
地下调压箱	中压（A）	3.0	6.0	6.0	—	3.0
	中压（B）	3.0	6.0	6.0	—	3.0

注：（1）当调压装置露天设置时，则指距离该装置的边缘。

（2）当建筑物（含重要公共建筑）的某外墙为无门、窗、洞口的实体墙，且建筑物耐火等级不低于二级时，燃气进口压力级别为中压 A 或中压 B 的调压柜一侧或两侧（非平行）可靠上述外墙设置。

（3）当达不到上表净距要求时，采取有效措施，可适当缩小净距。

（11）单独用户的专用调压装置还可设置在用气建筑物专用单层的毗连房间内，并符合下列要求：

①商业用户进口压力不大于 0.4MPa，工业用户（含锅炉房）进口压力不大于 0.8MPa。

②建筑结构、室内通风、电气防爆以及与其他建构筑物的水平净距均同于上述对调压站的相关要求。

③当调压装置进口压力不大于 0.2MPa 时，可设在公共建筑物的顶层房间内，该房间靠外墙，不与人员密集房间相邻，连续通风换气次数每小时不少于 3 次，设有声光报警和信号连锁紧急切断阀门装置以及调压装置超压切断保护装置。

④当调压装置进口压力不大于 0.4MPa，且调压器进出口管径不大于

100mm 时，可设置在用气建筑物的平屋顶上，但屋顶承重结构受力应在允许范围内，有楼梯，耐火等级不低于二级，调压箱（柜）与建筑物烟囱的净距不小于 5m。

⑤当调压装置进口压力不大于 0.4MPa 时，可设置在车间、锅炉房和其他工业用气房间内。当调压装置进口压力不大于 0.8MPa 时，可设置在独立、单层建筑物的生产车间或锅炉房内，应满足建筑耐火等级不低于二级，通风换气次数每小时不少于 2 次，宜设非燃烧体护栏，调压器进出口管径不大于80mm，并且室外设引入管阀门，室内设进口阀。

（12）调压箱（柜）或调压站的噪声应符合 GB 3096—2008《环境质量标准》的规定。

（13）设置调压器场所的环境应符合下列要求：

①当输送干燃气时，无采暖的调压器的环境温度应能保证调压器的活动部件正常工作。

②当输送湿燃气时，无防冻措施的调压器环境温度应大于 0℃；当输送液化石油气时，其环境温度应大于液化石油气的露点。

（14）调压站、调压箱（柜）和调压装置地上进出口管道与埋地管网之间的连接为绝缘连接，设备必须接地，接地电阻小于 100Ω。

三、调压设施工艺设计

1. 调压系统设计的常见形式

（1）采用串联工作及监控调压器（即 Active/Monitor 系统，简称 A/M 系统），当工作调压器出现故障导致下游超压时，由监控调压器补上，连续供气。

（2）采用串联工作调压器及超压切断装置（即 Active/Siam 系统，简称 A/S 系统），当工作调压器出现故障导致下游超压时，由超压切断装置截断供应；当安装空间有限时，还可选用调压切断一体的调压器。

（3）采用串联工作及监控调压器加上超压切断装置（即 Active/Monitor/Siam 系统，简称 A/M/S 系统），当某一调压器出现失效或故障时，能保证安全及连续供气。

2. 调压系统的选择

根据下游连续供气可靠性和安全的要求，可选取 A/M、A/S、A/M/S 系统。进口压力在 0.4MPa 以下的系统，一般推荐 A/M、A/S 的系统；进口压力大于 0.4MPa 时，推荐使用 A/M/S 系统，可避免超压及保障连续供气。

3. 区域调压站

按输配系统的压力级制，原则上中—低压或次高—中压或次高—低压的调压站和调压柜可布置在城区内，而高—次高压调压站和调压柜应布置在城郊。调压站的最佳作用半径大小取决于供气区的用气负荷和管网密度，并需经技术经济比较确定。根据供气安全可靠性的原则，站内可并联多支路。调压站（含调压柜）与其他建筑物、构筑物的水平净距应符合现行国标的相关规定。

调压站内的主要设备就是调压器，为了保证调压器正常运行，还设置过滤器、安全阀、旁通管、进出口阀门及压力检测仪表等。一般调压站还要设计计量装置。

1）高—次高压、高—中压、次高压—中压调压站

为保障安全稳定的供气，高—次高压、高—中压、次高压—中压调压站的调压系统推荐采用 A/M/S 系统，当某一调压器出现失效或故障时，能保证安全及连续的供气。区域调压站典型流程见图 7-10。

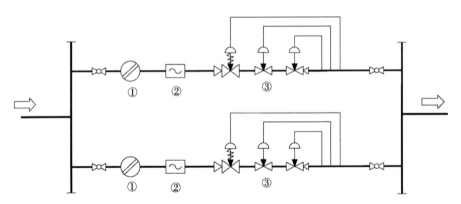

图 7-10　高压或次高压进口调压站典型流程
①—篮式过滤器；②—流量计；③—调压阀组（A/M/S 系统）

在城镇高压（或次高压）环网向中压环网连接的支线管道上设置区域调压站，为防止发生超压，应安装防止管道超压的安全保护设备。高—次高压或次高—中压调压站输气量和供应范围较大，应按输气量决定调压器台数，并依压力范围选用合适的计量装置。供重要用户的专用线还得设置备用调压

器。为适应用气量波动，可设置多个不同规格的调压器组合。

2）中—低压调压站

进口压力在 0.4MPa 以下的系统，一般推荐 A/M、A/S 的系统。典型流程见图 7-11。

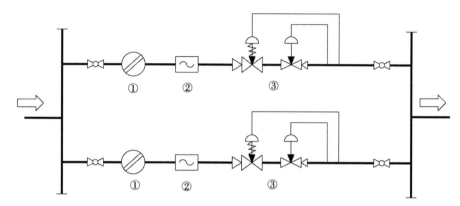

图 7-11　高压或次高压进口调压站典型流程
①—篮式过滤器；②—流量计；③—调压阀组（A/S 系统）

城镇大多数燃气用户直接与低压管网连接。城镇中压环网引出的中压支线上可设置单个或连续设置多个中—低压调压站。调压站出口所连接的低压管网一般不成环，但可在相邻两个中—低压调压站出口干管之间连通，以提高低压网供气的可靠性。调压站进出口管道之间应设旁通，可间歇检修的调压站不必设备用调压器。使用安全水封作为调压器出口超压保护装置的调压站，应保证冬季站内温度高于 5℃。

4. 调压箱（调压柜）

向工业、企业、商业和小区用户供应露点很低的燃气（如天然气）时，可通过调压箱（调压柜）直接由中压管道接入。小型的调压箱可挂在墙上；大型的落地式调压柜可设置在叫开阔的供气区庭院内，并外加维护栅栏，适当备以消防灭火器具。供居民和商业燃气进口压力不应大于 0.4MPa；供工业用户（含锅炉房）燃气进口压力不应大于 0.8MPa。调压箱应有自然通风孔，而体积大于 1.5m³ 的调压柜应有爆炸泄压口，并便于检修。

调压箱（调压柜）调压设计形式可以根据需要灵活采取多种形式。其结构紧凑、占地少、施工方便、建设费用省，适于在城镇中心区的各种类型用户选用。

根据 GB 27791—2011《城镇燃气调压箱》规定，调压箱的型号编制应包含以下内容：

（1）调压箱代号 RX。

（2）公称流量，单位为 m^3/h。其值为设计流量的前两位流量值，多余数字舍去，如果不足原数字位数的，则用零补足。

如：调压箱的设计流量为 $1.65m^3/h$，则型号标识的公称流量为 $1.6m^3/h$。调压箱的设计流量为 $4567m^3/h$，则型号标识的公称流量为 $4500m^3/h$。

（3）最大进口压力，优先选用 0.01MPa、0.2MPa、0.4MPa、0.8MPa、1.6MPa、2.5MPa、4.0MPa 这 7 个规格。

（4）调压管道结构代号，见表 7-9。

表 7-9　调压管道结构代号

调压管道结构代号	A	B	C	D	E
调压管道结构	1+0	1+1	2+0	2+1	其他

注：（1）调压管道结构中，"+"前一位数为调压路数，"+"后一位数为调压旁通数。

（5）自定义功能，生产厂家根据实际情况自定义的功能，用大写字母表示，不限位数。

示例：

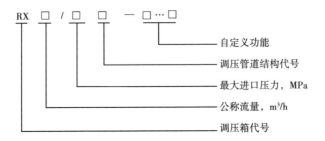

RX300/0.4B：表示公称流量为 $300m^3/h$、最大进口压力为 0.4MPa、调压管道结构为"1+1"的调压箱。

RX600/1.6C-M：表示公称流量为 $600m^3/h$、最大进口压力为 1.6MPa、调压管道结构为"2+0"、带计量功能的调压箱。

调压箱（调压柜）产品应按国家标准 GB 27791—2011《城镇燃气调压箱》的相关规定进行出厂检验，其内容包括：（1）外观及外形尺寸；（2）无损检测；（3）强度试验；（4）气密性实验；（5）压力设定值；（6）公称流量；（7）工作/备用支路的切换；（8）绝缘性能。

5. 地下调压站

为了考虑城镇景观布局以及调压站的安全、防盗和环保功能，与 RX 系列调压箱（调压柜）一样将各具不同功能的设备集成一体（一般做成筒状的箱体），埋设在花园、便道、街坊空地等处的地表下，称为地下调压站。在维护检修时，可开启操作井盖，利用涡轮蜗杆传动装置打开调压设备筒盖，筒芯内需检修和拆卸的设备、零部件和仪表均在操作人员的视野范围，并可提升到地表面。该装置需要铺坚实、光滑的基础，箱体需有良好的防腐绝缘层。

第八章　压缩天然气供应

第一节　概　　述

本章内容适用于下列工作压力不大于 25MPa（表压）的城镇压缩天然气供应工程设计：压缩天然气加气站、压缩天然气储配站。

利用气体可压缩的特点，将燃气加压压缩充装到高压气瓶中并运输至用户，供远离燃气管道的边缘城镇居民使用或作为燃气汽车、某些动力装置的燃料的供应方式称为压缩天然气供应。

根据 GB 50156—2012《汽车加油加气站设计与施工规范（2014 年版）》及 GB 50028—2006《城镇燃气规范》的规定，我国压缩天然气工作压力不大于 25MPa（表压），环境温度为−40~50℃。

压缩天然气的生产、运输及技术系统流程如图 8-1 所示。

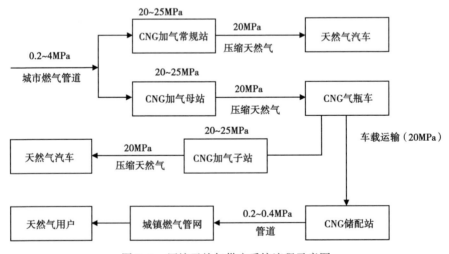

图 8-1　压缩天然气供应系统流程示意图

一、压缩天然气基本性质

压缩天然气（简称CNG），是指将较低压力的天然气，经压缩机压缩至设定高压力状态的天然气。

1. 压缩天然气的水露点及含水量

压缩天然气的水露点是压缩天然气净化的一个重要指标。它和温度、压力有关。常温及各压力下天然气含饱和水蒸气的量可从表8-1查得。

表8-1　天然气饱和水蒸气量（g/m³，标准状态）

温度 （℃）	压力（MPa，绝对）						
	0.1	1	5	10	15	20	25
50	95	10.5	2.2	1.4	1.05	0.92	0.81
20	18	2.0	0.47	0.29	0.23	0.2	0.18
0	4.7	0.55	0.26	0.09	0.07	0.065	0.050
−20	1	0.12	0.034	0.022	0.020	0.018	0.016
−40	0.16	0.022	0.0048	0.0040	0.0035	0.0028	0.0020
−60	0.1	0.0017	0.0006	0.0004	0.0003	0.0002	0.0002

从表8-1可知，天然气在不同温度、压力下的含水量，这也是选择脱水设备的依据。

2. 车用压缩天然气气质

压缩天然气的生产和供应，应符合GB 18047—2000《车用压缩天然气》的规定，主要气质指标见表8-2。

表8-2　车用压缩天然气气质指标

项目	质量指标	试验方法
高热值 （MJ/m³）	>31.4	GB/T 11062—2014《天然气、发热量、 密度、相对密度和沃伯指数的计算方法》
总硫（以硫计） （mg/m³）	≤200	GB/T 11060.4—2010《天然气 含硫化合物的测定 第4部分：用氧化微库仑法测定总硫含量》
硫化氢 （mg/m³）	≤15	GB/T 11060.1—2010《天然气 含硫化合物的测定 第1部分：用碘量法测定硫化氢含量》

项目	质量指标	试验方法
二氧化碳（%）	≤3.0	GB/T 13610—2014《天然气的组成分析 气相色谱法》
氧气（%）	≤0.5	GB/T 13610—2014《天然气的组成分析 气相色谱法》
水露点	当汽车驾驶的特定地理区域内，在最高操作压力下，水露点不应高于-13℃；当最低气温低于-8℃，水露点应比最低气温低5℃	GB/T 17283—2014《天然气水露点的测定 冷却镜面凝析湿度计法》

二、压缩天然气供应系统分类

压缩天然气供应系统按功能分为压缩天然气加气站和压缩天然气储配站。

1. 压缩天然气加气站

压缩天然气加气站按气源情况分为母站、常规站（标准站）、子站。

1）母站

母站也称充气总站，是在城市门站附近或天然气主管道附近设立天然气加气站，将管道内气体进行压缩后存储在 CNG 气瓶车内，然后运到无气源的地方供气，也可直接向汽车加气。基本流程见图 8-2。

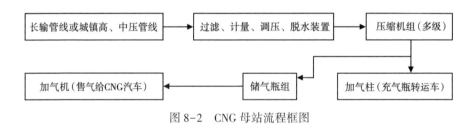

图 8-2　CNG 母站流程框图

2）常规站

常规站也称标准站，一般有天然气管网的城市，在管网附近设立的加气站称为常规站。它直接从管网中取气，经压缩机压缩后输入储气设备，再通过售气机向汽车供气。标准站流程与母站类似，只是来气压力和加气对象不同。基本流程见图8-3。

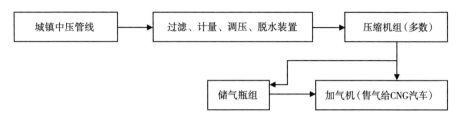

图8-3 CNG常规站流程框图

3）子站

子站根据增压系统的形式可分为常规子站和液压子站两种。

常规子站是用车载储气瓶运进压缩天然气，采用传统气体压缩机增压系统为汽车进行加气作业的压缩天然气加气站。基本流程见图8-4。液压子站是用液泵取代压缩机，利用特殊性质液体，以高压（≤25MPa）直接将液体充入CNG气瓶车的储气钢瓶中，将钢瓶内的压缩天然气推出，通过站内售气机将高压天然气充入汽车储气瓶内，达到给汽车加气的目的。

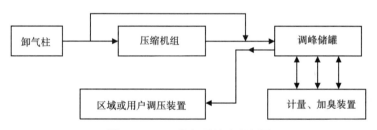

图8-4 CNG常规子站流程框图

2. 压缩天然气储配站

压缩天然气储配站是指用CNG作为气源，向配气管网供应天然气的站场。一般所接管网为小城镇天然气管网，此时CNG储配站相当于门站；或所接管网为集中用户的天然气管网，此时CNG储配站就是气源站。

对于距离天然气长输管线较远，建设天然气高压支线不经济的小城镇，可考虑CNG供气方案。

当供气规模小于2万户，运距超过80km时，CNG供气方案优于管线供气方案，且距离越大，CNG供气方案的优势越明显。随着供气规模增大至5万户，CNG供气方案的运距也增大至300km。

CNG 储配站流程框图见图 8-5。

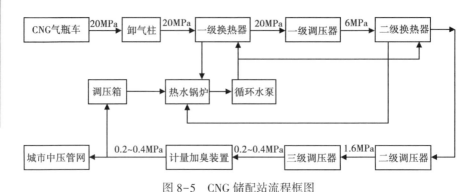

图 8-5　CNG 储配站流程框图

第二节　压缩天然气加气站

一、站址选择

压缩天然气加气站（CNG 加气站）站址选择应符合下列要求：

（1）CNG 加气站宜靠近气源，并应具有适宜的交通、供电、给水排水、通信及工程地质条件。

（2）在城市建成区不宜建一级加气站、油气合建站、CNG 加气母站。

（3）城市建成区内的加气站，宜靠近城市道路，但不宜选在城市干道的交叉路口附近。

二、平面布置

加气站总平面应分区布置。一般可分为站前区、生产区、加气区和辅助区。各区布置应符合生产流程、车流、人流等通畅并尽量相互分离的原则。

加气站应按照 GB 50156—2012《汽车加油加气站设计与施工规范（2014年版）》的规定设置围墙。站内工艺设施与站外建、构筑物的防火距离，应符合 GB 50016—2014《建筑设计防火规范》和 GB 50156—2012《汽车加油加气站设计与施工规范（2014 年版）》的有关规定。后者规定的压缩天然气工艺设施与站外建、构筑物的防火间距见表 8-3。

表 8-3　压缩天然气工艺设施与站外建、构筑物的防火间距（m）

项目＼名称		储气瓶组	集中放散管管口	储气井、加（卸）气设备、脱硫脱水设备、压缩机（间）
重要公共建筑物		50	30	30
明火或散发火花地点		30	25	20
民用建筑物保护类别	一类保护物	20	20	14
	二类保护物	20	20	14
	三类保护物	18	15	12
甲、乙类物品生产厂房、库房和甲、乙类液体储罐		25	25	18
丙、丁、戊类物品生产厂房、库房和丙类液体储罐以及容积不大于 50m³ 的埋地甲、乙类液体储罐		18	18	13
室外变配电站		25	25	18
铁路		30	30	22
城市道路	快速路、主干道	12	10	6
	次干道、支路	10	8	5
架空通信线和通信发射塔		1 倍杆（塔）高	1 倍杆（塔）高	1 倍杆（塔）高
架空电力线路	无绝缘层	1.5 倍杆（塔）高	1.5 倍杆（塔）高	1 倍杆（塔）高
	有绝缘层	1 倍杆（塔）高	1 倍杆（塔）高	

　　站前区与站外的连接应顺畅，车辆进、出口应分开设置，并尽量减少对站外交通的影响。站内道路布置应符合 GB 50156—2012《汽车加油加气站设计与施工规范（2014 年版）》的规定，并满足 CNG 气瓶车等加长车的通行需要。应根据需要设置 CNG 运输车固定停放区。工艺设施区内应有汽车防撞设施。

　　站内相同危险等级区域应集中布置。站内工艺设施（含 CNG 气瓶车）之间防火距离应符合 GB 50156—2012《汽车加油加气站设计与施工规范（2014 年版）》的有关规定。站内 CNG 设施与其他设施之间的防火间距见表 8-4。

表 8-4　站内 CNG 设施与其他设施之间防火间距（m）

CNG 设施 其他设施	储气设施/ 放散管口	压缩机（间）/ 调压器（间）	天然气脱硫、 脱水装置	加气机（柱）、 卸气柱
油品卸车点、汽油罐	6		5	4
柴油罐	4		3.5	3
汽油罐通气管口	8/6	6	5	8
柴油罐通气管口	6/4	4	3.5	6
加油机	6	4/6	5	4
消防泵房和消防水池取水口	6	8	15	6
自用燃煤锅炉房、燃煤厨房	25/15	25	25	18
自用有燃气（油）设备的房间	14	12	12	12
站房	5			
站区围墙	3	2	—	—

表 8-4 中压缩机间、调压间等与储气设施的距离不能满足表中规定时，可采用符合规范规定的防火隔墙。CNG 气瓶车瓶组按照储气设施执行。

CNG 加气母站平面布置图如图 8-6 所示。

三、工艺流程

天然气加气站的工艺流程一般由天然气引入管、脱硫、调压、计量、压缩、脱水、储存、加气等主要生产工艺系统构成。根据气源情况分为母站、常规站（标准站）、子站。

1. 母站工艺流程

母站通常建在城市管网门站或天然气主干线附近，管道压力可达 1~1.5MPa，因此压缩机仅用三级即可。母站供气量可供 4~6 个子站用气。同时母站也可对汽车直接供气，尤其是大型公交车。

母站主要工艺系统由紧急切断阀、过滤器、涡轮流量计、缓冲系统、脱水装置、压缩系统、加气柱、控制系统及储气设施、售气机等组成。

母站工艺流程：母站气源接自输气管道次高压干线，经过滤、计量、调压、干燥后，由压缩机加压后通过加气柱充装至 CNG 气瓶车内，然后送至城区及城市周边区域 CNG 用气地点。母站还可由压缩机将压缩的天然气通过顺序控制盘进入高、中、低压储气设施，在加气低峰期由储气设施为当地汽车

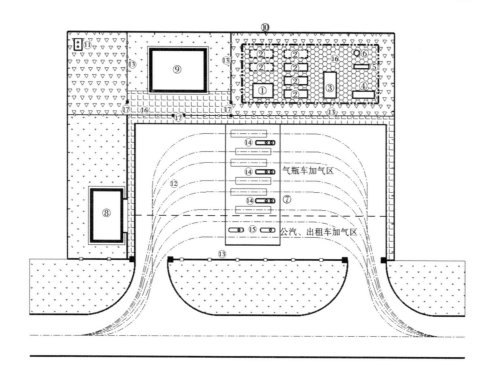

图 8-6　CNG 加气母站平面布置图

①—储气区；②—压缩机橇；③—干燥塔橇；④—过滤、计量、调压橇；⑤—缓冲罐；
⑥—排污罐；⑦—加气区罩棚；⑧—综合值班室；⑨—变配电间；⑩—围墙；
⑪—放散管基础；⑫—道路及停车场；⑬—铁艺围墙；⑭—气瓶车加气岛；
⑮—售气机加气岛；⑯—铺装场地；⑰—大门

加气。加气高峰时可用压缩机直接为汽车加气，或按照顺序为高压储气设施、CNG 气瓶车及中、低压储气设施加气。CNG 加气母站工艺流程见图 8-7。

2. 常规站工艺流程

常规站主要工艺系统由紧急切断阀、过滤器、流量计、缓冲系统、压缩系统、脱水装置、储气设施、控制系统、售气机等组成。

常规站工艺流程：常规站气源接自城镇燃气干线，经过滤、计量、缓冲后进入压缩系统，把进站天然气由低压压缩至 25MPa，然后通过脱水装置去除天然气中的过量水分和少量油分，最后经顺序控制盘向储气设施储气或直接通过售气机给汽车加气。CNG 加气常规站工艺流程见图 8-8。

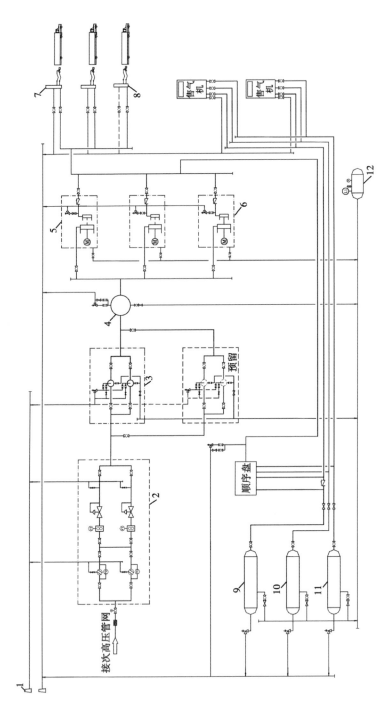

图 8-7 CNG 加气母站工艺流程图

1—放空立管；2—过滤、计量、调压橇座；3—干燥塔橇座；4—缓冲罐；5—压缩机组；6—顶留压缩机组；7—加气柱；8—顶留加气柱；9—低压储气瓶组；10—中压储气瓶组；11—高压储气瓶组；12—排污罐

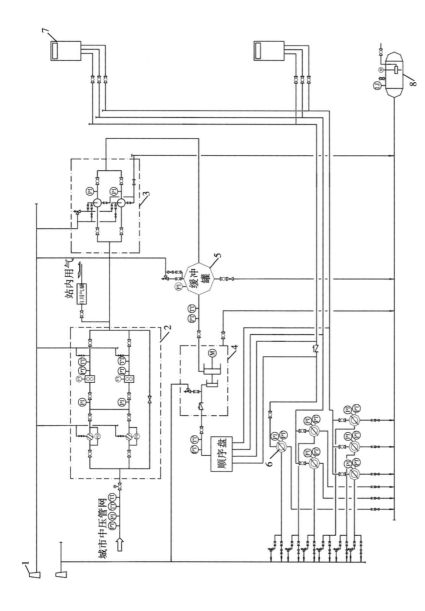

图 8-8 CNG 加气常规站工艺流程图

1—放空立管；2—过滤、计量橇；3—双塔式分子筛干燥塔橇；4—压缩机组橇座；5—缓冲罐；
6—储气井；7—售气机；8—排污罐

站内用气

城市中压管网

顺序盘

3. 子站工艺流程

子站根据增压系统的形式可分为液压式子站和常规子站两种。

常规子站主要工艺系统由卸气柱、子站压缩机、储气设施、售气及控制系统组成。压缩机一般采用往复活塞式，这种子站顺序控制盘尤为重要，它将尽量利用子站气瓶车高压气瓶对汽车充气。

常规子站工艺流程为：子站气源为由 CNG 母站开来的 CNG 气瓶车，气瓶车内气体压力为 20MPa。CNG 气瓶车同卸气柱连接后，通过压缩机向高、中压储气设施充气，充气压力为 25 MPa。CNG 气瓶车瓶组作为站上的低压储气设施使用，当其压力低于 3MPa 时，气瓶车回母站充气。售气时先用 CNG 气瓶车中的天然气直接向汽车充气，直到压力平衡为止，若汽车储气瓶内未达到充装压力要求时，再由中、高压储气设施向汽车加气直至达到充装的压力要求。

液压式子站是用液泵取代压缩机，利用特殊性质液体，以高压（≤25MPa）直接将液体充入 CNG 气瓶车的储气钢瓶中，将钢瓶内的压缩天然气推出，通过站内售气机将高压天然气充入汽车储气瓶内，达到给汽车加气的目的。它和常规子站相比，在进气压力小于 8MPa 时，节电效果明显，但进气压力大于 8MPa 时，常规子站压缩机功耗小于液压驱动子站。液压子站不需要建设储气瓶组，减小了占地面积，但液压式子站需配备专用的 CNG 气瓶车，造价相对较高，且无法与常规母站气瓶车兼用，这也使其适用范围受到限制。CNG 加气常规子站工艺流程见图 8-9。

四、安全设施

加气站处于超高压状态下运行，保证系统安全工作十分重要。因此，加气站中应有完善的安全设施。

加气站安全设施及相关要求如下：

（1）天然气进站设紧急切断阀，便于加气站发生事故时能及时切断气源。

（2）站内天然气调压、计量、增压、储存、加气各工段，应分别设置切断气源的切断阀。

（3）储气瓶、储气井与加气机或者加气柱之间的总管上设主切断阀。每个储气瓶（井）出口设切断阀。

（4）储气瓶（组）、储气井进气总管上设置安全阀、紧急放散管、压力表及超压报警器。

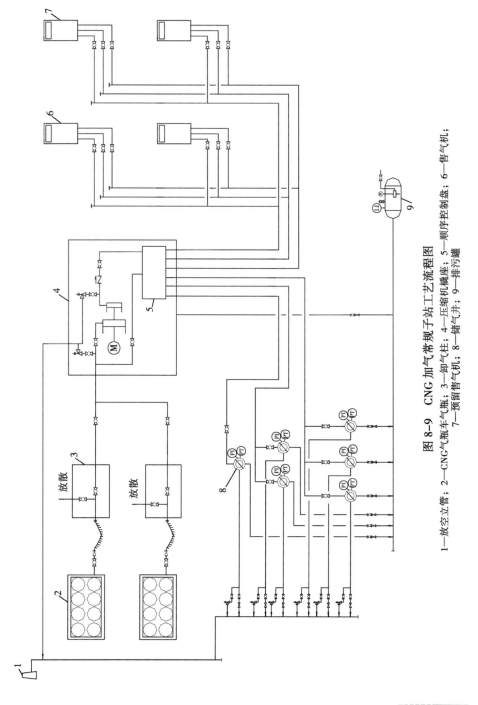

图 8-9　CNG 加气常规子站工艺流程图

1—放空立管；2—CNG气瓶车气瓶；3—卸气柱；4—压缩机；5—顺序控制盘；6—售气机；7—预留售气机；8—储气井；9—排污罐

（5）加气站内各级管道和设备的设计压力低于来气可能达到的最高压力时，应设置安全阀。

（6）加气站内所有设备和管道组成件的设计压力，应高于最大工作压力10%及以上，且不应低于安全阀的定压。

（7）CNG加气站内设备及管道，凡经增压、输送、存储、缓冲或有较大阻力损失需显示压力的位置，均应设压力测点，并应设供压力表拆卸时高压气体泄压的安全泄气孔。压力表量程范围为工作压力的 1.5~2 倍。

（8）CNG加气机、加气柱的进气管上，设置防撞事故自动切断阀。

（9）加气站内天然气管道和储气瓶（组）应设泄压放空设施，泄压放空设施应采取防塞和防冻措施，并应根据一次泄放量大小采取不同的排放方式：

①一次泄放量大于 500m³ 时（标准状态），应通过放散管放散。不同压力系统的放散管分别设置。放散口高出平台 2m 以上，高出地面 5m 以上。

②一次泄放量大于 2m³ 时（标准状态），泄放次数为平均每小时 2~3 次以上的操作排放，应排入站内压缩天然气系统中，或设回收罐。

③一次泄放量小于 2m³ 时（标准状态），可直接通过安全阀排入大气。

压缩机组运行的安全保护设施及相关要求如下：

（1）压缩机出口与第一个截断阀之间设置安全阀，安全阀的泄放能力不小于压缩机的安全泄放量。

（2）压缩机进、出口应设高、低压报警装置和高压越限停机装置。

（3）压缩机冷却系统应设温度报警装置和停车装置。

（4）压缩机润滑油系统应设低压报警装置和停机装置。

五、主要设备材料

1. 过滤、调压及计量设备

过滤、调压及计量设备包括过滤设备、调压器和计量装置。

1）过滤设备

CNG站过滤设备主要指的是进站过滤装置、脱硫装置后的过滤器、压缩机前的过滤器及终端过滤器。

进站过滤器多选用高效玻璃纤维或中效金属网式燃气过滤器。高效过滤器过滤 5μm 粒径颗粒的效率应不低于 99%；中效过滤器过滤 5μm 粒径颗粒的效率应不小于 90%或过滤 10μm 粒径颗粒的效率应不小于 95%。过滤面积为连接管道流通面积的 3~5 倍，过滤速度不大于 10m/s。过滤器结构压力损失不大于1kPa，工作压力损失不应大于15kPa。

如果脱硫装置后是脱水装置，则脱硫装置后的过滤器应选择高效过滤器；压缩机前过滤器采用中效过滤器；终端过滤器应选择高效过滤器。

2）调压器

调压器选型见第七章相关内容。

3）计量装置

CNG加气站计量包括进站计量和加气计量。

进站计量采用带温度和压力补偿的体积流量计，精度不低于1.0级；加气计量装置应符合GB 50156—2012《汽车加油加气站设计与施工规范（2014年版）》规定，一般多采用质量流量计配于售气机内。

进站计量装置选型见第十一章相关内容。

2. 脱硫设备

当引入充气站的天然气含硫量超过Ⅱ类天然气的质量要求（在标况下 H_2S 含量大于 $20mg/m^3$）时，须在站内设置脱硫装置，以避免 H_2S 对站内设备的腐蚀，提高使用寿命。

脱硫装置应2台并联设置，一开一备。CNG加气站多采用常温干法脱硫工艺，故多采用塔式脱硫设备。天然气通过脱硫装置的流速可取 150～200mm/s。天然气与脱硫剂的接触时间取 20～40s。

3. 脱水设备

当天然气中含水量超标时，站内必须设置脱水装置，以防止液态水损害汽车和加气站安全。

目前的脱水方法大多采用吸附法，吸附材料为分子筛。三种A型分子筛性能见表8-5。

表8-5　三种A型分子筛性能参数

型号	孔径 (10^{-1}nm)	形状	堆密度 (g/L)	压碎强度 (N/cm)	磨耗率 (%)	平衡湿容量 (%)	最大吸附热 (kJ/kg)	排除分子
3A	3～3.3	条形	≥650	20～70	0.2～0.5	≥20	4190	$d>0.3nm$，如 C_2H_6
		球形	≥700	20～80	0.2～0.5	≥20	4190	
4A	4.2～4.7	条形	≥660	20～80	0.2～0.4	≥22	4190	$d>0.4nm$，如 C_3H_8
		球形	≥700	20～80	0.2～0.4	≥21.5	4190	
5A	4.9～5.6	条形	≥640	20～55	0.2～0.4	≥22	4190	$d>0.4nm$，如异构化合物
		球形	≥700	20～80	0.2～0.4	≥24	4190	

当进站天然气含水量较低（如符合城镇燃气标准的天然气），除了规模较小的加气站采用吸附罐（单筒）间歇工作外，一般的加气站都采用两个吸附罐（双筒）轮流工作，一个脱水时，另一个再生，以满足连续运行的要求。

天然气脱水装置分为低压脱水装置、中压脱水装置和高压脱水装置。

低压脱水装置放在压缩机进口前，也称前置脱水。当加气站采用无油润滑压缩机时，因含湿量大会影响密封件等的寿命，必须采用低压前置脱水。对于进口压缩机，在运行中限制冷凝水量，一般也采用低压前置脱水。但低压脱水装置占地面积大，对于集装箱形式的加气站不适用。

中压脱水装置安装在压缩机中间级出口与下一级进口管路中，脱水压力在4.0MPa左右为宜。中压脱水装置投资费用低，但能耗和维修费用较高。

高压脱水装置放在压缩机后，也称后置脱水。由于气体中所含大部分水分在压缩机逐级压缩后被分离出去，因此高压脱水装置脱水量很小，结构尺寸也相对小，特别适合集装箱形式加气站使用。

当进站天然气含水量较低（如符合城镇燃气标准的天然气），加气站环境温度较高时，可采用低压前置脱水装置，也可采用中压、高压后置脱水装置。当进站天然气含水量较高且有波动，加气站环境温度低时，可采用高压后置脱水装置。

在进行脱水装置工艺设计时，天然气通过压缩机前置低压脱水装置的流速可取 120~150mm/s，通过压缩机中段脱水装置时流速可取 30~50mm/s，通过压缩机后置脱水装置的流速可取 30~50mm/s。天然气与脱水剂的接触时间可取 40~60s。

天然气经脱水装置后，可采用在线露点仪或便携式露点仪检测脱水后的天然气露点是否达到要求。

4. 压缩机系统

压缩机是 CNG 站内最重要的设备。压缩机采用分段进气设计，当进气压力为 3MPa≤p<7MPa 时，采用二级压缩形式；当进气压力为 7MPa≤p<20MPa 时，采用一级压缩形式。

压缩机系统主要包括：缓冲罐、废气回收罐、压缩机组、润滑系统、压缩天然气冷却系统、除油净化系统和控制系统 6 部分。

1）缓冲罐和废气回收罐

缓冲罐，严格讲应包括压缩机每一级进气缓冲罐，其目的是减小压缩机工作时的气流压力脉动以及由此引起的机组的震动。

进气缓冲罐应设在进气总管上或者每台机组的进口位置，排气缓冲罐宜设置在机组排气除油过滤器之后。天然气在缓冲罐内停留的时间不宜小于10s。

废气回收罐，主要是将每一级压缩后的天然气经冷却分离后，随冷凝油排出的一部分废气、压缩机停机后留在系统中的天然气、各种气动阀门的回流气体等先回收起来，并通过一个调压减压阀，返回到压缩机入口。当罐中压力超过其上的安全阀压力时，将自动集中排放。

2）压缩机组

压缩机组包括压缩机和驱动机。压缩机是压缩系统，也是整个加气站的心脏。不同厂商生产的压缩机结构形式都不一样。用于天然气的压缩机压力比较大，基本上都是活塞往复式压缩机。其结构形式有卧式对称平衡式、立式、角度式（V形、双V形、W形、倒T形等）。国内生产的压缩机主要有V形和L形两种类型。

压缩机组的驱动分两类，一是电动机，用得最多，最方便；二是天然气发动机，主要用于偏远缺电地区或气田附近，可降低加气站的运营成本。

根据 CNG 加气站工艺条件，天然气压缩机属于高压（排气压力 $10 \sim 100MPa$），中、小型（入口状态下体积不大于 $60m^3/min$ 为中型，不大于 $10m^3/min$ 为小型）压缩机。

往复活塞式压缩机适用于排量小、压比高的情况，是 CNG 加气站首选机型。往复压缩机压比通常为 3:1 或 4:1，可多级配置，每级压比一般不超过 7。

3）压缩机润滑系统

压缩机润滑系统对曲轴、汽缸、活塞杆、连杆轴套以及十字头等处进行润滑。其中汽缸润滑方式可分为有油润滑、无油润滑和少油润滑三种。

（1）有油润滑。

优点：对气缸和活塞要求不高；可利用汽缸润滑油带走部分摩擦热量，保证压缩机工作在可靠程度范围内；有油润滑技术难度小，安全可靠，同时可以减少摩擦功耗。

缺点：必须在排气口安装昂贵的油分离器；机组体积较大，成本上升；润滑系统复杂、维修工作量大；耗油量大；从汽缸带出的润滑油可能使后置处理的干燥物质污染失效。

（2）无油润滑。

优点：不需要安装昂贵的油分离器；节省了费用和机器空间；耗油量低；润滑系统简化；维护工作量降低。

缺点：对汽缸特别是活塞材质要求极高，成本上升。

（3）少油润滑。

少油润滑的优点介于有油润滑和无油润滑之间。它通过一个专门机构，定时定量地将润滑油供给每一个汽缸。即能保证汽缸润滑需要，又可将润滑油消耗量控制到最小。

4）压缩天然气冷却系统

压缩天然气冷却系统可分为水冷和风冷两大类。水冷又分为开式循环和闭式循环两种。风冷分为汽缸带散热翅片和汽缸不带散热翅片两种。

通常，水冷方式用于温度较高的南方地区，若在北方地区使用要考虑冬季的防冻问题。此外水冷系统还存在水的结垢和腐蚀问题，且需定期补水，不适用于缺水地区。风冷方式靠与空气换热冷却，没有冷却水，可用于较低的环境温度，气候适应能力更强，但是冷却效果较水冷差一些。

水冷却方式一般由冷却塔、循环系统、水处理设备、管路等组成。开式循环冷却水在冷却塔内直接与空气换热，投资少、冷却效率高。但是开式循环需对冷却水进行处理，补水和排污量较大。

闭式循环冷却水始终处于密闭系统内，循环水的热量通过冷却器的风扇强制换热冷却。这种冷却方式效果较开式水冷差，但是避免了结垢、补水及排污的问题，可用于缺水地区。

汽缸无散热翅片的风冷方式的优点：汽缸结构简单；不需要对汽缸套清洗水垢；不需冷却水循环系统；冷却风扇可以同时对压缩机和冷却器进行冷却，冷却效果好。

汽缸无散热翅片的风冷方式的缺点：汽缸工作温度高，对材料要求高；冷却效果好坏完全取决于冷却器；同样排气条件下冷却器体积最大。

汽缸无散热翅片的风冷方式的适用范围：结构分散的对称平衡式压缩机。

汽缸设置散热翅片的风冷方式的优点：汽缸结构比较简单；冷却风扇可以同时对压缩机和冷却器进行冷却，冷却效果好。

汽缸带散热翅片的风冷方式的缺点：汽缸散热翅片使得铸造工艺复杂。

汽缸带散热翅片的风冷方式的适用范围：结构紧凑的角度式压缩机。

以下面例题为例，进行压缩机选型。

[例8-1] 某 CNG 加气站，为 5 座日供气规模为 $10000m^3$ 的 CNG 加气子站运输车加气，有 5 辆 $18m^3$ 的运输车和 2 辆 $12m^3$ 的运输车。同时，该加气站具有日加气规模 $5000m^3$ 的 CNG 汽车加气站功能。天然气接自城市门站次高压 A 级专用管线，进气压力为 1.6MPa，要求压缩至 25MPa。请根据加气负荷规律（表8-6），确定压缩机型号和数量。

表8-6　不同方案的生产安排和储气量计算

工作时段	加气量 (m³)	生产量（m³）			累计平衡量（m³）		
		方案 A	方案 B	方案 C	方案 A	方案 B	方案 C
		多台	2+1 台	3 台	多台	2+1 台	3 台
05～06	3075	3438	3100	3300	363	25	225
06～07	4910	3438	5030	4650	−1109	145	−35
07～08	4960	3438	5030	4650	−2631	215	−345
08～09	3210	3438	3100	3700	−2403	105	145
09～10	3560	3438	3600	3100	−2525	145	−315
10～11	3910	3438	4000	4300	−2997	235	75
11～12	3360	3438	3100	3400	−2919	−25	115
12～13	3260	3438	3500	3100	−2741	215	−45
13～14	3460	3437	3480	3500	−2764	235	−5
14～15	3660	3437	3480	3500	−2987	55	−165
15～16	3245	3437	3100	3100	−2795	−90	−310
16～17	3360	3437	3480	3500	−2718	30	−170
17～18	3310	3437	3300	3500	−2591	20	20
18～19	3210	3437	3100	3100	−2364	−90	−90
19～20	3160	3437	3100	3100	−2087	−150	−150
20～21	700	3437	850	1000	650	0	150
21～22	500	0	650	500	150	150	150
22～23	150	0	0	0	0	0	0
合计	55000	55000	55000	55000	3647	385	570

一般压缩机每天工作时间以 12～14h 为宜，故平均排量为 65～76m³/min（基准状态）。当设置 2～7 台压缩机时，每台压缩机排量为 11～38m³/min。CNG 加气站排气压力为高压力、中流量，因此运用往复式压缩机。

CNG 加气站进口管道来自城市门站，压力1.6MPa。对于多级压缩，各级压缩比由下式计算：

$$\varepsilon = \sqrt[n]{p_1 - p_0}$$

式中，p_1、p_0 分别为压缩机进气和吸气压力（MPa，绝对压力），n 为压缩级数。

如果选 2、3 级压缩，计算得压缩比分别为 3.96、2.50，都在适宜范围内。考虑到热效率等因素故选 3 级压缩机。不同方案的生产安排和储气量计算结果见表 8-6。

由表 8-6 可知，全站工作时间为 18h，最大加气负荷为 4960m³/h，最小加气负荷为 150m³/h，极不均匀。但主要的 CNG 运输车充气时间为 15h，平均每小时加气量约为 3438m³，最大加气负荷为 4960m³/h，最小加气负荷为 3160m³/h，则相对波谷比不大，为此压缩机运行时间应集中于 15h 内。

为选择合理的压缩机配置，可分为三种方案进行分析计算。

方案 A 为均匀生产制度。即压缩机每小时均压缩 3438m³，其特点为：运行操作和控制简单，各压缩机排量可灵活选择，能使配置的总额定排量与所需压缩量具有较好的一致性，可以降低压缩机额定量大于需要的富余量，同时可以使其他设备在恒定设计流量下平稳运行。但均匀生产制度计算所得储气量最大，为 3647m³（见表 8-6 计算结果），使储气设备投资大大增加。相较之下，此方案不可行。

方案 B 为具有基本负荷的变负荷生产制度方案。分析供应量可知，基本负荷大约为 3200m³/h。为此，先选择 2 台排量为 1550m³/h 的压缩机（折算在进口压力 1.6MPa 下的排量为 1.6m³/min）作为基本负荷用压缩机。再配置最大加气负荷扣除基本负荷后的调峰用压缩机，生产量峰值为 1860m³/h，可选 1 台排量为 1930m³/h 压缩机（折算在进口压力 1.6MPa 下的排量为 2m³/min）或 2 台排量为 960m³/h 压缩机。

此方案在最大生产量下，能够满足最大供应量。因此，所需储气量最小，为 385m³（见表 8-6 计算结果），可节省储气设备投资。但会使通过其他设备的峰值流量大，运行不一定平稳。同时，按模拟情况，基本负荷压缩机在工作中停启 2 次，调峰负荷压缩机一天中需停启 5 次。因此，此方案有一定缺陷。

方案 C 为适当装机容量变负荷生产制度方案。此方案在最大负荷以内选择压缩机总排量，同时又在一定基本负荷下配置调峰负荷压缩机。可以选择 3 台排量为 1550m³/h 压缩机，以任意 2 台为基本负荷压缩机，另 1 台作为调峰压缩机。

此方案所需储气量较小，为 570m³/h，既可节省储气设备投资，又不会使通过其他设备的峰值流量过大。另一方面，按模拟情况，基本负荷压缩机可连续运行，调峰负荷压缩机启停 5 次即可，而且基本负荷压缩机和调峰负荷压缩机可以互换，对压缩机本身也有利。相比之下，此方案可选。

为此，选 3 台压缩机，主要指标为：进气压力 1.6MPa，排气压力

25MPa，排气量 1550m³/h，3 级压缩。

一般情况下，压缩机建设费用高于储气设备，适当降低压缩机装机容量会节省投资。但压缩机装机容量又不能太低，否则会影响储气容积有效利用率，降低加气工作效率。另一方面，压缩机台数多，设备费用、占地面积、实际耗电量大，故选用 2~3 台相同排量的配置方案，是比较合理的。

往复式压缩机进气压力降低时，排气量会减少。为此可考虑一部分进口压降的影响，适当提高选择压缩机时的排气量。

5. 储气设备

合理的储气容量不但能提高的气瓶的利用率和加气速度，而且可以减少压缩机的启动次数，延长使用寿命。根据经验，通过编组方法，可提高加气效率，即将储气设备分为高、中、低压三组，当压缩机向储气设备充气时，按高、中、低压的顺序进行，当储气设备向汽车加气时，则恰恰相反，按低、中、高压的顺序进行。

储气系统因其内部储存的 CNG 压力达到 25MPa 而成为安全技术考虑的重中之重，在储气设备的布置方式、安全可靠性评价、工艺制造以及材质方面都有着特殊要求。CNG 加气站常用储气设备包括并联小气瓶储气瓶组、无缝大容积储气瓶组和储气井。

1）并联小气瓶储气瓶组

并联小气瓶储气瓶组设计压力为 25MPa，是由 60~200 个水容积在 50~80L 的小型高压气瓶并联在一起组成的较大容积的储气设备。这种储气设备不允许有排污口，初期投资低，但运行维修成本高，每三年必须把储气瓶拆开，对每支瓶子进行水压试验。并联小气瓶储气瓶组属于松散结构，容器多，接头多，存在泄漏危险，且管线尺寸小，流动阻力大，增加了不安全因素。因此，这种储气方式很少采用。

2）无缝大容积储气瓶组

无缝大容积储气瓶组设计压力为 27.5MPa，单瓶水容积为 1300~1500L，是专门用于 CNG 加气站地面储气的无缝压力容器。这种瓶组初期投资高，但运行和维修成本低，除一般外部和内部直观检测外，不需再检测；它坚固，整体结构能更好地承受冲击载荷及地震波动；其容器数量少，接头少，管线尺寸大，流动阻力小。这种储气瓶组广泛应用于 CNG 加气站。

3）储气井

储气井设计压力为 25MPa。采用钻井技术，在地面上钻一个深度为 100~200m 的井，然后将十几根石油钻井工业中常用的 18cm 套管通过管端的扁梯形螺纹和管箍接头连接在一起，两头再各安装一个封头，形成一个细长的容器，放至井中，然后在套管外围与井壁之间灌入水泥砂浆，将长筒形容器固定起来，便形成了一个地下储气井。根据加气站的容积需要，可以灵活决定储气井的深度和数量，每口井的间距为 1~1.5m。同地面瓶组相比，这种储气方式有很多优点：

（1）节省土地面积。如三口井实际占地只需要 1~2m²，其所需的防火间距只有地面储气瓶组的 50%~70%，所以其实际所需的平面防火区面积只有地面储气瓶组的 1/3 左右。这既有利于站面布置，也有利于站址选择和减少总投资。

（2）安全性较好。储气井直径很小，同时外壁有油井专用水泥固封，所以承压能力很强，套管爆破压力达 86MPa。此外，即使储气井发生爆炸，其高压气体也是通过撕裂的地层缓慢泄压，爆炸能量被相对无限大的地层迅速吸收，地面只有轻微震动。同时，这种装置还不易受到人为、撞击、火灾等外界其他因素的破坏。

（3）节省了安全辅助装置设施。按照 GB 50156—2012《汽车加油加气站设计与施工规范（2014 年版）》的规定，储气瓶组必须进行防腐，必须设置可燃气体检测器以及夏季喷淋冷却装置和冬季防冻装置。而储气井深埋于地下，冬暖夏凉，无需这些设施。同时，防火墙的高度和长度也大为减少，建设费用只为储气瓶组的一半。

（4）运行维护费用低。根据 SY/T 6535—2002《高压气地下储气井》的规定，储气井的全面检测周期是 6 年，根据 GB 24163—2009《站用压缩天然气钢瓶定期检验与评定》的规定，储气瓶组检验周期为 3 年。

储气井也有缺点，如耐压试验无法检验强度和密封性，制造缺陷也不能及时发现，排污不彻底，容易对套管造成应力腐蚀等。

根据储气井井深决定井筒和管箍接头的数量，下封头置于井底，上封头上开有排污口和进排气口，排污口下部吊了一根排污管通至井底，有些储气井为了结构简化还将进、排气口合二为一。储气井上部高出地面 30~50cm，每根套管的长度为 10m。套管与管箍接头的连接螺纹处采用能承受 70MPa 高压的专用密封脂进行密封。储气井有几项比较关键的技术必须加以注意：

（1）井口上封头进、排气接管和排污接管处容易发生漏气。这种状况通过改用球面密封得到了解决，另外有些厂家将进、排气口合二为一，也减少了泄漏点。

（2）以往进气口的水平布置易造成高压气流对井壁和排污管根部的冲蚀现象，常将排污管吹断。现在的储气井将进气口竖直设置在上封头上，杜绝了这种现象。

（3）储气井有一小部分伸出地面，暴露于空气中，因为空气与大地化学成分不一致，所以在井筒靠近地面处容易产生锈蚀。一个解决办法是在地面以上及以下各约15cm处的筒体上各套一个由镁合金等活泼金属制成的金属环，并用导电材料将两金属环连接，则可避免钢制套筒的腐蚀，取而代之的是金属环的腐蚀，腐蚀后的金属环只需定期更换，可有效保护井体。

（4）储气井还容易出现的一个问题是长时间运行及气体受到冷却后，井底容易出现积水，天然气中或多或少含有一些硫化氢，硫化氢容于积水后对井底金属形成腐蚀。国内某厂家用一个巧妙的办法解决了这一问题，在储气井底部灌入一些润滑油或液压油，当有积水存在时，油会浮在水面上，将水和天然气隔开，有效避免了硫化氯溶于水而产生的腐蚀。排污时，水排完见到油后则停止排污，对于排出而损失的少量油，2~3年补充一次即可。

（5）此外，套筒和井壁之间水泥砂浆是通过一个管状物灌入的，有时容易发生灌浆管底部堵塞而灌浆不致密的问题。在灌浆管侧壁上开许多孔，形成一个多出口的灌浆管，可有效解决这一问题。

储气井应符合 SY/T 6535—2002《高压气地下储气井》的规定，其公称压力为25MPa，公称容积为$1~10m^3$。储气井基本参数见表8-7。

表 8-7　储气井基本参数

公称容积（m^3）	井筒外径（mm）	壁厚（mm）	井管长度（m）
1	177.8	6.71~10.16	50
	191.1	6.71~10.16	40
2	177.8	6.71~10.16	100
	191.1	6.71~10.16	80
	244.5	7.92~10.03	50
3	177.8	6.71~10.16	150
	191.1	6.71~10.16	120
	244.5	7.92~10.03	100
	273.1	7.09~11.43	60
4	177.8	6.71~10.16	200
	191.1	6.71~10.16	160
	244.5	7.92~10.03	135
	273.1	7.09~11.43	80

公称容积（m³）	井筒外径（mm）	壁厚（mm）	井管长度（m）
	191.1	6.71~10.16	200
5	244.5	7.92~10.03	125
	273.1	7.09~11.43	100
	244.5	7.92~10.03	200
6	273.1	7.09~11.43	120
7	273.1	7.09~11.43	200

6. 加气柱、卸气柱

加气柱应具有计量和加气功能。根据工艺流程可选单管或多管（带顺序控制盘）、单枪或双枪。卸气柱是将 CNG 气瓶车钢瓶中的 CNG 送入压缩机的专用设备。加气站卸气柱为带质量流量计的高速卸气柱，卸气管线自带放空装置，可以通过卸气柱顶端将尾气放空到大气中去。卸气柱通过高压铠装柔性管把卸气柱的快装接头和 CNG 气瓶车的主控阀相连进行卸气，当气瓶车瓶内压力降到 2MPa 时停止卸气。

加气（卸气）柱流量不应大于 0.25m³/min，加气（卸气）枪软管上应设拉断阀，在工作压力为 20MPa 时，拉断阀分离拉力宜为 600~900N，软管长度不应大于 6m。

7. 售气机

售气机是给汽车储气瓶充装压缩天然气的专用设备。它包括计量仪表、加气枪、加气嘴、加气软管（包括自密封拉断阀）、电磁控制阀、电气接线、充装泵、机壳等。加气站售气机采用带进口质量流量计（带温度、压力补偿）的双枪售气机，流量范围为 6~40m³/min/枪。售气机带超压保护装置和软管拉断保护装置，一旦发生紧急情况，设备能自动关闭气源，确保加气现场安全。

根据售气机工作能力（平均 10m³/min），实际操作时每一辆出租车加气（一次加气大约 12m³）所用时间为 3~5min（含等待时间）；每辆公交车加气（一次加气大约 33m³）所用时间大约为 5min；每把加气枪实际加气量为 250~350m³/h。根据加气站规模可以确定售气机数量，考虑到远期扩容的需要，可预留几台售气机的位置。

8. 控制系统

1）概述

CNG 加气站检测和控制调节装置应满足 GB 50028—2006《城镇燃气设计

规范》的要求，具体见表8-8。

表 8-8　CNG 加气站检测和控制调节装置

参数名称			现场显示	控制室		
				显示	记录/积累	报警连锁
天然气进站压力			√	√	√	—
天然气进站流量			—	√	√	—
压缩机室	调压器出口压力		√	√	√	—
	过滤器出口压力		√	√	√	—
	压缩机吸气总管压力		—	√	—	—
	压缩机排气总管压力		√	√	—	—
	冷却水	供水压力	√	√	√	—
		供水温度	√	√	√	√
		回水温度	√	√	√	√
	润滑油	供油压力	√	√	√	—
		供油温度	√	√	—	—
		回油温度	√	√	—	—
	供电	电压	—	√	—	—
		电流	—	√	—	—
		功率因数	—	√	—	—
		功率	—	√	—	—
压缩机组	各级压缩机	吸气、排气压力	√	√	—	√
		排气温度	√	√	—	√（手动）
	冷却水	供水压力	√	√	—	√
		供水温度	√	√	—	√
		回水温度	√	√	—	√
	润滑油	供油压力	√	√	—	√
		供油温度	√	√	—	√
		回油温度	√	√	—	√
脱水装置	出口总管压力		√	√	√	—
	加热用气	压力	√	√	—	√
		温度	—	—	√	—
	排气温度		√	√	—	—

2）压缩机控制系统

压缩机的控制系统包括进、排气压力越限报警、连锁装置，排气温度越限报警、连锁装置，油压越限报警、连锁装置等。

压缩机按启充压力为高、中压储气瓶组顺序充装压缩天然气是通过优先控制盘实现的。优先控制盘安装在压缩机橇座上，它通过压缩机将子站气瓶车内的 CNG 加到高压和中压瓶组内。通过售气机可以直接从任何储气瓶组取气。此优先控制盘由加气站的主控 PLC 控制。PLC 通过压力传感器监测压力并控制优先控制盘上阀组的动作，同时控制盘上的 PLC 可以启动压缩机通过旁通管线给汽车加气，或者从中压瓶组向高压瓶组补气以保证一定压力。

3）储气系统优先控制逻辑顺序

压缩机向储气瓶组充气是按照高压、中压、低压的顺序进行；储气瓶组向汽车加气是按照低压、中压、高压的顺序进行。

以 CNG 加气子站为例说明储气、加气的控制逻辑。子站气瓶车与卸气柱连接，向高压、中压储气瓶组充气，直至气瓶车内压力与储气瓶组内压力平衡，此压力由压力传感器测得。这时，电磁阀打开，通过压缩机将气瓶车内的 CNG 加到高压储气瓶组。当压力传感器测到高压储气瓶组的压力达到 25MPa 时，中压储气瓶组开始充气；当压力传感器测到中压瓶组的压力为 25MPa 时，PLC 将停止压缩机运转。此时所有优先控制电磁阀全部关闭，子站处于待机状态，可随时为汽车加气。

在储气瓶组已充满，压缩机待机的状态下，汽车加气由售气机的质量流量计和电磁阀来控制。首先从子站气瓶车取气，达到一定压力后，通过同一供气管线从中压瓶组取气，最后从高压瓶组取气。当高压瓶组内压力降低到无法完成加气过程时，售气机控制系统输出信号给 PLC，由 PLC 打开电磁阀，启动压缩机，通过压缩机的旁通管线给汽车直接加气。

当整个加气系统压力下降到设计点时，压缩机还可以继续从储气瓶组中取气给汽车加气，直到子站气瓶车及储气瓶内压力下降到 3MPa 为止。这样，即便由于特殊原因下一辆子站气瓶车无法准时到达子站，系统仍可为汽车加气，不会耽误出租车和公交车运营。

9. 阀门和仪表

CNG 加气站阀门采用全焊接专用高压不锈钢阀门。安全阀选用全启封闭式弹簧安全阀，泄放能力应按实际保护设备需要的泄放量确定。当不能确定时，可按照小于进站设计流量的 20% 计。

压缩机管路等有震动处应选用耐震压力表。压力表盘直径不小于 150mm，量程为工作压力的 1.5~2 倍，准确度不低于 1.5 级。用于控制室集中指示的压力变送器应优先采用本安型防爆仪表，当无法实现本安防爆时，可采用隔爆型仪表。其输出为标准电动信号 4~20mA DC，且防护等级不低于 IP56。

10. 管材、管件及连接方式

加气站压缩前燃气管道及排污、放空管道采用无缝钢管；压缩机后高压部分工艺管线应选用高压不锈钢管，并应满足 GB/T 14976—2012《流体输送用不锈钢无缝钢管》的有关规定。

压缩机后高压管路上不锈钢管管件（弯头、三通、异径接头）采用锻钢制不锈钢对焊管件或双卡套连接管件，双卡套接头应符合 GB 3765—2008《卡套式管接头技术条件》标准。其余管件采用无缝管件，符合 GB/T 12459—2005《钢制对焊无缝管件》的要求。

钢管外径大于 28mm 时，压缩天然气管道采用焊接连接，管道与设备、阀门的连接宜采用法兰连接；不大于 28mm 的压缩天然气管道与设备、阀门连接可采用双卡套接头、法兰或者锥管螺纹连接。

不锈钢采用手工钨极氩弧焊焊接，其余管材采用手工电弧焊，焊接材料的选用通过焊接工艺评定来确定。

第三节　压缩天然气储配站

对于距长输天然气管线较远、用气量较小、建设高压支线不经济的小城镇，可考虑采用 CNG 供气。即利用 CNG 气瓶车将 CNG 从母站运输至卸气储配站，使 CNG 减压、计量、加臭后供用户使用。

一、站址选择

储配站站址的选择应符合下列要求：

（1）站址应符合城镇总体规划的要求。

（2）站址应具有适宜的地形、工程地质、供电、给水排水和通信条件。

（3）储配站应少占农田、节约用地，并注意与城镇景观灯协调。

（4）储配站内的储气罐和站外的建、构筑物的防火间距应符合现行国家标准 GB 50028—2006《城镇燃气设计规范》的有关规定，见表 8-9。站内露天燃气工艺装置与站外建、构筑物的防火间距应符合甲类生产厂房与厂房建、构筑物的防火间距要求。

一般简易的城镇压缩天然气储配站的占地面积约为 $2000\sim3000m^2$，站内设置备用气源或调峰储罐的压缩天然气储配站的占地面积约为 $5000\sim6000m^2$。

表 8-9　储气罐与站内的建、构筑物的防火间距（m）

储气罐总容积 （m^3）	≤1000	>1000 且 ≤10000	>10000 且 ≤50000	>50000 且 ≤200000	>200000
明火、散发火花地点	20	25	30	35	40
调压室、压缩机室、计量室	10	12	15	20	25
控制室、变配电室、汽车库 等辅助建筑	12	15	20	25	30
机修间、燃气锅炉房	15	20	25	30	35
办公、生活建筑	18	20	25	30	35
消防泵房、消防水池取水口	20				
站内道路（路边）	10	10	10	10	10
围墙	15	15	15	15	18

二、平面布置

压缩天然气储配站由 CNG 卸气、减压、计量、加臭等主要生产工艺系统及循环热水、给排水、供电、自动控制等辅助的生产工艺系统及办公用房等组成。储配站的总平面应遵循现行国家相关规范，结合储配站的性质、生产工艺流程、安全、运输等要求进行布置，一般应分为两个区域，即生产区和辅助区。具体要求按 GB 50028—2006《城镇燃气设计规范》中的有关规定执行。CNG 储配站平面布置示意图见图 8-10。

三、工艺流程

CNG 储配站应具有卸气、加热、调压、储存、计量和加臭等功能。CNG 储配站典型工艺流程见图 8-11。

由 CNG 气瓶车 1 运来的 20MPa 的压缩天然气，经卸气柱 2 卸气并进行进站计量，经一级加热器 4、过滤器 5 后，由一级调压器 7 调压至 4MPa 左右，

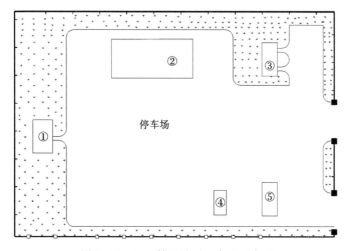

图 8-10 CNG 储配站平面布置示意图

①—CNG 调压计量橇；②—停车位；③—办公用房；④—消防水池；⑤—辅助用房

再经二级加热器 8，由二级调压器 9 调压至 1.6MPa 后，经流量计 10 进行出站计量，并由三级调压器 11 调压至 0.4MPa，由加臭装置 12 加臭后，出站进入用户管网。

当 CNG 气瓶车中的 CNG 压力降低到一级调压器进口最低要求压力以下时，开启旁通管 6，直接进入二级调压器前，按其后流程供气。当 CNG 压力进一步降低到二级调压器进口最低要求压力以下时，开启二级调压管路的旁通管，直接进入三级调压器调压后供气。当 CNG 压力在进一步降低至三级调压器进口最低要求压力之前，切断 CNG 气瓶车供气阀门，切换至另一辆载有足够 CNG 的气瓶车进行供应。空载 CNG 气瓶车返回 CNG 加气母站充气。

四、主要设备

1. CNG 减压橇

一级及二级加热器、调压器、切断阀、流量计、阀门及仪表等设备，均可以集中装配成 CNG 减压橇。这使得其相应流程的自动控制方便，占地面积小。

采用 CNG 供气的城镇，一般用气量不大，这类城镇燃气输配管网多采用中、低压系统。因此，高压压缩天然气在输入燃气管网前需要减压。气体减

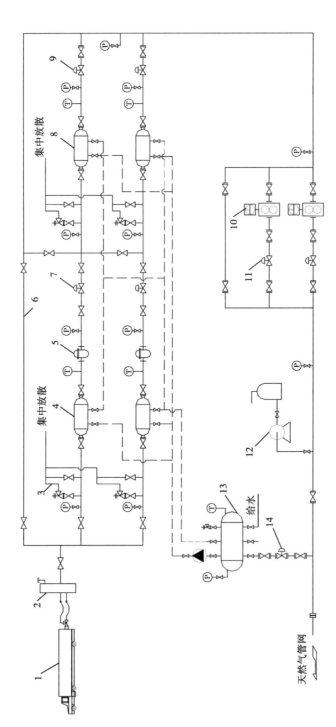

图 8-11 CNG 储配站工艺流程图

1—CNG气瓶车；2—卸气柱；3—放散阀；4——级加热器；5—过滤器；6—旁通管；7——级调压器；8—二级加热器；
9——级调压器；10—流量计；11—三级调压器；12—加臭装置；13—锅炉；14—锅炉专用调压器

压膨胀会导致气体温度变化。天然气从 20MPa 降到 0.4MPa，温度大幅降低，会使燃气管道、调压器皮膜等出现冷脆现象，引发事故。因此，对于减压幅度大的天然气，减压前需要加热升温。降压降温数值可通过软件计算，也可利用估算值：压降 1MPa，天然气温度降低约 3~4℃。

调压器技术参数如下：

一级调压器：最大入口压力为 25MPa，出口压力为 6MPa。

二级调压器：最大入口压力为 6MPa，出口压力为 1.6MPa。

三级调压器：最大入口压力为 1.6MPa，出口压力为 0.2~0.4MPa（或者城镇管网起始压力）。

调压器工作温度：−20~60℃。

调压器可配带消音器和监控调压器，也可配置内置切断阀。

2. 调压切断阀

为防止调压器失灵时出口压力超高，调压器前应设切断阀，或者选用内置切断阀的调压器。切断阀压力根据调压器后工作压力确定，一般小于调压器后工作压力的 0.9 倍或小于最大工作压力。切断阀的工作温度与调压器相同。

3. 加热器

CNG 加热器一般采用热水列管式，气走管程，水走壳程。管程材质为不锈钢，壳程材质为碳钢。

根据卸气过程中流量的变化，调压器、加热器的计算流量按下列情况确定：

（1）对于一、二级调压器按照高峰小时流量及要求的卸车速度确定计算流量。

（2）对于三级调压器按城镇燃气高峰小时流量确定。

（3）加热器的计算流量按要求的一、二级调压器流量确定。

为防止实际流量、压降远小于设计计算流量和最大压降，造成气体温度过高，可采用在加热器进口设置与调压器出口温度连锁的温控阀。如有条件时最好每台加热器对应一台热水循环变频泵，该泵与调压器前后的温度变送器连锁，并与调压器出口压力连锁，对热水流量进行调节。当无法调节，温度超低限报警，减少燃气流量；当温度超高限或调压器出口压力低于设定值时，自动停止热水泵运转。

第九章　液化石油气供应

液化石油气（Liquefied Petroleum Gas，LPG），是指 C_3 和 C_4 烃类，即丙烷（C_3H_8）、丁烷（C_4H_{10}）、丙烯（C_3H_6）、丁烯（C_4H_8）和 C_4 化合物的异构体，是开采和炼制石油过程中，作为副产品而获得的一部分碳氢化合物。

液化石油气具有很高的气化率、膨胀系数及敏感的可压缩性，是一种高效、高热值、清洁卫生的燃料。液化石油气中烯烃部分可作为化工原料，烷烃部分可作为燃料。基于液化石油气的特点，液化石油气已广泛应用于民用汽车、金属切割焊接、火力发电、化工等行业和领域。

第一节　液化石油气储存

液化石油气中的碳氢化合物在常温常压下呈气态，当压力升高或降低时，很容易转变为液态。从气态转变为液态，其体积约缩小 250 倍。根据液化石油气的这一特性，LPG 通常以液态形式储存。液化石油气比水轻，其密度为水密度的 $1/2 \sim 3/5$，并随温度的升高而减小。液化石油气当温度升高时，体积急剧增加，其容积膨胀系数比汽油、煤油和水都大。因此，液化石油气在储存容器内不能全部充满，应留有一定的气相空间。液化石油气在容器中通常呈饱和状态，常温下具有较高的饱和蒸气压，其饱和蒸气压随温度的升高而增大。因此，在运输、储存和使用时，应严格控制温度，以防压力急剧增加而引起爆炸事故。液化石油其中常含有少量的 C_5 以上的重碳氢化合物，其沸点在 36℃ 以上，在常温下不易汽化而残留在储罐或钢瓶中，称为残液，需要对其进行回收处理。

一、液化石油气的储存方式

根据液化石油气的容积、温度、压力及当地地质情况等因素不同，液化石油气的储存方式如下：

$$
\text{LPG 储存}
\begin{cases}
\text{地上储存}
\begin{cases}
\text{压力储存}
\begin{cases}
\text{常温压力储存}\\
\text{低温压力储存}
\end{cases}\\
\text{常压储存：低温常压储存}
\end{cases}\\
\text{地下储存：熔造岩穴、岩洞、天然坑洞储存}
\end{cases}
$$

1. 常温压力储存

液化石油气在常温下的储存压力一般略低于其气温下的饱和蒸气压。液化石油气的饱和蒸气压很高，因此在常温下必须压力储存，储罐的设计压力应为最高液体温度下的蒸气压。常见的储罐形式为卧式筒罐和球形罐。我国目前多采用球形罐，其造价低，安装、运行管理方便，容积一般不超过5000m³。因储罐安全间距及占地面积要求，这种储存方式一般用于储量为几百至几千吨的储配站。

2. 降温储存

液化石油气储罐内的压力是液化石油气的成分及温度的函数。储存站内液化石油气的成分是经常变动的，而我国地域广泛，南北方温度相差又很大，对于储量比较大的液化石油气储存站，采用常温压力储存必耗费大量资金与钢材。因此，采用降温储存是非常必要的。液化石油气的降温储存可采用降温压力储存和降温常压储存。中型LPG储存站一般采用降温压力存储。降温常压存储是目前大规模储存液化石油气的方法。

当环境温度低于设计温度时，储罐可以正常运行；但当环境温度高于设计温度时，储罐内的压力就会超过设计压力。因此，采用降温储存方式需设置制冷设备，以降低储罐内的液化石油气温度。液化石油气的降温储存分为直接冷却式（开式循环法）和间接冷却式（闭式循环法）。

1）直接冷却式

当罐内温度及压力升高到一定值时，罐内出现气态的液化石油气，通过压缩机将罐内的气态LPG抽出，经冷凝器冷凝后再经泵直接打入罐内。以此依次循环，使罐内的液化石油气不断被冷却，保持罐内温度和压力的设计值。直接冷却式流程见图9-1。

2）间接冷却式

间接冷却式与直接冷却式不同，它需要经过气液分离器将LPG气液分离，汽化的LPG在冷凝器里作为冷媒为液化石油气降温。间接冷却式又分为间接气相冷却式和间接液相冷却式，流程分别如图9-2和图9-3所示。

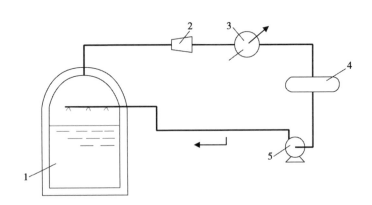

图 9-1　直接冷却式流程

1—低温储罐；2—压缩机；3—冷凝器；4—储液罐；5—液化石油气泵

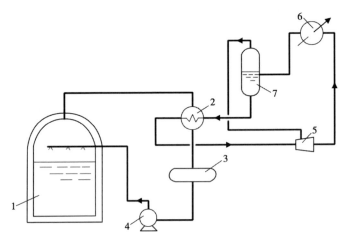

图 9-2　间接气相冷却式流程

1—低温储罐；2—冷凝器；3—储液罐；4—液化石油气泵；5—压缩机；

6—冷凝器；7—气液分离器

直接冷却式系统简单、运行费用低，得到了广泛的应用。间接冷却式通常用于液化石油气的运输船上。

3. 地下储存

地下储存主要是在地下水位以下的岩层内挖掘空洞，依靠压力或液化石油气自身的低温，使空洞形成一个密闭空间对液化石油气进行存储。地下储

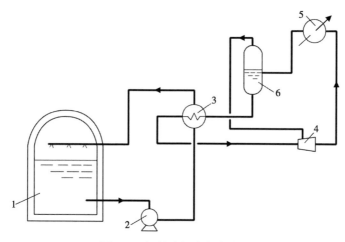

图 9-3　间接液相冷却式流程

1—低温储罐；2—液化石油气泵；3—换热器；4—压缩机；5—冷凝器；6—气液分离器

存容量大、安全性强、对周围环境影响小且储存时间长，国外多采用此方法储存液化石油气。

二、液化石油气储配站

液化石油气储配站是液化石油气储存站和灌装站的统称，兼有储存、灌瓶、槽车装卸等功能。

液化石油气储配站的主要任务是：

（1）自液化石油气生产厂或储存站接收液化石油气。

（2）将液化石油气卸入储配站的固定储罐进行储存。

（3）将储配站固定储罐中的液化石油气灌注到钢瓶、汽车槽车的储罐或其他移动式储罐中。

（4）接收空瓶，发送实瓶。

（5）将空瓶内的残液或有缺陷的实瓶内的液化石油气倒入残液罐中。

（6）残液处理：

①供站内锅炉房作燃料。

②外运供给专门用户作燃料。

（7）检查和修理气瓶。

（8）站内设备的日常维修。

1. 液化石油气的运输

液化石油气自生产厂或储存站运输到储配站，主要的运输方式分为：管道运输、铁路运输和公路运输。

1）管道运输

管道运输系统由起点储气罐、起点泵站、计量站、中间泵站、管道及终点储气罐组成，如图9-4所示。液化石油气通过起点泵站从起点储气罐抽出，经计量后送入管道中，再经中间泵站将液化石油气压送到终点储气罐。如输送距离较近，可不设置中间泵站。在设计和运行时，必须考虑液化石油气易于汽化的特性，在管道运输过程中，管道内任一点的压力都必须高于管道内所处温度下液化石油气的饱和蒸气压，以保持液化石油气的液相输送。否则，液化石油气会在管道内汽化形成"气塞"，大大降低管道的输送能力。

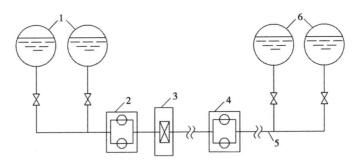

图9-4　液化石油气管道输送系统图

1—起点站储罐；2—起点泵站；3—计量站；4—中间泵站；5—管道；6—终点站储罐

管道输送液化石油气运输量大，系统运行安全、可靠，运行费用低。但管道运输系统不可分期建设，一次性经济投资较大，金属耗量也大。管道运输在运行费用和安全可靠性方面优于其他运输方式。

液化石油气的管道输送系统根据工作压力的不同，可分为三个等级，如表9-1所示。

表9-1　液化石油气的管道输送系统等级

管道级别	设计压力（MPa）
I级	$p > 4.0$
II级	$1.6 < p \leqslant 4.0$
III级	$p \leqslant 1.6$

液化石油气的输送管道采用地下敷设，管道与建、构筑物、相邻管道的水平和垂直净距离见表9-2和表9-3。

表9-2　管道与建、构筑物、相邻管道的水平净距离（m）

项目 \ 管道级别		Ⅰ级	Ⅱ级	Ⅲ级
特殊建筑、构筑物（军事设施、易燃易爆物品仓库、国家重点文物保护单位、飞机场、火车站和码头等）		100		
居民区、村镇、重要公共建筑		50	40	25
一般建、构筑物		25	15	10
给水管		1.5	1.5	1.5
污水、雨水排水管		2	2	2
热力管	直埋	2	2	2
	在管沟内（至外壁）	4	4	4
其他燃料管道		2	2	2
埋地电缆	电力线（中心线）	2	2	2
	通信线（中心线）	2	2	2
电杆（塔）的基础	≤35kV	2	2	2
	>35kV	5	5	5
通信照明电杆（至电杆中心）		2	2	2
公路、道路（路边）	高速，Ⅰ、Ⅱ级，城市快速	10	10	10
	其他	5	5	5
铁路（中心线）	国家线	25	25	25
	企业专业线	10	10	10
树木（至树中心）		2	2	2

表9-3　管道与建、构筑物及相邻管道的垂直净距离（m）

项目		地下液态石油气管道（当有套管时，以套管计）
给水管，污水、雨水排水管（沟）		0.2
热力管、热力管的管沟底（或顶）		0.2
其他燃料管道		0.2
通信线、电力线	直埋	0.5
	在导管内	0.25

续表

项目	地下液态石油气管道（当有套管时，以套管计）
铁路（轨底）	1.2
有轨电车（轨底）	1.0
公路、道路（路面）	0.9

2）铁路运输

铁路运输主要以铁路槽车（也称列车槽车）为运输工具。铁路槽车通常是将圆筒形卧式储气罐安装在列车底盘上，罐体上设有人孔、安全阀、液相管、气相管、液位计和压力表等附件，车上还设有操作平台、罐内外直梯、防冻蒸汽夹套等。为了防止和减少在运输过程中日光对槽车的热辐射，槽车储罐上部设置了遮阳罩，遮阳罩和储罐之间的空气层可以起隔热作用。铁路槽车构造如图9-5所示。

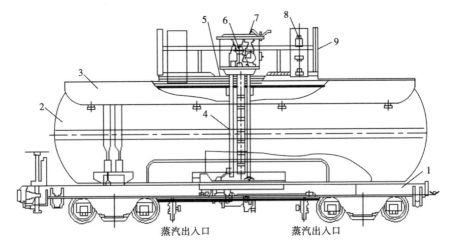

图9-5　铁路槽车的构造

1—底架；2—罐体；3—遮阳罩；4—外梯；5—操作台；6—压力表；
7—阀门；8—安全阀；9—阀门

槽车采用上装上卸的装卸方式。全部装卸阀件及检修仪表均设置在人孔盖上，并用护罩保护。为了便于槽车的装卸，使装卸车软管易于连接，槽车通常设置两个液相管和两个气相管。槽车一般不设排污阀。为防止槽车在装卸过程中因管道破坏而造成事故，在装卸管上设置了紧急切断装置。该装置由紧急切断阀和液压控制系统组成。槽车装卸时，借助手油泵使油路系统升压至3MPa，打开紧急切断阀。装卸完毕，利用手油泵的卸压手柄使油路系统卸压，紧急切断阀关闭，随即将球阀打开。

铁路槽车配置数量主要取决于供应规模、列车编组情况、气源厂到储配站的距离、槽车几何容积及检修情况等。

$$N = \frac{K_1 K_2 Gt}{V\rho} \tag{9-1}$$

式中　N——槽车配置数量，辆；

　　　K_1——运输不均匀系数，可取 1.1~1.2；

　　　K_2——槽车检修时间附加系数，可取 1.05~1.10；

　　　G——计算月平均日供气规模，t/d；

　　　V——槽车储罐的几何容积：m^3；

　　　ρ——单位容积的充装质量，可取 0.42t/m^3；

　　　t——槽车往返一次所需时间，d。

大型铁路槽车的罐容为 25~55t，小型铁路槽车的罐容为 15~25t。在新型铁路槽车的设计中，采用高强度材料提高槽车的设计压力，取消遮阳罩，减轻铁路槽车的自重，大大提高了槽车的运输能力。铁路运输方式适用于运输距离较远、运输量较大的情况。

3）公路运输

公路运输以汽车槽车为运输工具。用于液化石油气运输的汽车槽车称运输槽车。目前，我国使用的液化石油气汽车槽车主要有三类：固定槽车、半拖式固定槽车及活动挡车。

大型运输槽车的罐容为 7.5~27.5t，小型运输槽车的罐容为 2~5t。槽车的罐体上设有人孔、安全阀、液位计、梯子和平台，罐体内部装有防波隔板。阀门箱内设有压力表、温度计、流量计、液相和气相阀门。液相管和气相管的出口安装过流阀和紧急切断阀。车架后部装有缓冲装置，以防碰撞。槽车储气罐底部装有防静电用的接地链，其上端与储罐和管道连接，下端自由下垂与地面接触。槽车上配有干粉灭火器，并标有严禁烟火的标志，如图9-6所示。

采用汽车槽车运输方案时，应充分考虑汽车活动范围内的交通情况，如道路路面及坡度、行车规定、桥梁限载等。要经过交通管理部门的批准，选择合理的运输线路。

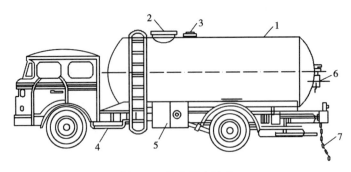

图 9-6　汽车槽车构造

1—圆筒形储罐；2—内置式安全阀；3—人孔；4—气路系统（提供车用燃料）；

5—阀门箱；6—液位指示计；7—接地链

2. 液化石油气储罐

液化石油气储罐有压缩气体储罐、液化气体储罐等。液化石油气储罐按容器的容积变化与否可分为活动容积储罐和固定容积储罐两类。活动容积储罐又称低压储气罐，俗称气柜，其几何容积可以改变，密闭严密，不致漏气，并有平衡气压和调节供气量的作用。固定容积储罐具有结构简单、施工方便、种类多、便于选择等优点，是目前国内外最广泛采用的储存方式。大型固定容积液化石油气储罐制成球形，小型的则制成圆筒形。储配站的储罐一般不少于两个。

球形液化石油气储罐的主体是球壳，它是储存物料和承受物料工作压力和液柱静压力的构件，由许多按一定尺寸预先压成的球面板装配组焊而成。球形罐上极板布置有安全阀、放散管、就地和远传液位计接管、就地和远传压力表接管、人孔；下极板布置有液相管、气相管、液相回流管、就地液位计管、就地远传温度计管、人孔及排污管等。球形罐构造如图 9-7 所示。

球罐支座是球罐中用以支撑本体重量和储存物料重量的结构部件，可分为柱式支座和球式支座两大类。最普遍的为赤道正切柱式支座。

球罐结构的合理设计必须考虑各种因素，如装载物料的性质、设计温度和压力、材质、制造技术水平和设备、安装方法、焊接与检验要求、操作方便性和可靠性、自然环境的影响等。

圆筒形储罐由壳体和封头组成，在制造厂整体热处理后运到现场，安装在混凝土支架上。储罐上设有液相管、气相管、液相回流管、排污管以及人孔、安全阀、压力表、液位计、温度计等。圆筒形储罐大多选用卧式。卧式

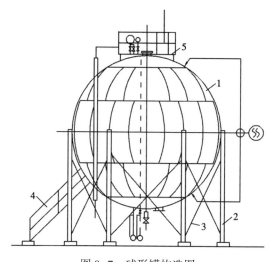

图9-7　球形罐构造图

1—壳体；2—支柱；3—拉杆；4—盘梯；5—操作台

圆筒形储罐构造如图9-8所示。

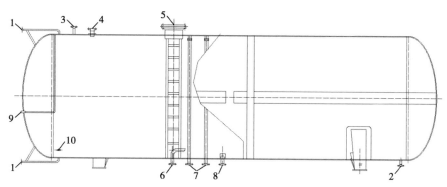

图9-8　卧式圆筒形储罐构造图

1—液位计接口；2—排污口；3—放空口；4—安全阀接口；5—人孔；6—进液口；

7—气相平衡口；8—液相出口；9—压力表口；10—温度计接口

储罐支撑在两个鞍式支座上，一个为固定支座，另一个为活动支座。接管应集中设在固定支座的一端，但排污阀设在活动支座的一端。考虑接管、操作和检修的方便，罐底距地面的高度一般不小于1.5m。罐底应坡向排污管，其坡度为0.01～0.02。

3. 液化石油气的装卸

由于输送方式不同，液化石油气的装卸方法也不相同。液化石油气的装卸方法主要分为：利用地形高程差所产生的静压差卸车；利用泵装卸；利用压缩机加压装卸。

1）利用压缩机装卸的方式

该方法是将压缩机装设在液化石油气气相管道上，用压缩机抽出灌装储罐（或槽车）中的气相液化石油气，并将其压入准备倒空的槽车（或储罐）中去，从而达到降低灌装储罐（或槽车）的压力，提高倒空槽车（或储罐）中压力的目的，使倒空槽车（或储罐）和灌装储罐（或槽车）之间形成装卸所需的压差，将液态液化石油气充进灌装储罐（或槽车）中。这种装卸方式工艺流程如图9-9所示。

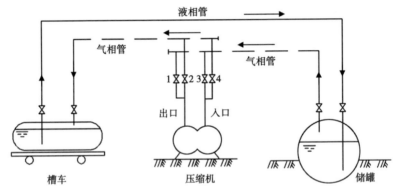

图9-9　用压缩机加压装卸的工艺流程
1，2，3，4—阀门

具体过程为：卸车时，打开阀门2与3，启动压缩机，压缩机将储罐中的气态液化石油气压入槽车。槽车中的液态液化石油气在压力作用下经液相管送入储罐。气、液态液化石油气流动方向如图9-9所示。槽车卸完后，还应将槽车中的气态液化石油气抽入储罐。这时关闭阀门2和3，打开阀门1与4，借压缩机作用达到上述目的。但不宜使槽车压力过低，一般应保持剩余压力为147~196kPa，以免空气进入引起事故。

装车时，关闭阀门2和3，打开阀门1和4，在压缩机作用下，液化石油气由储罐灌装到槽车中去。这时气态和液态液化石油气的流向与图9-9所示箭头方向相反。

这种装卸方法流程简单，可同时装卸几辆槽车，生产能力高，可完全倒空，没有液化石油气损失。但过程耗电量大、管理较复杂，只有当压缩机使系统形成一定压差才能开始装卸作业。

2）利用烃泵装卸的方式

烃泵装卸的工艺流程如图9-10所示。

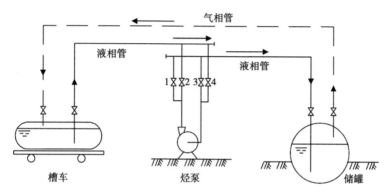

图9-10　用烃泵装卸的工艺流程

1，2，3，4—阀门

这种装卸方法比压缩机加压装卸工艺系统简单，只需液相管道。当为了加快装卸速度而增加气相连接管时，管径也较小。装卸动力为管路系统中的烃泵。

采用这种装卸方法要注意两点。第一，液化石油气液相管道上任何一点的压力不得低于相应温度下的饱和蒸气压，以防止管内因汽化造成气塞，使烃泵空转。第二，烃泵的安装高度应低于槽车（或储罐），使槽车（或储罐）与烃泵之间有一定的静压头，以避免烃泵的吸入管内产生汽化。

槽车的最低液位至泵中心的最小高程差 H 可按下式计算：

$$H = h_1 + h_2 + \Delta h \tag{9-2}$$

式中　h_1——槽车至泵的液相管道摩阻，m 液柱；

　　　h_2——槽车至泵的液相管道局部阻力，m 液柱；

　　　Δh——泵的允许气蚀裕量，m 液柱。

当卸车时，开启阀门2和3，启动烃泵，槽车中的液化石油气在泵的作用下，经液相管进入储罐，气相管只起压力平衡作用，气态和液态液化石油气按图9-10所示箭头方向流动。

装车时，关闭阀门2和3，打开阀门1和4，在烃泵作用下，液化石油气由储罐进入槽车。这时，气态和液态液化石油气的流向与图9-10所示箭头方向相反。

3）利用静压差装卸方式

这种方式是利用两容器之间的位置高差产生的静压差进行装卸的。其卸车流程如图9-11所示。

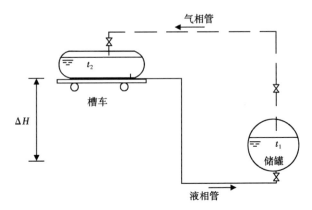

图9-11　利用静压差卸车的工艺流程

槽车放在高处，储罐放在低处，连通槽车与储罐的气、液相管道，在压差足够的条件下，即可使槽车中的液化石油气经液相管流入储罐，所以又称之为自流卸车。

在槽车和储罐温度相等（即两者的蒸气压相等）或差别不大时，为保证卸车速度，两容器之间的静压差不应小于74~98kPa，即让其高程差不低于15~20m 液程。

液化石油气自流卸车时，所需的静压差可按下式计算：

$$\Delta H = \frac{10(p_{t_1} - p_{t_2})}{r_p} + \sum \Delta p \qquad (9-3)$$

式中　ΔH——自流卸车所需的静压差，m 液柱；

p_{t_1}——温度为 t_1 时液态液化石油气的饱和蒸气压，MPa；

p_{t_2}——温度为 t_2 时液态液化石油气的饱和蒸气压，MPa；

r_p——液化石油气的平均相对密度；

$\sum \Delta p$——液相管道阻力，m 液柱。

利用静压差装卸，受到地形条件的限制，一般很少采用。

综上所述，在三种装卸方法中，静压差法要有足够的高程差，且装卸速度慢。因此，常见的装卸方法是压缩机和烃泵装卸。

4. 液化石油气灌装

液化石油气灌装是指将液化石油气按规定的重量灌装到钢瓶、汽车槽车或铁路槽车中的工艺过程。

1）最大灌装容积

在任一温度下，储罐或钢瓶允许的最大灌装容积是指当液化石油气的温度达到最高工作温度时，其液相体积恰好充满整个储罐或钢瓶。如果灌装量超过最大灌装容积，当温度达到最高工作温度时，其液相体积膨胀量就会超过储罐内气相空间，对储罐产生巨大的作用力，可能破坏储罐。

允许的最大灌装容积是保证安全运行的重要参数，储罐最大允许容积充装率为90%。

2）灌装方式

灌装方法按计量方式可分为重量灌装和容积灌装，按操作方式可分为手工灌装和机械化、自动化灌装。机械化灌装是指从空瓶卸车开始，经分检、传送、清洗、灌装、检斤、检漏，直至实瓶装车，全部采用机械化装置。灌装在回转式灌装机组上进行。自动化灌装是指灌装的全过程采用自动控制系统。应用电子计算机控制的自动化灌装设备，每小时可灌装1200瓶，只需三个人操作管理。

手工灌装流程用于灌装规模小、异型瓶较多的灌瓶站或储配站。它一般要求手工灌瓶装卸台的高度与运瓶车货厢的高度一致。采用手工灌装可以节省投资和运行费用，但人工劳动强度较大。手工灌装的流程见图9-12。

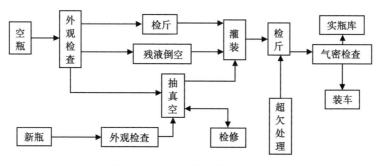

图9-12　手工灌装工艺流程框图

　　机械化、自动化灌装是指从空瓶卸车到灌装后实瓶装车运出的全过程均实现机械化和自动化。这种灌装方法的主要设备是机械化灌装转盘机组，机组由装有自动灌装秤的转盘、上瓶器、卸瓶器、检斤秤和传送带组成。机械化、自动化灌装的工艺流程如图9-13所示。

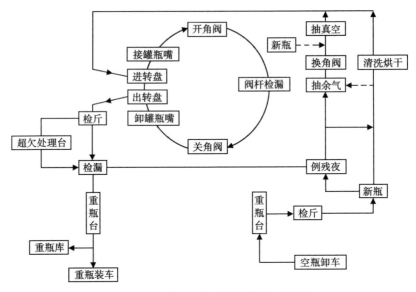

图9-13　机械化、自动化灌装的工艺流程

　　常见的机械化灌装有压缩机灌装、烃泵灌装及烃泵和压缩机联合灌装三种方式。

（1）烃泵灌装的工艺流程如图9-14所示。

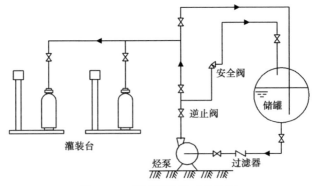

图9-14　烃泵灌装的工艺流程

这种流程系统简单、工作灵活，只需液相管道，能耗较小，但必须保证烃泵前有一定的静压头。

（2）压缩机灌装的工艺流程如图9-15所示。

这种流程必须具备气相和液相两根管道和两个以上的储罐。

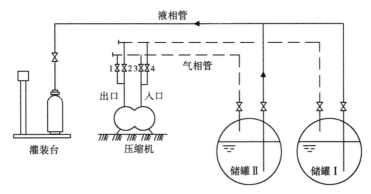

图9-15 压缩机灌装的工艺流程
1，2，3，4—阀门

灌装时，开启阀门1和4，压缩机将储罐Ⅰ中的气态液化石油气经气相管压入储罐Ⅱ中，储灌Ⅱ中的液态液化石油气在压力作用下，通过液相管压送到灌装台。但要注意，对于灌装用的储罐Ⅱ进行加压需要一定时间，因此在压缩机启动后不能马上进行灌装。

（3）烃泵和压缩机联合灌装的工艺流程如图9-16所示。

灌装时，以储罐Ⅱ作为灌装罐。把阀门2、3和5打开，阀门1、4和6关

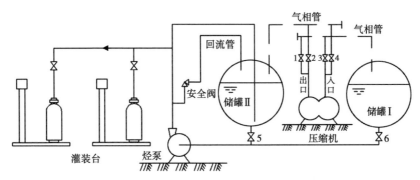

图9-16 烃泵和压缩机联合灌装的工艺流程
1，2，3，4，5，6—阀门

闭，用压缩机把储罐Ⅰ中的气态液化石油气经气相管压入储罐Ⅱ，则储罐Ⅱ内的压力升高。这样，既保证了烃泵的吸入管不致汽化，也提高了烃泵的出口压力（既灌瓶压力），加快了灌装速度。

这种工艺流程，烃泵和压缩机有两种运行方式：一种是同时运行；另一种是开启压缩机，使储罐Ⅱ的压力升高到一定的值后，再开启烃泵进行灌装，且应在烃泵启动前关闭压缩机。

为了保证安全使用，灌装前必须注意钢瓶的使用期限并进行外观检查，如腐蚀、涂漆、角阀、护罩、底座等。

灌装量之所以严格规定误差，主要是考虑到液化石油气体积膨胀系数很大，易造成胀裂事故。据计算，钢瓶内完全充满液态液化石油气后温度升高 1℃，钢瓶内的压力约增加 1.96~2.94MPa；如温度升高 3℃，则钢瓶承受的内压约为 7.06~9.81MPa。此时钢瓶承受的内压比混合液化石油气的饱和蒸气压大 10 倍以上。因此，钢瓶过量灌装是十分危险的。

为了保证准确的灌装量，灌装作业完毕后必须对重瓶再次进行检查。

5. 残液回收

从用户运回的钢瓶，在灌装液化石油气之前应将钢瓶内的少量残液（C_2 以上组分和少量 C_4 组分）回收。为此，在灌装站应设置残液回收系统。

残液回收方法主要有正压法和负压法。

1）正压法（利用正压气瓶回收）

气瓶中残液的压力一般都低于残液储罐中的压力，用压缩机向空钢瓶内压入气态液化石油气，提高空瓶中的压力，使残液由空瓶流入残液储罐。正压气瓶回收残液的工艺流程如图 9-17 所示。

倒残液时，打开阀门 1，气态液化石油气经压缩机增压后压入钢瓶。当钢瓶内压力大于残液储罐中的压力后（一般升至 196~392kPa），关闭阀门 1，打开阀门 2，翻转钢瓶，使残液流入残液储罐，与此同时，将残液储罐上部空间的气体由压缩机抽回储罐。该方法回收残液速度较快，使用比较普遍。

2）负压法

（1）利用抽真空回收残液。

抽真空回收残液的工艺流程如图 9-18 所示。

倒空时，利用压缩机抽出残液储气，以降低残液储罐中的压力，使钢瓶中的残液流入残液储罐。

残液储罐内的真空度一般应低于 26.70kPa。

（2）利用泵和喷射器回收残液。

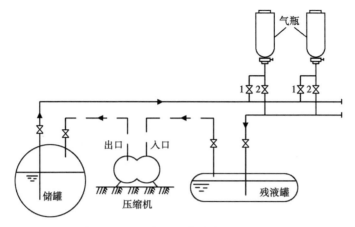

图 9-17　正压气瓶回收残液的工艺流程

1，2—阀门

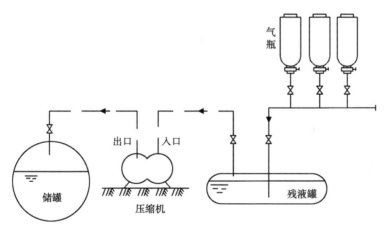

图 9-18　抽真空回收残液的工艺流程

用泵和喷射器回收残液的工艺流程如图 9-19 所示。

该方法利用喷射器在工作时造成的负压，将钢瓶中的残液抽至残液储罐。

6. 储配站的工艺流程与平面布置

1）储配站的工艺流程

储配站的规模大小、液化石油气的运输方式、装卸车方法以及灌装方法不同，储配站的工艺流程也不同。一般采用烃泵、压缩机或烃泵—压缩机联合工作的工艺流程。

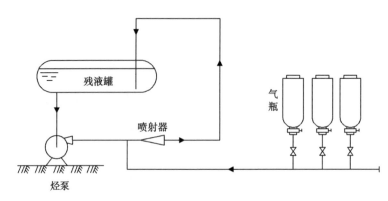

图 9-19　用泵和喷射器回收残液的工艺流程

大型储配站一般采用机械化、自动化的灌装和运输设备，通常采用烃泵——压缩机联合工作的工艺流程，即用压缩机卸车，而用烃泵灌装，其工艺流程如图 9-20 所示。

（1）接收——液化石油气槽车进站后，将槽车上的液相软管及气相软管与装卸台上相应的管道连接，用压缩机将储罐内的气体排出，加压后送至槽车，将槽车内的液化石油气压入储罐，最后将槽车内的剩余气体抽至储罐。槽车内绝对不能抽至负压，槽车内剩余的压力应维持在 0.2MPa 左右。槽车进站后，也可利用液化石油气泵抽吸槽车内的液化石油气经管道卸入储罐内。液化石油气泵和压缩机可互为备用，卸车时，也可用液化石油气泵抽送，最后，仍利用压缩机回收槽车内气体。

（2）装车——液化石油气槽车进站后，将槽车上的液相软管和气相软管与本站装卸台上相应的管道连接，用压缩机将槽车内的气体抽出，加压后送至储罐内，将储罐内的液化石油气压入槽车。同时也可以用泵抽吸储罐内的液化石油气经管道装入槽车。

（3）装瓶——用泵把储罐内的液化石油气送至灌瓶车间，通过手工灌瓶嘴灌入钢瓶，多余的由回流旁路回到储罐。当采用压缩机进行灌瓶时，可用压缩机抽取储罐 A 内的气体经加压后送入另一个储罐 B 内，使储罐 B 内的压力升高，把储罐 B 内的液化石油气压送至灌瓶车间，通过手工灌瓶嘴灌入钢瓶，多余的回流至储罐。

（4）倒残液——倒残液时用压缩机抽取残液管的气体，经加压后送入代倒残液的气瓶中，当钢瓶的压力大于残液罐压力 0.1~0.2MPa 时，关闭气相阀门，翻转钢瓶，开启液相阀门，通过瓶内压力将残液倒出。

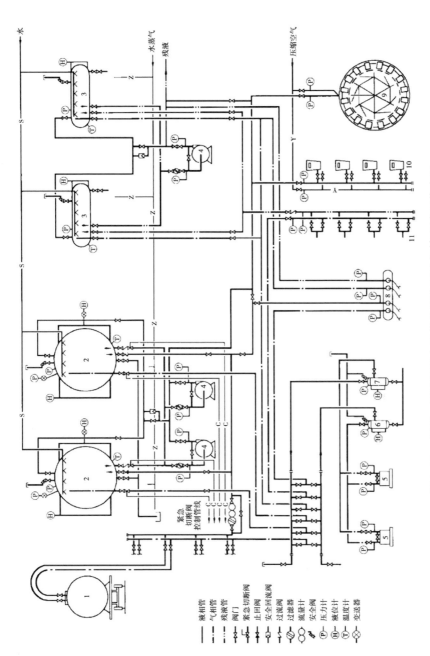

图 9-20 烃泵—压缩机联合工作的液化石油气储配站工艺流程

1—铁路槽车；2—固定储罐；3—残液储罐；4—烃泵；5—压缩机；6—气液分离器；7—油气分离器；8—汽车槽车装卸台；9—机械化灌装转盘；10—灌瓶秤；11—残液储瓶秤

（5）倒罐——当储罐检修或因其他原因需要倒罐时，可用泵或压缩机将液化石油气在两个储罐内进行倒罐。

2）储配站的平面布置

（1）站址选择。

选择站址一方面要从城市的总体规划和合理的布局出发，另一方面也应从有利于生产、方便运输、保护环境着眼。因此，储配站的站址选择应考虑以下原则：

①液化石油气储配站应远离城市居住区、村镇、学校、体育馆等人员集中的地区，以及军事设施、危险物品仓库、飞机场、国家文物保护单位等场所。若必须在城市建站时，尽量远离人口密集区，满足卫生和安全的要求。

②宜选择在所在地区的全年最小频率风向的上风侧，且应是地势平旦、开阔、不易积存液化石油气的地段。

③宜选择具有较好的水、电、道路等条件的地段。采用铁路运输时，应有较好的铁路接轨条件；采用管道运输时，站址应接近气源厂；采用水路运输时，站址应选在靠近卸船码头的地方。

④考虑站址的地质条件，避免布置在断层、滑坡、淤泥等不良地质地区，站址的土壤耐压能力一般不低于 150kPa。

（2）总平面布置。

为了保证安全和便于生产管理，应将液化石油气储配站按功能分区布置。一般分为生产区（储罐区和灌装区）和生活辅助区。储罐区宜布置在储配站的下风向，生活区布置在上风向；灌装区布置在储罐区与生活区之间，以利用装卸车回车场地，保持储罐区与生活区之间有较大的安全防火距离。总平面分区关系示意图见图 9-21。

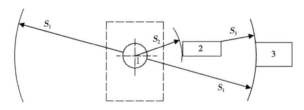

图 9-21　总平面分区关系示意图

1—储罐；2—灌瓶车间；3—辅助区设置；S_1，S_2，S_3—防火间距

储罐区内设置各种储罐、专用铁路支线、火车卸车栈桥及卸车附属设备等。灌装区内设置灌瓶车间、压缩机室、配电及仪表间、汽车槽车装卸台、

汽车槽车车库及运瓶汽车回车场地等。灌瓶车间是站内的主要生产车间，在灌瓶车间内除进行民用与工业的灌瓶、倒残液、检重、检漏等作业外，还需存放一定量的空、实瓶。液化石油气储配站的全压力式储罐与基地内建、构筑物的防火间距见表9-4。某储配站各区平面布置图见图9-22至图9-24。

表9-4　液化石油气储配站的全压力式储罐与基地内建、构筑物的防火间距（m）

项目	总面积（m²）						
	≤50	>50且≤200	>200且≤500	>500且≤1000	>1000且≤2500	>2500且≤5000	>5000
	单罐容积（m³）						
	≤20	≤50	≤100	≤200	≤400	≤1000	—
明火、散发火花地点	45	50	55	60	70	80	120
办公、生活建筑	25	30	35	40	50	60	75
灌瓶间、瓶库、压缩机室、仪表间、值班室	18	20	22	25	30	35	40
汽车槽车库、汽车槽车装卸台柱（装卸）、汽车衡及计量室、门卫	18	20	22	25	30		40
铁路槽车装卸（中心）线	—		20				30
空压机室、变配电室、柴油发电机房、新瓶库、真空泵房、库房	18	20	22	25	30	35	40
汽车库、机修间	25	30	35		40		50
消防泵房、消防水池（罐）取水口	40				50		60
站内管道（路边） 主要	10	15					20
次要	5	10					15
围墙	15	20					25

生活辅助区间内布置生产、生活管理及生产辅助建（构）筑物。生产管理及生活用房布置在靠近辅助区的对外出口处。生产辅助建（构）筑物包括维修部分、动力部分及运输部分。维修部分包括机修车间、电气焊间、材料库等，可成组布置，便于管理和工作联系，又可以形成共同的室外操作场地。动力部分的变电室、水泵房、空压机室和锅炉房等，可集中布置在距辅助区出口较远、人员活动较少的一侧，形成动力小区，便于管理。

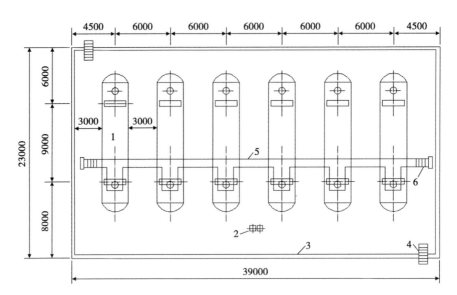

图 9-22 卧式储罐区平面布置图

1—卧式储罐；2—烃泵；3—防护墙；4—过梯；5—钢梯平台；6—斜梯

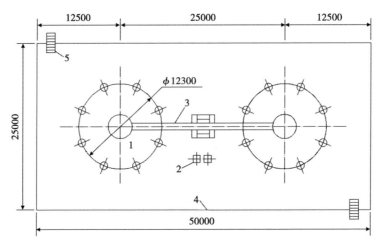

图 9-23 球形储罐区平面布置图

1—球形储罐；2—烃泵；3—联合钢梯平台；4—防护墙；5—过梯

　　根据以上要求大型储配站总平面布置图如图 9-25 所示。

　　储配站的工业管道布置应力求管线最短，采取分散和集中相结合的形式，用低支架地上敷设（通向汽车装卸台的管道在回车场地一段可采用埋地敷设，

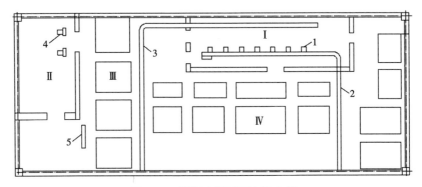

图 9-24 灌瓶车间平面布置实例

Ⅰ—民用灌瓶间；Ⅱ—其他用户灌瓶间；Ⅲ—空瓶间；Ⅳ—实瓶区；

1，4—灌瓶秤；2—实瓶运输机；3—空瓶运输机；5—残液倒空架

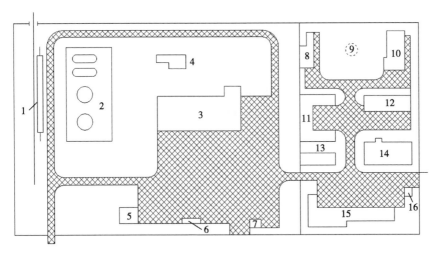

图 9-25 大型储配站总平面布置

1—铁路装卸线；2—罐区；3—灌瓶车间；4—压缩机、仪表控制室；5—油槽车库；6—汽车装卸台；

7—门卫；8—变配电间、水泵间；9—消防水池；10—锅炉房；11—空压机室、机修间；

12—钢瓶修理间；13—休息室；14—办公室、食堂；15—汽车库；16—传达室

与道路交叉时采用架空敷设），经常操作的管道阀门可集中布置，便于操作。储配站内其他给水、采暖、热力等管道，均应明管敷设。为了便于消防工作和确保安全，罐区应有成环的消防通道，消防通道宽度不应小于4m。

第二节　液化石油汽化与混气

一、液化石油气气化站

1. 概述

液化石油气从气源厂到储配站再到罐瓶，以液相为主进行输送；而使用时液化石油气是气相，气相液化石油气易和空气混合，燃烧效率较高。烧锅炉用的残液也是汽化后再燃烧。液态液化石油气转化为气态的过程叫液化石油气汽化。液化石油气汽化有自然汽化和强制汽化两种方式。

（1）自然汽化是在容器内的液态石油气吸收外界环境热量和自身显热汽化的过程。如图9-26所示。当容器内气体不断被导出时，液体不断汽化，汽化开始时，液体LPG温度t_0与周围介质温度t相同，不能依靠传热从外界大气获得热量，只能消耗自身显热进行汽化，使液体LPG温度下降，这形成了液温与外界气温的温差，液化石油气就通过容器壁依靠传热从外界获得热量。汽化过程中压力与温度的变化见图9-27。

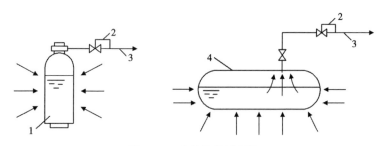

图9-26　自然汽化示意图

1—钢瓶；2—调压器；3—气相管道；4—储罐

由图可知，当p_0越高，液温t_0也就越高。气温与液温差值越小，则汽化速度就越小，如图中虚线所示。

（2）强制汽化就是人为地加热从容器中引出的液化石油气使其汽化的方法。汽化在专门的汽化装置中进行。

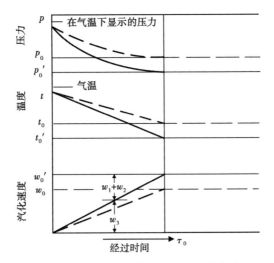

图 9-27　汽化过程中的压力、温度变化

强制汽化有气相导出和液相导出两种方式。气相导出方式是用热媒加热容器内的液化石油气使之汽化。这种方式的汽化过程中热损耗大，汽化能力低，目前已很少采用。液相导出方式是从容器内将液相液化石油气送至专门的汽化器汽化。这种汽化方式的汽化能力低，同时自汽化器导出的气体组分始终与罐中的液体组分相同，与罐剩液量的多少无关，可以供应组分稳定的气体，在工程中的一般都采用这种汽化方式。强制汽化液相导出的汽化方式按其工作原理可分为等压强制汽化、加压强制汽化、减压强制汽化三种。

①等压强制汽化是利用罐自身压力将液化石油气送入汽化器，使其在与罐压力相等的条件下汽化。等压强制汽化原理如图 9-28 所示。

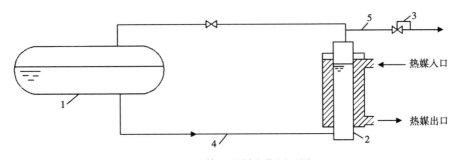

图 9-28　等压强制汽化原理图
1—储罐；2—汽化器；3—调压器；4—液相管；5—气相管

容器1内的液态液化石油气，利用自身压力 p 进入汽化器2，进入汽化器的液体从热媒获得汽化潜热，汽化压力为 p 的气体经调压器3调节到管道要求的压力输送给用户。

②加压强制汽化是将储罐内的液化石油气经泵加压后送入汽化器，在高于储罐压力的条件下汽化。为使汽化器压力稳定，在汽化器前装设减压阀。加压强制汽化原理如图9-29所示。

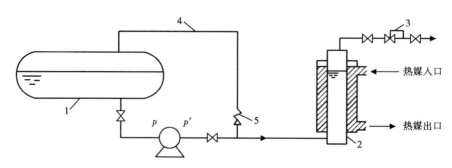

图9-29 加压强制汽化原理图
1—储罐；2—汽化器；3—调压器；4—旁通回流管；5—回流阀

③减压强制汽化是液化石油气利用自身的压力从储罐经管道、减压阀进入汽化器，产生的气体经调压器送至用户。减压强制汽化又分为常温汽化和加热汽化两种。减压常温强制汽化原理如图9-30所示，液态液化石油气经减压节流后，依靠自身显热和吸收外界环境热而汽化。减压加热强制汽化原理如图9-31所示，减压后的液化石油气依靠人工热源加热汽化。减压强制汽化的汽化器与加压强制汽化的汽化器一样也具有自调节特性，为防止汽化器超压，也应在汽化器前与减压阀并联一个回流阀。

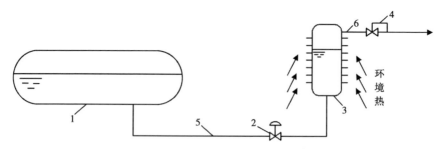

图9-30 减压常温强制汽化原理
1—储罐；2—减压阀；3—汽化器；4—调压阀；5—液相管；6—气相管

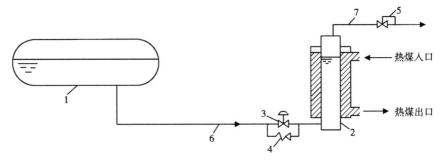

图 9-31　减压加热强制汽化原理

1—储罐；2—汽化器；3—减压阀；4—回流阀；5—调压器；6—液相管；7—气相管

2. 设计一般规定

1）设计规模

液化石油气气化站的设计规模有年供气量、计算月平均日供气量和高峰小时供气量三种指标。

（1）供气对象：主要供应对象是居民和商业用户，有时也供应部分小型工业用户。

（2）用气量指标和用气量折算：居民用气量指标可参照管道燃气居民用气量指标确定，根据各地用气统计资料，可取 1900~2300MJ/（a·人）。

商业用户用气量根据供气规模和当地实际情况确定，可取居民总用气量的 10%~20%。

小型工业用户用气量可根据其他燃料用量折算或采用同类行业用气量指标。

（3）设计规模：年、计算月平均日供气量参照液化石油气供应基地相关计算确定。

2）液化石油气组分

液化石油气组分可由气源厂或供应商提供。当由多渠道供应时，需经分析确定。

3）设计压力和设计温度

（1）设计压力：气化站供气总管及调压器前系统设计压力一般取 1.6MPa。调压器后系统设计压力取输气管道系统起点设计压力。

（2）设计温度：最高设计温度可取 50℃；最低设计温度取当地极端最低气温。

4）站址选择原则

气化站站址的选择原则可参照液化石油气储配基地（或储配站）相关规定执行。

5）液化石油气气化站的储罐设计总容量

（1）由液化石油气生产厂供气时，其储罐设计总容量宜根据供气规模、气源情况、运输方式和运距等因素确定。

（2）由液化石油气储配基地供气时，其储罐设计总容量可按计算月平均日 3d 左右的用气量计算确定。

6）汽化装置

汽化装置的总供气能力应根据高峰小时用气量确定。

当没有足够的初期设施时，其总供气能力可根据计算月最大日平均小时用气量确定。

3. 工艺流程

气化站工艺流程示意图见图 9-32。

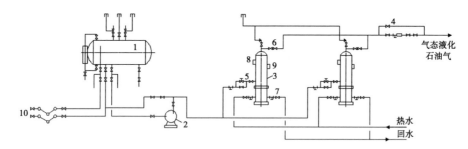

图 9-32　气化站工艺流程图

1—液化石油气储罐；2—烃泵；3—热水加热式汽化器；4—调压、计量装置；5—液相进口电磁阀；6—气相出口电磁阀；7—水流开关；8—高液位控制器；9—低温安全控制器；10—汽车槽车装卸柱

储罐内的液态液化石油气利用烃泵加压后送入汽化器。在汽化器内利用来自加热循环系统的热水，将其加热汽化成气态液化石油气，再经调压、计量后送入管网向用户供气。

4. 总平面布置

气化站按功能分区原则进行总平面设计，即分为生产区（储罐区、汽化区、混气区）和辅助区。生产区宜布置在站区全年最小频率风向的上风或上侧风侧。气化站总平面布置示例图见图 9-33。

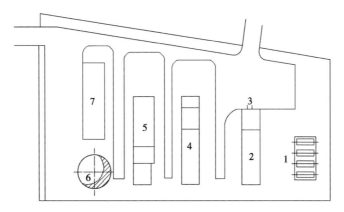

图 9-33　液化石油气气化站总平面布置图

1—地下储气室；2—汽化间、压缩机房；3—汽车槽车装卸柱；4—热水锅炉、仪表间；
5—变配电室、柴油发电机房、消防水泵房；6—消防水池；7—综合楼

1）储罐区布置

（1）地上储罐。

储罐的台数不应少于 2 台，地上储罐罐区的布置可参考储配站的罐区设计。

（2）地下储罐。

为节省用地，当储罐设计容积不大于 400m³，且单罐容积不大于 50m³时，可采用地下卧式储罐。地下储罐布置图如下 9-34 所示。

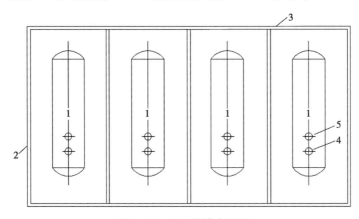

图 9-34　地下储罐布置图

1—地下储罐；2—侧壁；3—隔壁；4—接管筒；5—人孔

气化站液化石油气储罐布置和间距按储配站的相关要求设置，其与明火、散发火花地点和建筑物、构筑物的防火间距不应小于表9-5的数据。

表9-5　气化站液化石油气储罐与明火、散发火地点和建筑物、构筑物的防火间距（m）

项目		总面积（m²）						
		≤10	>10且≤30	>30且≤50	>50且≤200	>200且≤500	>500且≤1000	>1000
		单罐容积（m³）						
		—	—	≤20	≤50	≤100	≤200	—
明火、散发火花地点		30	35	45	50	55	60	70
办公、生活建筑		18	20	25	30	35	40	50
灌瓶间、瓶库、压缩机室、仪表间、值班室		12	15	18	20	22	25	30
汽车槽车库、汽车槽车装卸台柱（装卸）、汽车衡及计量室、门卫		15		18	20	22	25	30
铁路槽车装卸（中心）线		—			20			
空压机室、变配电室、柴油发电机房、新瓶库、真空泵房、库房		15		18	20	22	25	30
汽车库、机修间		25			30		35	40
消防泵房、消防水池（罐）取水口		30				40		50
站内管道（路边）	主要	10			15			
	次要	5			10			
围墙		15			20			

2）汽化间

汽化间汽化装置的总汽化能力根据高峰小时用气量确定，其配置台数不应少于2台，且至少备用一台。汽化间的工艺布置原则主要考虑运行、施工安装和检修的需要。汽化间的工艺布置见图9-35。

5. 主要设备

汽化器按其热媒类型分为空温型、电热型、热水型和蒸汽型。

（1）空温式汽化器宜设置在日照辐射强度和能流密度较大、通风良好的空旷区域，安装固定基础高出地坪250mm。适用于缺电等用其他动力供应的小区和企业事单位。

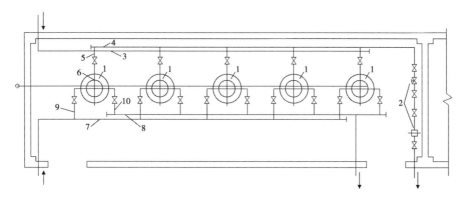

图 9-35　汽化间工艺布置图

1—汽化器；2—调压、计量装置；3—进液总管；4—出气总管；5—液相支管；6—气相支管；
7—热水进口总管；8—热水出口总管；9—热水进口支管；10—热水出口支管

（2）电热式汽化器特点是加热元件直接与液化石油气接触，因而要求有可靠的防爆和耐腐蚀性能，电热式汽化器见图 9-36。

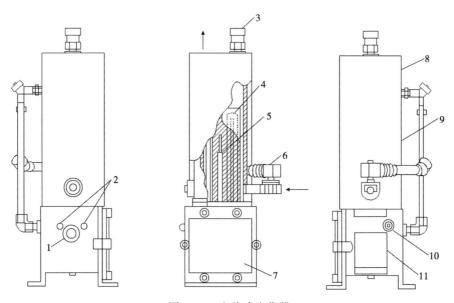

图 9-36　电热式汽化器

1—电源接口；2—按钮开关；3—安全阀；4—加热元件；5—温度控制感应器；6—LPG 进口安全电磁阀；7—控制箱；8—液位浮子开关；9—隔热罩；10—远程/经济运行控制接口；11—数据板

（3）大型液化石油气气化站或混气站一般都设集中锅炉房作为供热源，有条件使用汽化能力很大的热水循环或蒸汽循环汽化器。这种汽化器有蛇管式汽化器和列管式汽化器两种结构。蛇管式汽化器的热媒可采用蒸汽或热水，一般从蛇管的上端进入，从下线排出。在壳程中的液态液化石油气与蛇管的外表面换热后蒸发，气态液化石油气便从气相出口引出。蛇管式汽化器结构简单，汽化能力较小，如图9-37所示。列管式汽化器虽然结构比较复杂，但汽化能力较大，修理和清扫管束比较方便，其构造如图9-38所示。列管式汽化器的液化石油气气相出口必须安装恒温控制阀和液化石油气侧安全阀、热媒侧安全阀以及压力和温度传感器等。

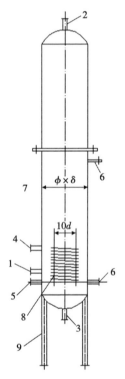

图9-37 蛇管式汽化器原理图

1—液相进口；2—气相出口；3—排污管；
4—热媒进口；5—热媒出口；6—液位计
接口；7—壳体；8—蛇形管；9—支架

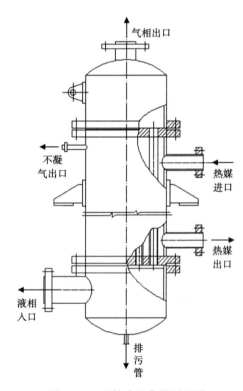

图9-38 列管式汽化器原理图

二、液化天然气混气站

1. 概述

近几年来，在我国液化气混空气的技术发展较快，在一些经济发达地区，例如海南、深圳、苏州等城市相继建成了几座混气站。液化石油气和空气混合作为中、小城市气源与人工燃气相比，具有投资少、运行成本低、建设周期短、规模弹性大的优点。与气态液化石油气相比，由于露点降低，在寒冷地区可以保证全年的正常供气。城市在天然气到来之前，采用液化石油气混空气代替天然气的办法解决现阶段用气，可以作为过渡气源，将来天然气到达该地区之后，再置换成天然气，而管网和户内设备无需更改，使一次投资到位。

目前广泛采用的液化石油气混空气的比例及其特性如表 9-6 所示。

表 9-6　液化石油气混空气的比例及其特性

比例 （LPG∶AIR）	低热值 （MJ/m³）	密度 （kg/m³）	沃伯数 （kg/m³）	燃烧势	燃烧类别
35∶65	37.5	1.67	36.5	36.9	气田气
44∶56	47.1	1.77	47.3	39.4	10T
50∶50	54.2	1.82	53.1	40.4	12T

2. 混气站的建设与布局

在工业和城市集中供气的使用中，因液化石油气用量大，自然汽化不能满足要求，或生产工艺需要燃气热值稳定时，多采用强制汽化后与空气（或低热值燃气）混合供应。近几年，随着液化石油气的发展，相继涌现出一批把液化石油气与其他可燃气体或空气掺混后由管道直接供给用户或窑炉燃用的气化站和混气站，在此统称其为混气站，并作如下介绍。

液化石油气混气站一般由储罐区（液化石油气储罐和混合气储罐）、汽化混气间、生活和辅助用房构成，其总平面布置示意图如图 9-39 所示。

1）混气站的建设

液化石油气混气站的建设同样应符合国家相关安全法规的规定，并应具备以下基本条件。

（1）有稳定的符合国家标准的气源。

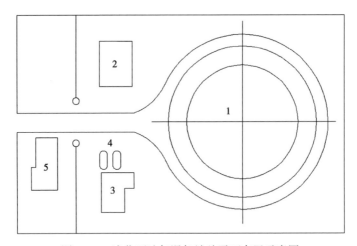

图 9-39 液化石油气混气站总平面布置示意图

1—混合气低压湿式储罐；2—压缩机房；3—汽化混气间；4—液化石油气储罐；5—辅助用房

（2）有符合国家标准的储存、输配汽化、混气设施。

（3）有与经营规模相适应的资金。

（4）有固定的、符合安全条件的经营场所。

（5）有具备相应资格的专业管理人员和技术人员。

（6）有健全的安全管理制度和企业内部管理制度。

（7）有与经营规模相适应的抢险抢修人员和设备。

（8）法律、法规规定的其他条件。

新建、改建、扩建混气工程项目，应符合燃气专项规划，并经燃气行政主管部门和公安消防机构审查同意后，按照国家和省的规定报有关部门审批。

液化石油气混气站的设计总容量应符合下列要求：

（1）由液化石油气生产厂供气时，其储罐设计总容量应根据其规模、气源情况、运输方式和运输距离等因素确定。

（2）由液化石油气供应基地（如储配站）供气时，其储罐设计总容量可按计算月平均 2~3d 的用气量计算确定。

液化石油气混气站站址的确定应与储配站站址的确定要求相同，站区四周需设置高度不小于 2m 的非燃烧实体围墙。

2）混气站的布置

混气站的总体布置应符合生产区与辅助区相分离的原则。其建筑物、构筑物及相关设备的布局按 GB 50028—2006《城镇燃气设计规范》的有关规定执行。

（1）储罐。

混气站的液化石油气储罐至少不应少于 2 台，其布置和间距按储配站的相关要求设置，其与明火、散发火花地点和建筑物、构筑物的防火间距可参考表 9-5 的数据。

（2）汽化间。

混气站汽化装置的总汽化能力宜取高峰小时用气量的 1.5 倍，汽化器台数不应少于 2 台，其中至少应有 1 台备用。

汽化间的布置应符合下列要求：

① 汽化器之间的净距不应小于相邻较大者的直径，且不应小于 0.8m。

② 汽化器操作侧与内墙之间的净距不应小于 1.2m。

③ 汽化器其余各侧与内墙的净距不应小于 0.8m。

调压器可布置在汽化间内。

（3）混气间。

混气间的布置应符合下列要求：

① 混合器之间的净距不应小于 0.8m。

② 混合器操作侧与墙的净距不应小于 1.2m。

③ 混合器其余各侧与墙的净距不应小于 0.8m。

（4）调压装置。

调压装置的设置应符合下列规定：

① 液化石油气和相对密度大于 0.75 的燃气调压装置不得设于地下室、半地下室和地下单独的箱内。

② 调压装置和燃气管道应采用钢管焊接和法兰连接。

③ 调压器室应有泄压措施，其设计应符合现行的国家标准 GB 50016—2014《建筑设计防火规范》的规定；室内的地坪应采用不产生火花的材料。

④ 室内设有 2 台以上调压器平行布置时，相邻调压器外缘净距宜大于 1m；调压器与墙面之间的净距和室内主要通道的宽度均宜大于 0.8m。

⑤ 调压柜应单独设置在牢固的基础上，柜底距地坪高度宜为 0.30m。

汽化、混气间平面布置示意图如图 9-40 所示。

3. 混气工艺要求

1）互换性

由于液化石油气中的丁烷气体在接近 0℃时，就会冷凝在管道中，给燃用造成不便，掺混一定空气后，由于露点降低，可满足在寒冷季节的长距离中

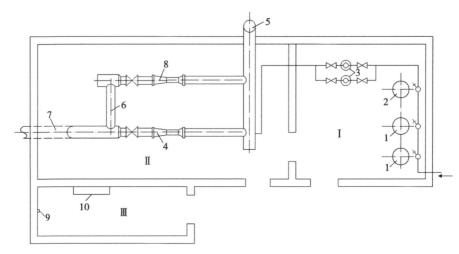

图 9-40　汽化、混气间平面布置示意图

Ⅰ—汽化间，Ⅱ—混气间；Ⅲ—值班室；1—汽化器，2—过热器，3—调压器；4—引射器；
5—空气引入管；6—集气管；7—混合气出口；8—液相出口，9—热值灯；10—仪表盘

压输送的要求，保证全年供给。城镇燃气管网的建设中，有条件与天然气干管连接的，一般在建设初期用液化石油气和空气的混合气作为基本气源，这样在改用天然气时，燃气分配管网及附属设施都可不经改换而继续使用。无条件与天然气干管连接，而用高炉煤气作基本气源的，液化混合气作为高峰负荷及事故的补充气源时，需考虑到燃气的互换性。

2）混气比

液化石油气与空气或其他可燃气体混合配制成所需的混合气，混气系统的工艺设计应符合下列要求。

（1）液化石油气与空气的混合气体中，液化石油气的体积百分含量必须高于其爆炸上限的2倍，以保证其安全。

（2）混合气作为城镇燃气补充气源或代替其他气源时，应符合现行的国家标准 GB/T 13611—2006《城镇燃气分类和基本特性》的规定，以保证其燃烧性能。

（3）在混气系统中，当参与混合的任何一种气体突然中断或液化石油气体积百分含量接近爆炸上限的2倍时，应设置能自动报警并切断气源的安全装置。

由于丙烷、丁烷的爆炸上限为10%，因此混合气中液化石油气与空气混

合比至少应为1:9。目前，国内混合气中液化石油气与空气的混合比一般控制在15%以上，热值控制在16750kJ/m³（4000kcal/m³）左右，这样可以直接接入城市管网。

各类副产煤气的成分及与空气爆炸比例区间见表9-7。

混气站的用电和防静电设施参照储配站的相关规定。

表9-7　各类副产煤气的成分及与空气爆炸比例区间

煤气种类	成分（%）				
	CO	CO_2	H_2	N_2	C_nH_n
高炉煤气	28	18	4	51	
焦炉煤气	7	3	3	3	4.5
转炉煤气	60	20	20		
爆炸区间（%）	15.5~94		4.0~75.6		

4. 液化气混气设备

根据供气规模的不同，液化石油气混空气的方式和设备也不同。下面介绍几种常见的混合设备。

1）文丘里引射式混合器

（1）工作原理。

文丘里引射式混合器，是利用液化气自身的压力，通过超音速喷嘴高速喷出液化气，在吸气室内形成负压，引射进外界的空气，并在文丘里管中与液化气充分混合后输出，设备的启停是依据管网压力的变化自动实现的。由于空气是由液化气喷射所形成的负压引射进入的，因此，液化气的喷射压力不能过低，一般要求在0.3MPa以上。文丘里混合器工作原理如图9-41所示。

文丘里引射式混合器的单管混气能力是一定的，在使用过程中需采取以下措施缓解混合气产量与使用量的匹配问题：①设置缓冲罐；②选用多管混合器，并根据管网压力自动启停文丘里管的工作数量，使产量与用量达到基本匹配。

在混气系统中，通常把氧含量分析仪或热值仪的信号引入到控制系统中，这样可随时知道混合气的比例情况，当混气比例超过允许的范围时，混合器可自动停止工作，以确保系统的安全工作。

（2）技术特点。

①混气工况稳定，成本低廉。

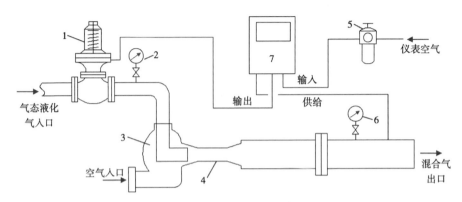

图 9-41 文丘里混合器工作原理

1—流量调节阀；2—喷射压力表；3—空气阀；4—文丘里管；5—减压过滤器；
6—供气压力表；7—压力指示调节仪

②空气进口设有消音、过滤和止回装置，混合器内壁装有吸音层。

③多管文丘里混合器的工作启停由智能控制系统根据工况自动控制。

④设有混合气压力超限、混气比例超限等多点安全连锁装置。

⑤混合比例：1∶4.5~1∶1（液化气∶空气）。

⑥液化气喷射压力：0.2~0.5MPa。

2）高压比例式混合器

（1）工作原理。

加压液化气和加压空气由混气机的两个进口进入各自的调压阀，其中空气调压阀为主动阀，其设定压力即为混气机的工作压力（通常在0.2MPa以下）。液化气调压阀为随动阀，其设定压力与空气压力相同，并能随时跟随空气压力的波动以确保两种气体以大致相同的压力进入混气阀内。

在两种气体的物理特性及双气差压基本确定后，决定流量的只有混气阀的开孔尺寸，混气阀中的活塞既可左右旋转来改变两种气体的进口尺寸，又可随用气量的大幅波动上下浮动。

混合器设有以下安全连锁：

① 双气压差超限。

② 空气工作压力超限。

③ 液化气工作压力超限。

④ 液化气进口温度超限。

当以上任一报警信号存在时，装在混合器两个进口上的紧急切断阀将自动关闭，以确保系统安全。当混合器进入安全自锁状态时，必须在排除故障后由操作人员手动启动。

（2）技术特点。

①设有压力、温度、压差等多点连锁，预留外接氧含量分析仪、热值仪接口。

②设置双路紧急切断阀，确保系统安全。

③设有大面积皮膜及活塞，能适应流量的大幅波动。

（3）技术参数。

①混气方式：浮动阀口比例。

②混合比例：爆炸极限 1.5 倍以外任意比例。

③混合气出口压力：0.03~0.4MPa。

④空气来源：外界压缩空气。

3）汽化/混气一体机

（1）工作原理。

汽化/混气一体机是把汽化器和文丘里混合器组装成一体的紧凑型设备，可实现瓶组混气，大大降低了工程投资，适用于小规模供气单位使用。在液化气中加入 15% 左右的空气，可大幅度降低运行成本。其结构如图 9-42 所示。

（2）技术特点。

①混气工况稳定，成本低廉。

②空气进口设有消音、过滤及止回装置。

③可实现瓶组混气，降低工程投资。

④混气出口压力较高，可满足长距离输送。

4）随动流量混合器

（1）工作原理。

随动流量混合器是以一种气源为主动气源，另外一种（或几种）气源按预先设定的比例通过电动调节阀，调节流量跟随主动气源变化而变化的燃气混合设备。该设备通过流量计量、信号反馈、信号传输、指挥调节、比例修正等环节，实现两种或两种以上气源的混配。

当出现下列情况之一时，混合气总管上的紧急切断阀会自动关闭。

①液化气流量超限。

②空气流量超限。

③出口压力超限。

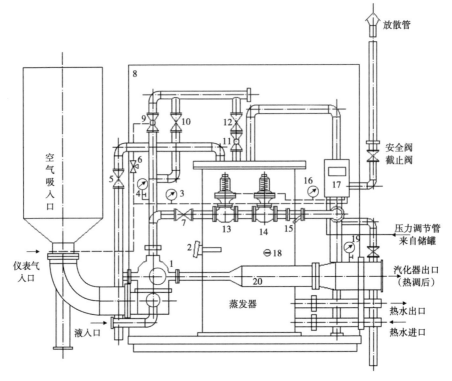

图 9-42　汽化/混气一体机结构

1—空气阀；2—测温体；3—喷射压力表；4—液压力表；5—气体放空阀；6—三通电磁阀；
7—手动截止阀；8—外壳；9—液截止阀（气动）；10—旁通阀；11—液量调节阀；12—液截止阀；
13—气动截止阀；14—减压阀；15—过滤器；16—汽化压力计；17—压力指示调节计；
18—温度计；19—供气压力表；20—文丘里管

④氧气含量超限。

（2）技术特点。

①采用流量随动、连续修正调节的方式，混气精度高。

②系统具有自动跟随用气量变化的特性，在混合器与管网之间无需设置缓冲装置。

③修正混气比例方便，在仪表上即可实现。

（3）技术参数。

①混气方式：随动流量比例式。

②混合比例：爆炸极限 1.5 倍以外任意比例。

③混合气出口压力：0.05~500kPa。

④混气介质：液化气与空气或其他一种或几种工业气体。

5）小型配比式混合器

（1）工作原理。

小型配比式混合器是把两种（或几种）气源调整到相同的压力，再通过调整两种（或几种）气源流量的变化，实现一定的混配比例。该设备综合直观性强，混气比例调整灵活方便，运行稳定，适用于小型工业配气。

（2）技术特点。

①附属设备少，占地面积小，节约投资。

②混气比例调整方便，可实现多种气源混配。

③适用于工业用户。

各种混合器安装应符合 GB 50028—2006《城镇燃气设计规范》的要求，混合器出口处应设置止回阀。

第十章　液化天然气供应

第一节　液化天然气储存与运输

一、概述

1. LNG 概况

LNG 是气田开采出来的天然气，经过脱水、脱酸性气体和重质烃类，然后压缩、膨胀、液化而成，为-162℃的超低温液体。液化后的 LNG，其体积只有液化前的 1/600，采用 LNG 运输方式特别是船运方式已成为目前运送天然气的一条便捷途径。

为了改变能源结构、改善环境状态、发展西部经济，我国政府十分重视天然气的开发和利用。在上海、河南、新疆、海南、广西等地已经建设液化天然气工厂。为了引进国外 LNG，在广东深圳大鹏湾秤头角、江苏如东县、福建莆田市秀屿港、浙江宁波、珠海高栏岛等地建设了 LNG 接收站。在 LNG 应用方面，山东、江苏、河南、浙江和广东等省的一些城镇建立了气化站，向居民或企业提供燃气；淄博、北京、济宁、商丘、上海、深圳等地，已将 LNG 作为陶瓷、玻璃等产业的燃料。同时 LNG 汽车技术的研究和应用也在如火如荼进行中，中原油田已经在北京投资建成全国第一座 LNG 汽车加气站，LNG 汽车技术也代表了未来燃气汽车的发展方向。

目前，世界上液化天然气技术已经成为一门新兴工业正在迅猛发展。LNG 技术除了用来解决天然气储存、运输问题外，还广泛地用于天然气使用时的调峰装置上。液化天然气还可用于汽车、船舶以及飞机等交通运输工具。

2. LNG 工业链

由于 LNG 在诸多方面的特性，现在 LNG 在城镇燃气中的应用也非常广泛。LNG 从生产到供给终端用户是一个完整的系统，形成 LNG 工业链，包括天然气预处理、液化、储存、运输、接收站、再汽化装液化流程、运输和接收站、再汽化等，如图 10-1 所示。

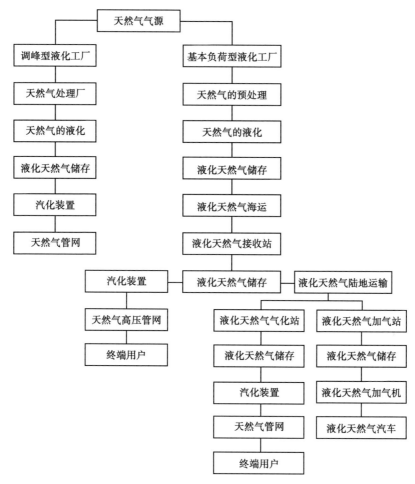

图 10-1　液化天然气工业链

　　LNG 工业链中液化天然气调峰站、液化天然气储配/气化站和液化天然气加气站在城镇燃气应用中非常重要。

　　1）液化天然气调峰站

　　LNG 在城市天然气用气低谷时，液化储存，在用气高峰时汽化供气。在城镇燃气的设计中，天然气的耗气量随月、日、时而变化，但气源的供应量是相对稳定的，不可能完全按用气量的变化而随时改变。为了保证供需平衡，按用户需求不间断供气，需要采用有效的调峰手段，LNG 液化调峰站就是一种有效的调峰手段。

2）液化天然气储配/气化站

LNG 储配/气化站接收从口岸 LNG 接收站或液化厂用专用 LNG 槽车运来的 LNG，在卸车台利用槽车自带的增压器对槽车储罐加压，利用压差将 LNG 送入 LNG 储罐储存。汽化时通过储罐增压器将 LNG 增压，然后自流进入汽化器（夏季用空浴式汽化器，冬季水浴式加热器与空浴式汽化器串联使用），LNG 发生相变，成为气态天然气，经调压计量、加臭送入城市管网。槽车内 LNG 卸完后，尚有天然气，这部分气体与储罐蒸发气（简称 BOG）经 BOG 加热器与空气换热，并入城市管网供工业、民用和商用用气。

在远离气源和输气管道的地方，LNG 作为储配/汽化供气的方式，在山东、江苏、浙江等地已经投入运行。

3）液化天然气加气站

液化天然气加气站是为液化天然气汽车储气瓶充装车用液化天然气的场所。

液化天然气汽车是以液化天然气为燃料的新一代天然气汽车，具有安全、经济、续驶里程长、环保性能更优等特点，成为天然气汽车的发展方向。

二、液化天然气储存

在液化天然气液化工厂、终端站、气化站以及运输中，根据工艺要求均需要设置一定数量的储罐，用于储存液化天然气。

LNG 储罐是气化站中的关键设备，液化天然气储罐一般按储罐的单罐容积、绝热方式、储罐形状、储存压力以及围护结构等进行分类。

1. 按单罐容积分类

（1）小型储罐。

单罐容积一般为 5~45m³，常用于 LNG 加气站、小型 LNG 气化站、橇装汽化装置及 LNG 运输槽车中。

（2）中型储罐。

单罐容积一般为 50~150m³，用于常规 LNG 气化站中。

（3）大型储罐。

单罐容积一般为 200~5000m³，常用于较大的工业用户、城镇燃气或电厂 LNG 气化站中，也常用于小型 LNG 液化工厂。

（4）特大型储罐。

单罐容积一般为 $10000 \sim 40000 m^3$，常用于基荷型或调峰型 LNG 液化装置中。

2. 按储罐夹层的绝热方式分类

（1）真空型粉末或纤维绝热储罐。

常用于 LNG 运输槽车、中小型 LNG 储罐。

（2）高真空多层绝热。

常用于小型 LNG 储罐中，如 LNG 汽车车载钢瓶。

3. 按储罐的设置方式及结构形式分类

低温常压液化天然气按储罐的设置方式及结构形式，可分为地下储罐及地上储罐。地下储罐主要有埋置式和池内式；地上储罐有球形罐、单容罐、双容罐、全容罐及膜式罐。

（1）地下储罐。

除罐顶外地下储罐全部建在地面以下。LNG 地下储罐的外罐为钢筋混凝土，内罐采用金属薄膜。

地下储罐抗地震性好，适宜建在海滩回填区上，占地少，而且多个储罐可紧密布置，对站周围环境要求较好，安全性最高。地下储罐多用于 LNG 工厂、LNG 接收站和大型的 LNG 调峰/气化站。

（2）地上储罐。

① 地上预应力储罐。

地上预应力储罐是以预应力混凝土（PC）为外罐的大容量双层壁 LNG 地面储罐，经济性和可靠性都优于金属储罐。

这种储罐主要应用在 LNG 接收站和大型 LNG 调峰/气化站。

②地上金属储罐。

地上金属储罐分为金属子母储罐和金属单罐两种。

子母储罐拥有 3 个或 3 个以上子罐并联组成的内罐，内罐组装在一个大型外罐（即母罐）之中。子罐通常为立式圆筒形，外罐为立式平底拱盖圆筒形。外罐为常压罐，绝热方式为珠光砂堆积绝热。

金属单罐是由外罐和内罐组成的，两层壁间填以绝热材料，与 LNG 接触的内罐材料大多是不锈钢，外罐材料一般为碳钢，绝热材料采用珠光砂等。

4. 按储罐的储存压力分类

（1）压力储罐。

压力储罐储存压力一般在 0.4MPa 以上，一般包括圆柱型储罐、子母储

罐、球形储罐以及 LNG 钢瓶等。

LNG 压力储罐主要适用于与输气管网配套的卫星场站。

（2）常压储罐。

大型常压 LNG 储罐的最高工作压力约为 20kPa。通常适用于与 LNG 生产装置配套的 LNG 生产场站或接收来自运输槽船的接近常压标准沸点温度的 LNG 液体。

三、液化天然气运输

液化天然气运输的方式有船运、槽车运输。

1. LNG 槽车

LNG 槽车按运输方式可以分为公路槽车和铁路槽车。公路槽车又分整体式槽车、半挂式槽车和拖车。整体式槽车即槽体和车头完全固定安装，没有分离的功能。而半挂式槽车和拖车可以在需要时将牵引车头和罐体分离，使牵引车更具机动性。

常用的运输槽车形式如表 10-1 所示。

表 10-1　常用的运输槽车形式

形式	规格 （m^3）	有效容积 （m^3）	形式	规格 （m^3）	有效容积 （m^3）
半挂式运输槽车	40	36	LNG 集装箱式罐	40	36
	49	44		43	40

2. LNG 运输船

天然气液化后，通过 LNG 运输船运送到 LNG 接收站，储存在-162℃的储罐中。

LNG 运输船按载运货物的储存状态可分为 3 类，即常温压力式、低温常压式及低温压力式，也可称为全压式、全冷式及半冷半压式。

第二节　液化天然气储配/气化站

液化天然气储配/气化站的主要功能是将液化天然气进行卸气、储存、汽化、调压、计量或加臭，并通过管道将天然气输送到燃气用户。

储配/气化站也可设置灌装液化天然气的钢瓶。

一、液化天然气储配/气化站工艺

1. 储配/气化站工艺流程

储配/气化站工艺流程包括等压汽化流程和加压强制汽化工艺流程。加压强制汽化的工艺流程与等压汽化流程基本相似，只是在系统中设置了低温输送泵，储罐中的 LNG 通过输送泵送到汽化器中去汽化。

典型储配/汽化工艺流程：LNG 由低温槽车运至储配/气化站，在卸车台利用槽车自带的增压器对槽车储罐加压，利用压差将 LNG 送入 LNG 储罐储存。汽化时通过储罐增压器将 LNG 增压，然后自流进入汽化器（夏季用空浴式汽化器，冬季用水浴式加热器与空浴式汽化器并联的方式），LNG 发生相变，成为气态天然气，经调压计量、加臭送入城市管网。槽车内 LNG 卸完后，尚有天然气，这部分气体与储罐蒸发气经 BOG 加热器与空气换热，并入管网。

LNG 储配/气化站的典型工艺流程如图 10-2 所示。

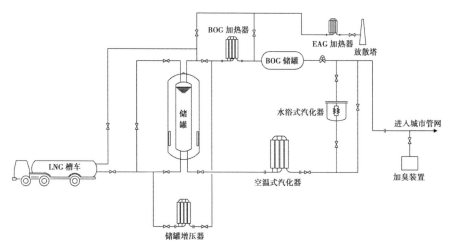

图 10-2　LNG 储配/气化站的典型工艺流程

LNG 储配/气化站工艺流程一般包括：卸车、储存增压、加热汽化、BOG 处理、安全泄放和计量加臭。

1）卸车

LNG 的卸车工艺是将集装箱或槽车内的 LNG 转移至 LNG 储罐内的操作，LNG 的卸车流程主要有两种方式可供选择：潜液泵卸车方式、自增压卸车方式。

（1）潜液泵卸车方式。

LNG 液体经 LNG 槽车卸液口进入潜液泵，潜液泵将 LNG 增压后充入 LNG 储罐。LNG 槽车气相口与储罐的气相管连通，LNG 储罐中的 BOG 气体通过气相管充入 LNG 槽车，一方面解决 LNG 槽车因液体减少造成的气相压力降低，另一方面解决 LNG 储罐因液体增多造成的气相压力升高，整个卸车过程不需要对储罐泄压，可以直接进行卸车操作。

该方式的优点是速度快，时间短，自动化程度高，无需对站内储罐泄压，不消耗 LNG 液体。缺点是工艺流程复杂，管道连接烦琐，需要消耗电能。

（2）自增压卸车方式。

LNG 液体通过 LNG 槽车增压口进入增压汽化器，汽化后返回 LNG 槽车，提高 LNG 槽车的气相压力。将 LNG 储罐的压力降至 0.4MPa 后，LNG 液体经过 LNG 槽车的卸液口充入到 LNG 储罐。自增压卸车的动力源是 LNG 槽车与 LNG 储罐之间的压力差，由于 LNG 槽车的设计压力为 0.8MPa，储罐的气相操作压力不能低于 0.4MPa，故最大压力差仅有 0.4MPa。如果自增压卸车与潜液泵卸车采用相同内径的管道，自增压卸车方式的流速要低于潜液泵卸车方式，卸车时间长。随着 LNG 槽车内液体的减少，要不断对 LNG 槽车气相空间进行增压，如果卸车时储罐气相空间压力较高，还需要对储罐进行泄压，以增大 LNG 槽车与 LNG 储罐之间的压力差。给 LNG 槽车增压需要消耗一定量的 LNG 液体。

自增压卸车方式与潜液泵卸车方式相比，优点是流程简单，管道连接简单，无能耗；缺点是自动化程度低，放散气体多，随着 LNG 储罐内液体不断增多需要不断泄压，以保持足够的压力差。

2）储存增压

中小型 LNG 储配/气化站一般采用增压汽化器结合气动式增压调节阀的增压方式，见图 10-3。

LNG 通过空温式汽化器增压，当储罐内压力低于自动增压阀的设定开启值时，自动增压阀打开，储罐内 LNG 靠液位差流入自增压空温式汽化器（自增压空温式汽化器的安装高度应低于储罐的最低液位），在自增压空温式汽化器中 LNG 经过与空气换热汽化成气态天然气，然后气态天然气流入储罐内，

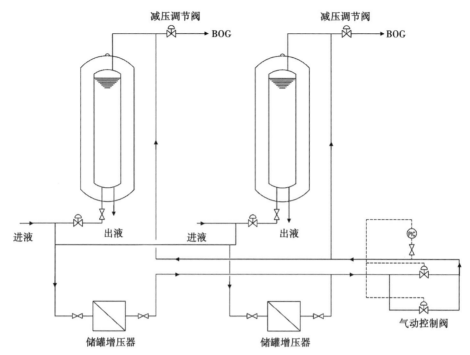

图 10-3　增压汽化器结合气动式增压调节阀的增压方式图

将储罐内压力升至所需的工作压力。

3）加热汽化

LNG 加热通常采用空温式和水浴式相结合的串联流程。夏季使用空温式自然能源，冬季用热水水浴式加热器进行增热。

空温式汽化器分为强制通风和自然通风两种，一般采用自然通风空温式汽化器。自然通风空温式汽化器需要定期除霜、定期切换。

水浴式加热器根据热源不同，可分为热水加热式、燃烧加热式、电加热式等。一般采用热水加热式，利用热水炉生产的热水与低温 LNG 传热。冬季LNG 出口温度低于 0℃时，低温报警并手动启动水浴加热器。

4）BOG 处理

BOG 气体包括 LNG 储罐吸收外界热量产生的蒸发气体、LNG 卸车时产生的蒸发气体、储罐内压力较高时进行减压操作产生的气体。

BOG 气体集中回收到储罐，通过调压输送到燃气管网。

5）安全泄放

安全泄放一般采用集中排放的方式，安全泄放系统由安全阀、爆破片、EAG 加热器、放散塔组成。通过 EAG 加热器，对放空的低温天然气进行集中加热，经阻火器后通过放空立管高点排放。

6）计量加臭

主汽化器及缓冲罐气体进入计量装置，计量完成后经过加臭处理输入燃气管网。

加臭设备为橇装一体设备。根据流量计或流量计积算仪传来的流量信号按比例地加注臭剂。

2. 仪表控制系统

LNG 气化站的工艺控制系统包括站内工艺装置的运行参数采集和自动控制、远程控制、连锁控制及越限报警。

控制室控制 LNG 储罐液位控制阀、热水汽化器和空温式汽化器的紧急切断阀。

事故紧急控制：控制室关断热水汽化器、空温式汽化器的紧急切断阀和储罐进出液总管紧急切断阀。

3. 阀门的设置要求

（1）汽化器的进口和出口应设置切断阀和安全阀。

（2）为防止泄漏的 LNG 进入备用汽化器，可安装 2 个进口阀门。

（3）在与汽化器的水平净距为 15m 的 LNG 管路上安装切断阀，该阀门可由现场操作或远程控制，且有一定保护措施，预防阀门因温度过低而失效。

（4）在液体管路上设自动控制切断阀，该阀门到汽化器的水平净距至少是 3m，且在液体流量过大、设备周围温度异常、汽化器出口处温度过低时能自动关闭。

（5）加热汽化器应配备切断热源的装置，可由现场操作或远程控制。

（6）设置自动装置，防止 LNG 或其蒸气在异常温度下进入输配系统。这些装置应与仅用于紧急情况的管路阀门配合使用。

（7）储罐进液系统设顶部、底部两个进液阀，当充注液体与储罐中原有液体物理性质有差异时，通过不同部位的进液，减少混合液体分层的可能性，降低事故发生率。

（8）设置足够数量的安全阀，安全阀与罐体之间设手动截止阀，保证储罐工作压力在允许范围内。内筒设安全放空阀，连通火炬。外筒泄压装置将放空气体引至放空火炬。

（9）每个储罐的液相管上设 2 个紧急切断阀，发生意外事故时切断储罐与外界的连通，防止罐内 LNG 泄漏。

（10）在液相管道的两个切断阀之间设置安全阀，防止管道超压造成事故。在气相总管上设紧急放空装置，当误操作或设备超压时，安全阀自动开启，保护气相管道的安全，降低对管道及管件的破坏程度。

（11）为保证储罐安全运行，设计上采用储罐减压调节阀、压力报警手动放散阀、安全阀起跳三级安全保护措施来进行储罐的超压保护。

（12）在储罐进液管紧急切断阀的进出口管路和出液管紧急切断阀的出口管路上分别安装管道安全阀，用于紧急切断阀关闭后管道泄压。

（13）天然气出站管路均设电动阀，可在控制室迅速切断。

二、LNG 储配/气化站总平面布置

1. 站址选择

液化天然气储配/气化站的站址选择应符合下列要求：

（1）站址应符合城镇总体规划、环境保护和防火安全的要求。

（2）站址应避开地震带、地基沉陷、废弃矿井等不良地段。

（3）站址周边交通应便利，并具有良好的公用设施条件。

2. 布置原则

液化天然气储配/气化站总平面布置应遵循以下原则：

（1）总平面布置严格执行国家有关现行规范。

（2）合理划分功能区，达到既方便生产又便于管理的目的。

（3）满足安全生产的要求。

（4）满足消防和交通运输的要求。

（5）充分考虑环保及工业卫生的要求，减少环境污染。

（6）节约工程建设用地。

（7）搞好绿化设计，达到减少污染、美化站容的目的。

3. 防火间距

液化天然气气化站的液化天然气储罐、天然气放散总管与站外建、构筑物的防火间距应严格执行 GB 50028—2006《城镇燃气设计规范》中的相关规定，如表 10-2 所示。

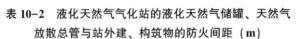

表 10-2 液化天然气气化站的液化天然气储罐、天然气放散总管与站外建、构筑物的防火间距（m）

名称 / 项目	储罐总容积（m³）							天然气放散总管
	≤10	>10 且 ≤30	>30 且 ≤50	>50 且 ≤200	>200 且 ≤500	>500 且 ≤1000	>1000 且 ≤2000	
居住区、村镇和影剧院、体育馆、学校等重要公共建筑（最外侧建、构筑物外墙）	30	35	45	50	70	90	110	45
工业企业（最外侧建、构筑物外墙）	22	25	27	30	35	40	50	20
明火、散发火花地点和室外变、配电站	30	35	45	50	55	60	70	30
民用建筑，甲、乙类液体储罐，甲、乙类生产厂房，甲、乙类物品仓库，稻草等易燃材料堆场	27	32	40	45	50	55	65	25
丙类液体储罐，可燃气体储罐，丙、丁类生产厂房，丙、丁类物品仓库	25	27	32	35	40	45	55	20
铁路（中心线）　国家线	40	50	60		70		80	40
铁路（中心线）　企业专用线		25			30		35	30
公路、道路（路边）　高速，Ⅰ、Ⅱ级，城市快速			20			25		15
公路、道路（路边）　其他			15			20		10
架空电力线（中心线）			1.5 倍杆高				1.5 倍杆高，但 35kV 以上架空电力线不应小于 40m	2.0 倍杆高
架空通信线（中心线）　Ⅰ、Ⅱ级		1.5 倍杆高		30		40		1.5 倍杆高
架空通信线（中心线）　其他				1.5 倍杆高				1.5 倍杆高

注：（1）居住区、村镇系指 1000 人或 300 户以上者，以下者按本表民用建筑执行。

（2）与本表规定以外的其他建、构筑物的防火间距应按现行国家标准 GB 50016—2006《建筑设计防火规范》执行。

（3）间距的计算应以储罐的最外侧为准。

LNG 气化站平面布置图如图 10-4 所示。

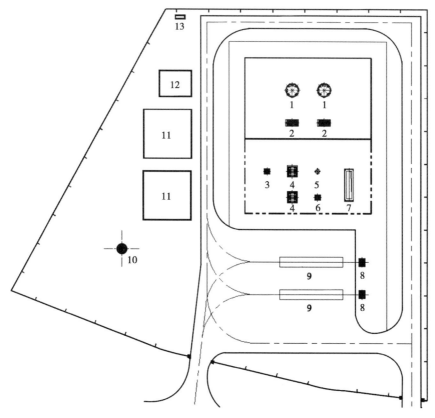

图 10-4　LNG 气化站平面布置图

1—储罐；2—储罐增压器；3—EAG 加热器；4—空温汽化器；5—复热器；
6—BOG 加热器；7—调压计量橇；8—卸车增压器；9—槽车；10—放空管；
11—消防水池；12—半地下消防泵房；13—柴油发电机橇

三、液化天然气气化站设备选型

1. 基本设计参数

1）储罐容积

储罐的设计总容积应根据其规模、气源情况、运输方式和运距等因素确定。
气化站的液化天然气储罐的设计总容量一般应按计算月平均日用气量的

3~7d 的用气量计算。当气化站由两个或两个以上液化天然气气源点供气或气化站距离气源供应点较近时，储罐的设计容量可小一些；反之，储罐的设计容量应取较大值。储罐设计总容量可按下式计算：

$$V = \frac{n k_{m,\ max} q_d \rho_g}{\rho_L \varphi_b} \qquad (10-1)$$

式中　　V——总储存容积，m^3；

　　　　n——储存天数，d；

　　　　$k_{m,max}$——月高峰系数；

　　　　q_d——年平均日供气量，m^3/d；

　　　　ρ_g——天然气的气态密度，kg/m^3；

　　　　ρ_L——操作条件下的液化天然气的密度，kg/m^3；

　　　　φ_b——储罐允许充装率，一般取 0.95。

2）设计温度、设计压力及计算压力

（1）设计温度。

①储罐的最高设计温度取当地历年最高温度，最低设计温度应取-196℃，最低工作温度取其设计压力下液化天然气的饱和温度。

②汽化器的工作温度取汽化器设计压力下液化天然气的饱和温度，设计温度应取-196℃。

③空温式汽化器出口天然气的计算温度一般应取不低于环境温度 8~10℃，环境温度宜取当地历年最低温度。

（2）设计压力与计算压力的确定。

①储罐的设计压力应根据系统中储罐的配置形式、液化天然气组分以及工艺流程进行工艺计算确定。

②汽化器的设计压力与汽化方式有关。当采用储罐等压汽化时，取储罐设计压力；当采用加压强制汽化时，应取低温加压泵出口压力。

2. 主要工艺设备选型

1）LNG 储罐

当气化站内的储存规模不超过 1000m^3 时，宜采用 50~150m^3 LNG 压力储罐，可根据现场地质和用地情况选择卧式罐或立式罐。

当气化站内的储存规模在 1000~3500m^3 时，宜采用子母罐形式。

当气化站内的储存规模在 3500m^3 以上时，宜采用常压储罐形式。

为便于管理和运行安全，一般不推荐采用联合储罐形式。

2）汽化器

空温式汽化器是 LNG 气化站向城市供气的主要汽化设施。汽化器的汽化能力按高峰小时用气量确定，并留有一定的余量，通常按高峰小时用气量的 1.3~1.5 倍确定。当空温式汽化器作为工业用户主汽化器连续使用时，其总汽化能力应按工业用户高峰小时流量的 2 倍考虑。单台汽化器的汽化能力按 2000 m^3/h 计算，2~4 台为一组，设计上配置 2~3 组，相互切换使用。当环境温度较低，空温式汽化器出口气态天然气温度低于 5 ℃时，在空温式汽化器后串联水浴式天然气加热器，对汽化后的天然气进行加热。加热器的加热能力按高峰小时用气量的 1.3~1.5 倍确定。

LNG 气化站其他汽化器（槽车自增压汽化器、BOG 汽化器、低温储罐增压汽化器、放空管线汽化器）根据设备参数和工程规模确定。

3）BOG 缓冲罐

对于调峰型 LNG 气化站，为了回收非调峰期接卸槽车的余气和储罐中的 BOG，或用于天然气混气站均匀混气，常在 BOG 加热器的出口设置 BOG 缓冲罐，其容量按回收槽车余气量设置。

4）增压器

液化天然气气化站内的增压器包括卸车增压器和储罐增压器。增压器的传热面积按下式计算：

$$A = \frac{\omega Q_0}{k \Delta t} \tag{10-2}$$

$$Q_0 = h_2 - h_1 \tag{10-3}$$

式中　A——增压器的换热面积，m^2；

ω——增压器的汽化能力，kg/s；

Q_0——汽化单位质量液化天然气所需的热量，kJ/kg；

h_2——进入增压器时液化天然气的比焓，kJ/kg；

h_1——离开增压器时气态天然气的比焓，kJ/kg；

k——增压器的传热系数，$kW/(m^2 \cdot K)$；

Δt——加热介质与液化天然气的平均温差，K。

（1）卸车增压器。

卸车增压器的增压能力应根据日卸车量和卸车速度确定。卸车台单柱卸车速度一般按照 1~1.5h/车计算。当单柱日卸车时间超过 5h，增压器可不设置备用。每个卸车柱宜单独设置卸车增压器。卸车增压器宜选择空温式结构。

（2）储罐增压器。

储罐增压器的增压能力应根据气化站小时最大供气能力确定。储罐增压器宜联合设置，分组布置，一组工作，一组化霜备用。

5）加热器

水浴式加热器根据热源不同，可分为热水式、蒸汽加热式、电加热式等。其原理是将导热盘管放入热水槽中，导热盘管中的低温天然气与热水进行热交换，成为常温天然气。

加热天然气需要的热量可按下式计算：

$$Q = Cq(T_2 - T_1) \tag{10-4}$$

式中　Q——需要的热量，W/h；

C——天然气的比热，kJ/（$m^3 \cdot K$）；

q——通过加热器的天然气高峰小时流量，m^3/h；

T_2——出加热器天然气的温度（可取278K），K；

T_1——进加热器天然气的温度（可取汽化器出口温度，如主汽化器为空温式汽化器，其进口温度可取低于当地极限最低温度8~10K），K。

6）低温泵

液化天然气储配/气化站内采用的低温泵主要是满足加压强制汽化压力的要求或进行钢瓶的灌装。

LNG低温泵可在罐区外露天布置或设置在罐区防护墙内。

设计宜采用离心泵，采用机械和气体联合密封或无密封形式。LNG低温泵内部结构如图10-5所示。

7）调压、计量与加臭装置

根据LNG气化站的规模选择调压装置。通常设置2路调压装置，调压器选用带指挥器、超压切断的自力式调压器。

计量采用涡轮流量计。加臭剂采用四氢噻吩，加臭以隔膜式计量泵为动力，根据流量信号将加臭剂注入燃气管道中。

8）阀门与管材管件选型

（1）阀门选型。

工艺系统阀门应满足输送LNG的压力和流量要求，同时必须具备耐-196℃的低温性能。常用的LNG阀门主要有增压调节阀、减压调节阀、紧急切断阀、低温截止阀、安全阀、止回阀等。阀门材质为0Cr18Ni9不锈钢。

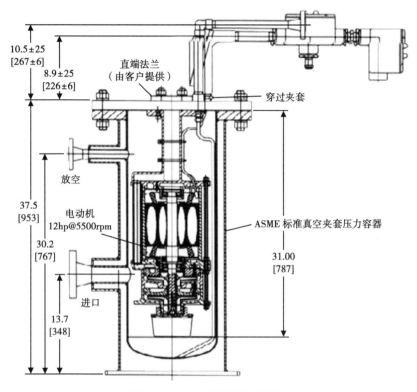

10.5±25
[267±6]

8.9±25
[226±6]

直端法兰
（由客户提供）

穿过夹套

放空

37.5
[953]

电动机
12hp@5500rpm

ASME 标准真空夹套压力容器

30.2
[767]

31.00
[787]

进口

13.7
[348]

图 10-5　LNG 低温泵内部结构

为了防止反复热胀冷缩而使管道接头松动造成泄漏，一般对于无检修需要的阀门采用焊接连接，其中 DN50mm 及以下的采用承插焊，DN50mm 以上的采用对接焊，有检修需要的采用法兰连接。

为了操作安全和方便做管道保温，低温阀门一般采用长阀杆。

（2）管材、管件、法兰选型。

①介质温度不大于-20℃的管道采用输送流体用不锈钢无缝钢管，材质为 0Cr18Ni9。管件均采用材质为 0Cr18Ni9 的无缝冲压管件。法兰采用凹凸面长颈对焊钢制管法兰，其材质为 0Cr18Ni9。法兰密封垫片采用金属缠绕式垫片，材质为 0Cr18Ni9。紧固件采用专用双头螺柱、螺母，材质为 0Cr18Ni9。

②介质温度大于-20℃的工艺管道，当公称直径不大于 200mm 时，采用输送流体用无缝钢管；当公称径大于 200mm 时采用焊接钢管。管件均采用无缝冲压管件。法兰采用凸面带颈对焊钢制管法兰。法兰密封垫片采用柔性石

墨复合垫片。

［例10-1］ 10000m³ LNG 气化站计算实例。

全年平均日供气量 $Q_d = 10000m^3/d$，其中工业用气占供气量的40%，居民生活用气占供气量的60%。日供气量10000m³ 的气化站适用于2.5万人口的小城市。

（1）储罐规模的确定。

气化站储罐规模的确定需考虑储存天数、调峰用气量等。本气化站考虑储存7d的用气量，这7d内考虑了气源厂的检修时间、气源运输周期、用气用户波动等情况。

$$Q_1 = Q_d \times 7 = 70000(\text{m}^3/\text{d})$$

$$K_1 = \frac{\text{该月平均日用气量}}{\text{全年平均日用气量}}$$

K_1 为月不均匀系数，月不均匀系数最大的月，称为计算月。并将月最大不均匀系数 K_{1max} 称为月高峰系数，取 $K_{1max} = 1.3$

该月平均日用气量=全年平均日供气量×K_1 = 10000×1.3 = 13000（m³/d）

储气容积占计算月平均日供气量的百分数见表10-3。

表10-3 储气容积占计算月平均日供气量的百分数

工业用气量占计算月平均日供气量的百分数（%）	民用气量占计算月平均日供气量的百分数（%）	储气量占计算月日供气量的百分数（%）
50	50	40~50
>60	<40	30~40
<40	>60	50~60

从表中选取60%为调峰用气量占计算平均月平均日供气量的百分数。

所以调峰用气量 $Q_2 = 13000 \times 0.6 = 7800$（m³/d）。

因此，储罐的总储存用气量为 $Q = Q_1 + Q_2 = 77800$（m³/d）。

此时为气态天然气的容积，需要转换为液态天然气的容积，气态天然气体积是液态天然气体积的625倍，因此，液态天然气容积为：

$$Q_y = \frac{Q}{625} = \frac{77800}{625} = 124.48(\text{m}^3/\text{d})$$

按单个储罐容积100m³ 选取储罐。

其中储罐的充装系数为 0.95，

$$n = \frac{124.48}{100 \times 0.95} = 1.31$$

因此，选取两台立式圆筒形双金属真空粉末隔热型储罐。

（2）槽车的车次。

选用 30m³ 的 LNG 运输车，充装率一般为 90%，因此其单车运输量为：

$$30 \times 0.9 \times 625 = 16875 \ (\text{m}^3)$$

计算月日平均用气量为 13000m³/d，则运输车次为：

$$13000 \div 16875 = 0.77 \ \text{车次}$$

所以每天需运输 1 车次 LNG。

（3）汽化器的选型。

汽化器的选择主要按计算月的高峰小时最大用气量计算的，计算公式如下：

$$Q_g = \frac{Q_d}{24} K_{m,\ max} K_{d,\ max} K_{h,\ max}$$

式中　Q_g——汽化器汽化量，m³/h；

Q_d——全年平均日供气量，m³/d；

$K_{m,max}$——月高峰系数；

$K_{d,max}$——日高峰系数；

$K_{h,max}$——小时高峰系数。

取 $K_{m,max} = 1.3$，$K_{d,max} = 1.2$，$K_{h,max} = 2.7$。

$$Q_g = \frac{Q_d}{24} K_{m,\ max} K_{d,\ max} K_{h,\ max} = \frac{10000}{24} \times 1.3 \times 1.2 \times 2.7 = 1755(\text{m}^3/\text{h})$$

按汽化量的 1.3 倍来选取汽化器：

$$Q_q = 1.3 Q_g = 2281.5(\text{m}^3/\text{h})$$

选用 4 台大翅片空温式汽化器，两用两备。当一组使用时间过长，汽化器结霜严重，导致汽化器汽化效率降低，出口温度达不到要求时，人工（或自动或定时）切换到另一组使用，本组进行自然化霜备用。大翅片空温式汽化器参数见表 10-4。

表 10-4　大翅片空温式汽化器参数

产品代号	汽化量（m³/h）	换热面积（m²）	长×宽×高（mm）	净重（kg）
Q1112.000	1200	533	230×202×657	2028

当环境温度较低，空温式汽化器出口气态天然气温度低于 5 ℃时，在空温式汽化器后串联水浴式天然气加热器，对汽化后的天然气进行加热。

选用一台大型紧凑式水浴加热器，参数见表 10-5。

表 10-5　紧凑式水浴加热器参数

产品代号	型号	汽化量（m³/h）	直径×高（cm）	净重（kg）
Q251.000	QY-2500/16	2500	2000×3700	2230

（4）BOG 缓冲罐。

BOG 缓冲罐中的 BOG 气体主要来自槽车卸车后气相天然气的回收、LNG 储罐中的静态蒸发和卸车后液相管中的 LNG 汽化后的气体。

①LNG 储罐中静态蒸发的体积。

目前国产 LNG 储罐的日静态蒸发率不大于 0.3%，因此取日静态蒸发率为 0.3%。

本气化站选用两台 200m³ 的储罐。

$$Q_3 = \frac{200 \times 0.3\% \times 625}{24} = 15.6 m^3$$

②槽车卸车后气相天然气的容积。

选用一台 30m³ 的槽车，卸车后压力从 0.6MPa 降到 0.3MPa，其中槽车中气态天然气的温度为 -162℃，假设卸车后回收的过程中温度不变，回收时间为 30min。

根据公式：

$$pV = nRT$$

当 p = 0.6MPa 时，V = 30m³，T = 273+（-162）= 111K，R = 8.31。
由上式可得：

$$n_1 = 19514.1 mol$$

当 p = 0.3MPa 时，V = 30m³，T = 273+（-162）= 111K，R = 8.31。
由上式可得：

$$n_2 = 9757.05 \text{mol}$$

得到回收的天然气量 $= n_1 - n_2 = 9757.05 \text{mol}$

当这部分气体进入 BOG 加热器中被加热到 $-145℃$，气体的体积由 $pV = nRT$ 计算得到。

当 $p = 0.1 \text{MPa}$ 时，$T = 273 + (-145) = 128 \text{K}$，$R = 8.31$，$n = 9757.05 \text{mol}$。

$$V = 103.8 \text{m}^3$$

$$V = Q_4 = 103.8 \text{m}^3$$

③液相管中 LNG 汽化后的体积。

取液相管的长度 $L = 50 \text{m}$，管径 $d = 50 \text{mm}$

$$Q_5 = \frac{1}{4} \pi d^2 L \times 625 = 61.3 \text{m}^3$$

BOG 缓冲罐的容积 $= Q_3 + Q_4 + Q_5 = 15.6 + 103.8 + 61.3 = 180.7 \text{m}^3$。

因此，选用 BOG 缓冲罐的容积为 200m^3。

（5）BOG 加热器。

进入缓冲罐中的 BOG 气体都经过 BOG 加热器，因此 BOG 加热器的汽化能力取决于 BOG 缓冲罐中的气体容积。

因此，选择一个汽化能力为 $250 \text{m}^3/\text{h}$ 的空温式汽化器作为 BOG 加热器，参数见表 10-6。

表 10-6 BOG 加热器的参数

产品代号	汽化量（m³/h）	换热面积（m²）	长×宽×高（mm）	净重（kg）
Q1103.000	250	113	170×113×347	452

（6）主要设备表。

经过选型计算该气化站主要设备见表 10-7。

表 10-7 该气化站的主要设备

序号	名称	规格	数量
1	LNG 储罐	立式、粉末真空绝热、100m³	2
2	空温式汽化器	1200m³/h	4
3	水浴式加热器	2500m³/h	1
4	BOG 缓冲罐	200m³/h	1
5	BOG 汽化器	250m³/h	1

第三节　液化天然气加气站

一、概述

LNG 燃料汽车是以 LNG 为燃料的新一代天然气汽车，具有安全、环保、经济等优点。LNG 汽车加气站具有工艺成熟、性能可靠、与车用系统匹配性能好、自动化程度高、现场安装工作量小等特点，根据需求可匹配出多种形式和规模的加气站。LNG 加气站通常有固定式 LNG 加气站、橇装式 LNG 加气站和移动式 LNG 加气站。

二、LNG 加气站流程

LNG 加气站的工艺流程一般包括三个流程：卸车流程、调压流程和加气流程。具体流程：LNG 槽车—卸车系统—LNG 低温储存系统—低温泵加压系统—售气系统，如图 10-6 所示。

1. 卸车流程

LNG 的卸车工艺是将集装箱或槽车内的 LNG 转移至 LNG 储罐内的操作。LNG 的卸车流程主要有两种方式可供选择：潜液泵卸车方式、自增压卸车方式。具体卸车流程见本章第二节。

2. 调压流程

调压流程：LNG 储罐—LNG 泵—LNG 增温加热器—LNG 储罐（液相）。

储罐调压流程是给 LNG 汽车加气前调整储罐内 LNG 饱和蒸气压的操作，该操作流程有潜液泵调压流程和自增压调压流程两种。

1）潜液泵调压流程

LNG 液体经 LNG 储罐的出液口进入潜液泵，由潜液泵增压以后进入增压汽化器汽化，汽化后的天然气经 LNG 储罐的气相管返回到 LNG 储罐的气相空间，为 LNG 储罐调压。采用潜液泵为储罐调压时，增压汽化器的入口压力为潜液泵的出口压力，一般设置为 1.2 MPa，增压汽化器的出口压力为储罐气相压力，约为 0.6 MPa。增压汽化器的入口压力远高于其出口压力，所以使用潜

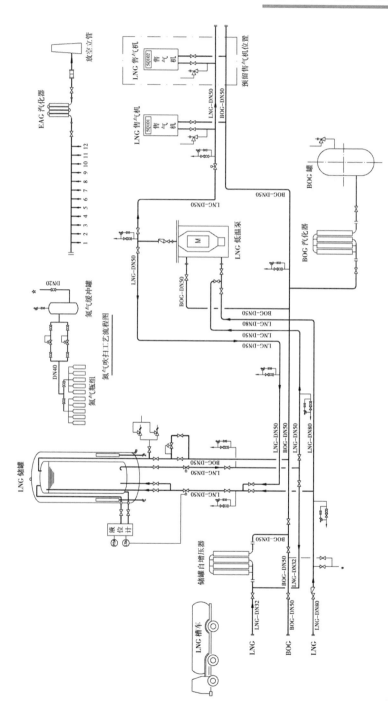

图 10-6 LNG 加气站工艺流程

液泵调压速度快、调压时间短、压力高。

2）自增压调压流程

LNG 液体由 LNG 储罐的出液口直接进入增压汽化器汽化，汽化后的气体经 LNG 储罐的气相管返回 LNG 储罐的气相空间，为 LNG 储罐调压。采用这种调压方式时，增压汽化器的入口压力为 LNG 储罐未调压前的气相压力与罐内液体所产生的液柱静压力（容积为 30m^3 的储罐充满时约为 0.01MPa）之和，出口压力为 LNG 储罐的气相压力（约 0.6MPa）。所以，自增压调压流程调压速度慢、压力低。

3. 加气流程

通过 LNG 泵将储罐中的饱和 LNG 由泵加压后经过加气枪给 LNG 汽车加气，最高的加气压力可达 1.6MPa。通过液相软管对 LNG 汽车气瓶进行加液，由气相软管对气瓶中的 BOG 进行回收，以保证气瓶的加气速度和正常的工作压力。

三、LNG 加气站平面布置图

加气站、加油加气合建站的站址选择，应符合城市规划、区域交通规划、环境保护和防火安全的要求，并应选在交通便利的地方。

加气站、加油加气合建站的 LNG 储罐、放散管管口、加气机、LNG 卸车点与站外建、构筑物的防火间距应符合 GB 50156—2012《汽车加油加气站设计与施工规范》的相关规定，见表 10-8。

表 10-8　LNG 加气站设备与站外建、构筑物的安全间距（m）

站外建（构）筑物		站内 LNG 设备				
		地上 LNG 储罐			放散管管口、加气机	LNG 卸车点
		一级站	二级站	三级站		
重要公共建筑物		80	80	80	50	50
明火地点或散发火花地点		35	30	25	25	25
民用建筑保护物类别	一类保护物					
	二类保护物	25	20	16	16	16
	三类保护物	18	16	14	14	14
甲、乙类生产厂房，库房和甲、乙类液体储罐		35	30	25	25	25
丙、丁、戊类物品生产厂房、库房和丙类液体储罐，以及容积不大于 50m^3 的埋地甲、乙类液体储罐		25	22	20	20	20

续表

站外建（构）筑物		站内 LNG 设备				
		地上 LNG 储罐			放散管管口、加气机	LNG 卸车点
		一级站	二级站	三级站		
室外变配电站		40	35	30	30	30
铁路		80	60	50	50	50
城市道路	快速路、主干路	12	10	8	8	8
	次干路、支路	10	8	8	6	6
架空通信线和通信发射塔		1 倍杆（塔）高	0.75 倍杆（塔）高		0.75 倍杆（塔）高	
架空电力线	无绝缘层	1.5 倍杆（塔）高	1.5 倍杆（塔）高		1 倍杆（塔）高	
	有绝缘层		1 倍杆（塔）高		0.75 倍杆（塔）高	

注：（1）室外变、配电站指电力系统电压为 35~500kV，且每台变压器容量在 10MV·A 以上的室外变、配电站。工业企业的变压器应按丙类物品生产厂房确定。

（2）表中道路指机动车道路。油罐、加油机和油罐通气管管口与郊区公路的安全间距应按城市道路确定；高速公路、一级和二级公路应按城市快速路、主干路确定；三级和四级公路应按城市次干路、支路确定。

（3）埋地 LNG 储罐、地下 LNG 储罐和半地下 LNG 储罐与站外建（构）筑物的距离，分别不应低于本表地上 LNG 储罐的安全距离的 50%、70% 和 80%，且最小不应小于 6m。

（4）一、二级耐火等级民用建筑物面向加气站一侧的墙为无门窗洞口实体墙时，站内 LNG 设备与该民用建筑物的距离不应低于本表规定的安全间距的 70%。

（5）LNG 储罐、放散管管口、加气机、LNG 卸车点与站外建筑面积不超过 200m² 时的独立民用建筑物的距离，不应低于本表的三类保护物的安全间距的 80%。

地上 LNG 储罐的布置应符合下列规定：

（1）LNG 储罐之间的净距不应小于相邻较大罐的 1/2 直径，且不应小于 2m。

（2）LNG 储罐四周应设置防护堤，堤内的有效容量不应小于其中 1 个最大 LNG 储罐的容量。防护堤内地面应至少低于周边地面 0.1m，防护堤顶面应至少高于堤内地面 0.8m，且应至少高于堤外地面 0.4m。防护堤内堤脚线至 LNG 储罐外壁的净距不应小于 2m。防护堤应采用不燃烧实体材料建造，应能承受所容纳液体的静压及温度变化的影响，且不应渗漏。防护堤的雨水排放口应有封堵措施。

（3）防护堤内不应设置其他可燃液体储罐、CNG 储气瓶（组）或储气井。非明火汽化器和 LNG 泵可设置在防护堤内。

LNG 加气站平面布置如图 10-7 所示。

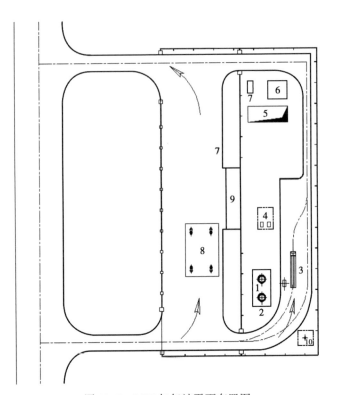

图 10-7　LNG 加气站平面布置图

1—液化天然气储罐；2—防火堤；3—槽车；4—液化天然气低温泵；5—消防水池；6—消防泵房；
7—箱式变电站；8—液化天然气加气棚；9—营业用房；10—放空管

四、加气站主要设备

　　LNG 加气站工艺设备包括：LNG 储罐、LNG 低温泵、LNG 加气机、增压器、调压器、管路、阀门等。除 LNG 加气机外，其他设备详见本章第二节。

　　LNG 加气机用于计量加注到车载 LNG 容器（钢瓶）中的 LNG 量。加气机里的流量计目前使用较多的是质量流量计和容积式流量计，容积式流量计更适合加气站间断加气的工况，比较稳定可靠，故障率低。

　　目前国内已建成的 LNG 加气机采用的计量方式是双管计量方式，即采用两个质量流量计分别测量加气和回气的质量，二者之差作为计量的最后结果。另一种计量方式是单管式计量方式。

LNG 加气机应符合下列规定：

（1）加气系统的充装压力不应大于汽车车载瓶的最大工作压力。

（2）加气机计量误差不宜大于 1.5%。

（3）加气机加气软管应设安全拉断阀，安全拉断阀的脱离拉力宜为 400~600N。

（4）加气机配置的软管的长度不应大于 6m。

第四节　L-CNG 加气站

一、概述

L-CNG 加气站是将 LNG 加压汽化后使之成为 CNG 并对 CNG 汽车加气的加气站。这种加气站的主要设备有 LNG 储罐、LNG 泵、高压汽化器、储气瓶组和 CNG 加气机。

L-CNG 加气站综合性能比较强，既能充装 LNG，又能充装 CNG。在 LNG 价格比较优惠的地区及较大的城市能充分发挥其效能。

二、L-CNG 加气站工艺

LNG 加气流程：通过低温泵和卸车增压器将槽车运来的 LNG 卸入 LNG 低温储罐，再通过低温泵和增压器将 LNG 调至汽车使用的饱和压力，由低温泵将 LNG 送入加气机，通过加气机将 LNG 加至 LNG 车辆储罐。详见本章第三节。

CNG 加气流程：用高压 LNG 泵将 LNG 送入汽化器汽化后通过顺序控制盘将其储存于高压 CNG 储气瓶组内，当需要时通过 CNG 加气机对 CNG 汽车进行计量加气。其工艺流程为：LNG 储罐—LNG 高压泵—高压汽化器—高压气瓶组—CNG 加气机—CNG 燃料汽车

L-CNG 加气站主要流程包括卸车流程、加压流程和加气流程。卸车流程详见本章第二节。CNG 加气流程详见第八章。L-CNG 加气站流程如图 10-8 所示。

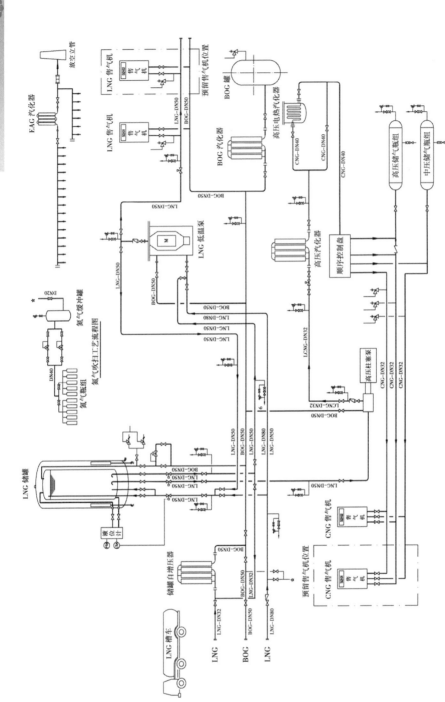

图 10-8 L-CNG 加气站流程图

三、L-CNG 加气站工艺设备

L-CNG 加气站工艺设备包括：LNG 储罐、低温高压泵、高压空温式汽化器、水浴式汽化器、CNG 储气设施、CNG 加气机、控制系统等。相关设备介绍可以参见本章第三节和第八章的内容。

第十一章　城镇燃气工程主要设备材料

第一节　储　　罐

一、球罐

球罐是城镇燃气中储气常用的一种高压储气罐，为定容变压罐。球罐由球壳、人孔、接管、支座、梯子平台、喷淋装置以及保温设施等组成，具有表面积小、占地面积小、承载压力大等显著特点。

应用最广泛的为单层圆球形球罐。其操作压力为 0.12~0.3MPa，操作温度一般为-50~50℃，容积一般在 500~6000m³ 范围内。球形罐构造如图11-1所示。

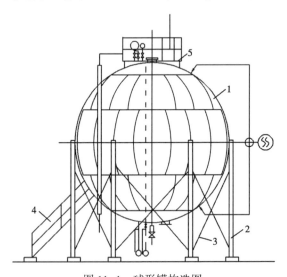

图 11-1　球形罐构造图

1—壳体；2—支柱；3—拉杆；4—盘梯；5—操作台

二、卧式储罐

卧式储罐是城镇燃气中储气常用的一种高压储气罐，为定容变压罐。它是由钢板制成的圆筒体和两端封头构成的容器。封头可为半球形、椭圆形和蝶形。卧式储罐的容积一般都小于 $100m^3$，按敷设方式通常分为地上储罐和地下储罐。

地面卧式储罐结构如图 11-2 所示。

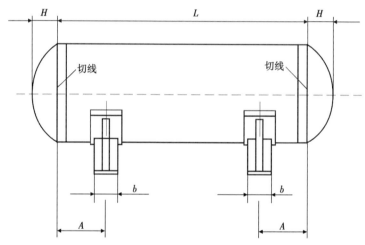

图 11-2　地面卧式储罐结构示意图（鞍式支座）

某厂卧式储罐参数见表 11-1。

表 11-1　某厂卧式储罐参数表

| 公称容积（m^3） | 计算容积（m^3） | 主要容器（mm） | | | | | | 罐体厚度（mm） | 质量（kg） |
		D_g	L_1	L_2	a	b	c		
3	2.93	1000	3900	3400	500	25	50	6	198
4	4.07	1200	3800	3200	500	25	80	7.5	320
5	5.03	1400	3700	2800	500	25	80	9	433.3
6	6.3	1600	3400	2600	500	25	80	9	500
8	8.64	1800	3700	2800	500	25	80	10	560
10	10.17	1800	4300	3400	500	40	80	10	706.7

公称容积 (m³)	计算容积 (m³)	主要容器（mm）						罐体厚度 (mm)	质量 (kg)
		D_g	L_1	L_2	a	b	c		
16	15.17	1800	6500	5600	500	40	80	10	1000
20	20.26	2200	5700	4600	500	50	100	12.5	1515.3
25	24.83	2200	6900	5800	500	50	100	15	1812
30	32	2600	6800	5600	500	50	100	16	2754.7
40	40	2600	7900	6700	500	50	100	17.5	3390.7
50	50.06	2800	8600	7200	500	50	100	20	4484.7
63	60.6	2800	10800	9400	500	50	100	22.5	5864.7
70	71.36	3000	10500	9000	500	50	100	24	6674.7
80	80	3000	11720	10220	600	50	100	25	7642
100	99.96	3000	14550	13050	600	50	100	25	9242
120	120.1	3200	15400	13820	600	50	100	22.5	11314

注：D_g 为筒体直径；L 为筒体长度；H 为封头长度；a 为鞍式支座中心至封头内缘的距离；b 为鞍式支座的宽度；c 为鞍式支座的厚度。

三、储气瓶组

储气瓶组是专门储存 CNG、LNG 的小型容器。在加气站建设发展初期，许多地方的加气站多以储气瓶组为主要的储气方式，这种方式主要用于规模较小的 CNG 站或 LNG 站。储气瓶组的造价低，安装也较为方便。国内常用的储气瓶材质为 35CrMo 钢。实际应用中，储气瓶适当分组，尽可能选取 1:2:3 的配比结构，或者适当增加低压瓶组的比例。某厂储气瓶组技术参数见表 11-2。

表 11-2 某厂储气瓶组技术参数表

技术参数	单位	CNG 集装箱
公称压力	MPa	≤20
使用温度	℃	−40~50
管线强度试验	MPa	30
管线气密试验	MPa	20
钢瓶规格	mm	$\phi279×1640$

城镇燃气系统设计

续表

技术参数	单位	CNG 集装箱
钢瓶数量	支	125
单瓶容积	L	80
总容积	L	10080
钢瓶质量	kg	102
箱体质量	kg	4000
CNG 集装箱	kg	17500
充装介质		CNG
充装总容积	m^3	2575
充装质量	kg	1812
外形尺寸	mm	7500×2438×2438

四、LNG 储罐

天然气的液态储存目前一般采用低温常压储存的方法，即将天然气冷冻到其沸点温度（-162℃）以下，在其饱和蒸气压接近于常压的情况下进行储存。LNG 储罐有耐低温、安全要求高、材料特殊、保温措施严格、抗震性能好等特点。绝热方式一般有堆积绝热、高真空绝热、真空粉末绝热、高真空多层绝热、高真空多屏绝热等方式。

储罐类型按储罐的设置方式分为地上储罐和地下储罐。按储罐结构形式分为单包容罐、双包容罐、全包容罐及膜式罐。按容量分为：

（1）小型（5～50m³）：常用于民用 LNG 汽车加注点及民用燃气液化站等。

（2）中型（50～100m³）：多用于工业燃气液化站。

（3）大型（100～1000m³）：适用于小型 LNG 生产装置。

（4）大型（10000～40000m³）：用于基本负荷型和调峰型液化装置。

（5）特大型（40000～200000m³）：用于 LNG 接收站。

目前，常用的 LNG 储罐有立式 LNG 储罐、卧式 LNG 储罐、立式 LNG 子母罐以及常压储罐。图 11-3 和图 11-4 分别为卧式 LNG 储罐和 LNG 子母罐示意图。

表 11-3 至表 11-6 分别为各种形式 LNG 储罐的技术特性。

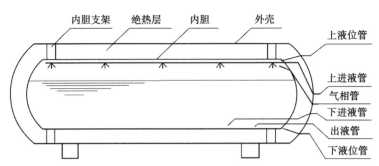

图 11-3　卧式 LNG 储罐结构示意图

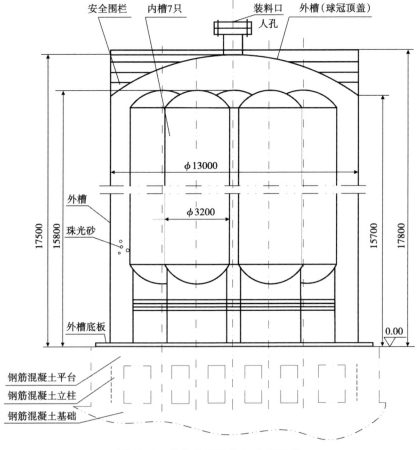

图 11-4　粉末堆积绝热 LNG 子母罐

表 11-3　LNG 储罐参数表

公称容积（m³）	全容积（m³）	最大充装系数	外壳直径（mm）	内容器直径（mm）	总高（总长）（mm）	报警高度①（mm）				形式
						高报	低报	高高报	低低报	
50	52.60	0.95	2500	2000	12725	9890	1200	10455	725	立式
50	52.60	0.95	2500	2000	12680	2110	380	2250	240	卧式
100	105.30	0.95	3500	3000	16983	13690	1660	14440	960	立式
100	111.12	0.90	3500	3000	16985	2530	490	2700	300	卧式
150	157.90	0.95	4000	3500	22185	17990	2130	18923	1200	立式
200	210.60	0.95	4000	3500	24530	20040	2370	21080	1320	立式

注：①报警高度仅为参考值，实际设防高度应根据储罐制造厂家提供的准确资料确定。

表 11-4　0.6MPa、100m³ 立式 LNG 储罐技术特性表

	内容器	外壳	—		内容器	外壳
工作压力（MPa）	≤0.60	真空	容器类别		三类	
设计压力（MPa）	0.66	-0.1	物料名称		LNG	膨胀珍珠岩
气压试验压力（MPa）	0.8	—	物料密度（kg/m³）		0.426×10³	50~60
工作温度（℃）	-162	环境温度	质量（kg）	空重	22367±3%	
设计温度（℃）	-196	50		充满后总重	43667	
全容积（m³）	105.3	46（夹层）	充装系数		≤0.95	
主要受压元件材料	0Cr18Ni9	16MnR	封堵真空度≤5Pa			
腐蚀裕度（mm）	0	1	绝热材料		膨胀珍珠岩	
焊接接头系数	A 类	1	0.85	油漆包装及运输标准	JB/T 4711—2003《压力容器涂敷与运输包装》	
	B 类	1	0.85			
安全阀开启压力（MPa）	0.64					
爆破片爆破压力（MPa）	0.68					

部件	材料	标准号
内容器	0Cr18Ni9	GB/T 4237—2015《不锈钢热轧钢板和钢带》
外壳	16MnR	GB 3531—2014《低温压力容器用钢板》

表 11-5 0.6MPa、100m³ 卧式 LNG 储罐技术特性表

	内容器	外壳	—	内容器	外壳
工作压力（MPa）	0.6	真空	容器类别	三类	
设计压力（MPa）	0.66	-0.1	物料名称	LNG	膨胀珍珠岩
计算压力（MPa）	0.76	-0.1	物料密度（kg/m³）	$0.426×10^3$	50~60
气压试验压力（MPa）	0.76	—	质量（kg）空重	66800±3%	
工作温度（℃）	-162	环境温度	充满后总重	152000	
设计温度（℃）	-196	50	充装系数	0.9	—
全容积（m³）	111.12	47（夹层）	主要受压材料	0Cr18Ni9	16MnR
腐蚀裕度（mm）	0	1	绝热材料	膨胀珍珠岩	
焊接接头系数 A类	1.0	0.85	油漆标准	JB/T 4711—2003	
焊接接头系数 B类	1.0	0.85	—		
安全阀开启压力（MPa）	0.63	—	—		
爆破片爆破压力（MPa）	0.68	—	—		

表 11-6 1750m³ 子母储罐技术特性表

制造所遵循的规范及检验数据		设计参数	内罐	外壳
GB 150.1~GB 150.4—2011《压力容器[合订本]》		容器类别	三类	常压
《压力容器安全技术监察规程》		设计压力（MPa）	0.66	1.2kPa
NB/T 47003.1—2009《钢制焊接常压容器》		工作压力（MPa）	0.6	1.0kPa
JB/T 9077—1999《粉末普通绝热贮槽》		设计温度（℃）	-196	-19
NB/T 47013—2015《承压设备无损检测》		工作温度（℃）	-162	≥-19
JB/T 6898—2015《低温液体贮运设备使用安全规则》		物料名称	LNG	珠光砂+N_2（夹层）
		腐蚀裕度（mm）	0	1
	内槽	外槽	焊缝系数	1	0.8
气压试验压力（MPa）	0.76		焊缝探伤要求 JB 4730—94	$100\%RT_{II}$	$10\%RT_{III}$
气密性试验压力	0.66MPa	1.5kPa	主要受压元件材料	0Crl8Ni9	16MnR
罐底焊缝致密性（真空度）（kPa）		27	全容积（m³）	263.2（m³）×7（个）	2515（夹层）

续表

制造所遵循的规范及检验数据		设计参数	内罐	外壳
设计风速（m/s）	33	充装系数	0.95	
安全阀启跳压力 （MPa）	0.63	设备净重（t）	~543	
地震裂度	7	充满液后总重（t）	~1366（密度按 0.47t/m³）	

第二节　流　量　计

目前，我国适合城镇燃气流量计量的流量计主要有：膜式燃气表、罗茨流量计、涡轮流量计、差压式孔板流量计和超声波流量计等。

一、膜式燃气表

膜式燃气表属于一种容积式机械仪表，膜片运动的推动力依靠燃气表进出口处的气体压力差，如图 11-5 所示。在压力差的作用下，膜片产生不断的

图 11-5　膜式燃气表

交替运动，从而把充满计量室内的燃气不断地分隔成单个的计量体积（循环体积）排向出口，再通过机械传动机构与计数器相连，实行对单个计量体积的计数和单个计量体积量的运算传递，从而可测得（计量）流通的燃气总量。膜式燃气表主要由机芯、指示装置、外壳和计数显示器等主要部件组成，其中机芯又可分为膜片计量室和机械联动传动部分。

膜式燃气表计量精度一般，始动流量小，可实现 IC 卡预付费功能，量程比较宽，可以达到 1:160，特别适用于流量变化很大的用户。最大的优点是价格适中，为居民家用及小型商业用户的首要选择。不足之处为膜式燃气表皮膜易老化，使用寿命较短；在流量大于 25m³/h 时，此种燃气表基本误差较大，不能实现精确计量，且流量大于 25m³/h 的燃气表体积均较大，故一般不用于大型商业用户。

某厂膜式燃气表参数见表 11-7。

表 11-7　某厂膜式燃气表参数

型号	流量范围 （m³/h）	最大压力损失 （Pa）	工作压力 （kPa）	始动流量 （m³/h）
G16	0.16~25.0	300	0.5~50.0	0.013
G25	0.25~40.0	300	0.5~50.0	0.020
G40	0.40~65.0	400	0.5~50.0	0.032
G65	0.65~100.0	400	0.5~50.0	0.032
G100	1.00~160.0	400	0.5~50.0	0.032

二、罗茨流量计（腰轮流量计）

罗茨流量计又叫腰轮流量计，是一种容积式流量计，如图 11-6 所示。它内部设计有构成一定容积的计量室空间，利用机械测量元件把流体连续不断地分割成单个已知的体积部分，根据计量室逐次、重复地充满和排放该体积部分流体的次数来测量流量体积总量。腰轮流量计由壳体、腰轮转子组件（即内部测量元件）、驱动齿轮与计数指示组件等构成。

罗茨流量计是计量流经管道的气体流量的容积式仪表，具有工作压力范围大、流量量程宽、精度高、体积小、安装维修方便、使用可靠等特点。同时对流通介质的适应性强，可广泛用于天然气、人工煤气、惰性气体、空气等气体的流量计量。

图 11-6 罗茨流量计

某厂智能型罗茨流量计参数见表 11-8。

表 11-8 某厂智能型罗茨流量计参数

型号	流量范围（m³/h）	公称压力（MPa）	始动流量（m³/h）	最大压力损失（Pa）		长度（mm）	
				过滤器	计量表	过滤器	计量表
LLQZ-25	1.0~20.0	1.6	0.08	300	100	263	130
LLQZ-40	1.0~40.0	1.6	0.09	400	150	270	190
LLQZ-50A	1.0~65.0	1.6	0.09	700	150	270	190
LLQZ-50B	1.1~80.0	1.6	0.10	700	170	270	190
LLQZ-80A	1.4~140.0	1.6	0.12	1500	200	380	190
LLQZ-80B	3.0~250.0	1.6	0.15	3000	250	380	245
LLQZ-100A	3.0~250.0	1.6	0.15	3000	250	380	245

三、涡轮流量计

涡轮流量计与差压式孔板流量计一样属于间接式体积流量计，如图 11-7 所示。当气体流过管道时，依靠气体的动能推动转子做旋转运动，其转动速度与管道的流量成正比。它由涡轮流量变送器、前置放大器、流量显示积算仪组成，并可将数据远传到上位流量计算机。

涡轮流量计具有结构紧凑、精度高、重复性好、量程比宽、反应迅速、压力损失小等优点，但轴承耐磨性及其安装要求较高，不能长期保持校准特性，需要定期检定。

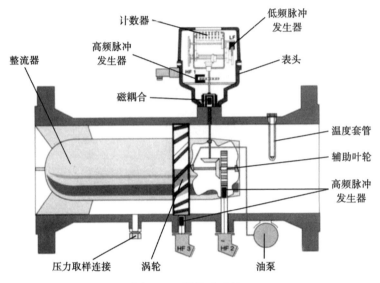

图 11-7 涡轮流量计

某厂涡轮流量计参数见表 11-9。

表 11-9 某厂涡轮流量计参数

型号	流量范围 （m³/h）	始动流量 （m³/h）	最大压力损失 （Pa）	
			过滤器	计量表
LWQZ-25A	2.5~25.0	0.8	600	600
LWQZ-25	4.0~40.0	1.3	600	1100
LWQZ-50A	5.0~65.0	1.3	1500	600
LWQZ-50	8.0~100.0	1.6	1500	900
LWQZ-50B	10.0~160.0	2.4	1500	2000
LWQZ-80A	8.0~160.0	2.4	3000	700
LWQZ-80	13.0~250.0	3.0	3000	1200
LWQZ-80C	20.0~400.0	5.0	3000	2200

四、超声波流量计

超声波流量计是通过检测流体流动对超声束的作用，测量体积流量的速度式流量仪表，如图11-8所示。测量原理分为传播时间差法（直接时差法、时差法、相位差法和频差法）、波速偏移法、多普差法、互相关法、空间滤去法及噪声法等。天然气超声波流量计的测量原理是传播时间差法。

图11-8　超声波流量计

超声波流量计与电磁流量计均属于无阻碍流体直流的结构，因此，适用于解决流量测量困难的场合，特别适用于大口径流量测量领域。主要优点为可做非接触式流体测量；属于无阻碍测量，故无压力损失；它与电磁流量计相比，具有可测非导电性液体流量的特点。主要缺点采用传播时间差法时，只适用于清洁液体和气体，而采用多普差法时，可测量含有一定量悬浮颗粒和气泡的液体；多普差法测量精度不高。

某厂超声波流量计参数见表11-10。

表11-10　某厂超声波流量计参数

项目	技 术 数 据	
声路数量	双声路	四声路
流量测量精度	0.5级	0.5级
被测流道条件	管径范围：DN100～1600mm； 管壁材料：钢、铸铁、水泥、塑料等	
测量液体	水及其他均质液体，并充满被测管道	

项目		技 术 数 据
流速测量范围		0.25~120.00m/s
安装形式		插入式
工作环境		−10~45℃，≤85%RH（超出此范围，订货时提出）
防护等级		IP68
按键		感应式按键
显示器		液晶9位数字+提示符，字高8.5mm
显示内容		瞬时流量（m³/h），累积流量（m³），累积有效运行时间（h），日期（年/月/日），时钟（时/分/秒），信号强度，电池电量，液体流动方向等
显示范围		累积流量：−199999999~+199999999m³； 瞬时流量：−9999999.9~+9999999.9m³/h
数据通信	光电接口	波特率2400bps，采用EN13757协议
	RS−485	波特率2400bps、4800bps、9600bps可选，默认为2400bps，传输距离不小于1200m；支持EN13757协议、汇中协议、Modbus协议，默认采用汇中协议
	累积开关量	无源输出。负载电压最大值为DC30V负载电流最大值为20mA。传输距离不大于500m
数据存储		采用EEPROM存储累积流量、累积有效运行时间，断电后数据可保存100年；可自动存储24个月的月累积流量、月累积有效运行时间
测量周期		1次/s
工作电源		电池供电DC3.6V（一节电池可连续工作6年以上）
功耗		<0.8mW

五、差压式孔板流量计

　　差压式孔板流量计以伯努利方程和流体连续性方程为依据，根据节流原理，当流体流经节流件时（如标准孔板），在其前后产生压差，此压差值与该流量的平方成正比，如图11-9所示。它由标准孔板节流装置、导压管、差压计、压力计和温度计组成。因结构简单、制造成本低、研究最充分、已标准化而得到最广泛的应用。其缺点为精度普遍偏低，范围度窄，压损大。

　　某厂差压式孔板流量计主要技术参数见表11-11。

图 11-9　差压式孔板流量计

表 11-11　某厂差压式孔板流量计主要技术参数

项　　目	技术参数
规格（管道通径）	DN50~1200mm
测量精度	±1.0%FS
工作压力	≤20.0MPa
介质温度	-10~700℃
介质黏度	≤30cp（相当于重油、煤油）
孔径比（$\beta=d/D$）	0.20~0.75（角接取压方式）
连接方式	夹装式或法兰连接式
材质	
安装方式	水平管道或垂直管道
差压变送器	

由于价格原因，小规格燃气计量表一般不设温度和压力补偿，大多数城市通常做法是小流量用户采用不带温压补偿的膜式燃气表，较大流量用户采用带有温压补偿的罗茨流量计或涡轮流量计。工业用户大型站场（口径DN250~300mm）贸易计量的首选流量计为超声波流量计，中小型站场（口径DN50~200mm）选用涡轮流量计。

各种流量计具体选型见表11-12。

表11-12　燃气流量计选型

用户类别	压力范围	流量范围	直管段长度	流动状态	范围度	气质及环境因素	流量计选型
工业用户		≥10000m³/d	前13D 后10D	流量波动较小，无脉动流	4:1	稳定清洁气质	一体化差压式孔板流量计
			前5D 后3D		（10~20）:1		气体涡轮流量计
	<0.4MPa	<650m³/h	0	流量波动较大	20:1	清洁气质	智能腰轮流量计
商业用户	2~5kPa	<16m³/h	0		100:1		膜式燃气表
		≥16m³/h				清洁气质	智能腰轮流量计
							气体涡轮流量计
						清洁气质	腰轮流量计
				无脉动流			涡轮流量计
居民用户							膜式燃气表
调压站和工艺计量	<0.4MPa	50~650m³/h		无脉动流			气体涡轮流量计
				流量波动较大			智能腰轮流量计

第三节　阀　门

阀门是截断、接通流体通路或改变流向、流量及压力值的装置。按照原理和结构的不同，一般，城镇燃气常用的阀门有闸阀、截止阀、旋塞阀、球阀、止回阀、节流阀、安全阀、调节阀和蝶阀等。

一、球阀

1. 球阀的用途

球阀是用带圆形通孔的球体作为启闭件，球体随阀杆转动，以实现启闭动作的阀门。直通球阀用于截断介质，已广泛应用于长输管道；多通球阀可改变介质流动方向或进行介质分配。

球阀的主要功能是切断和接通管道中的介质流通通道，其工作原理是借助手柄或其他驱动装置使球体旋转90°，使球体的通孔与阀体通道中心线重合或垂直，以完成阀门的全开或全关。

球阀一般用于需要快速启闭或要求阻力小的场合，还可用于高压管道和低压力降的管道。

2. 球阀的特点

（1）球阀的最大特点是在众多的阀门类型中流体阻力最小，流动特性最好。

（2）对于要求快速启闭的场合 一般选用球阀。

（3）与蝶阀相比，其重量较大，结构尺寸也较大。

（4）与旋塞阀相比，开关轻便，相对体积小，所以可以支撑很大口径的阀门。

（5）球阀密封可靠、结构简单、维修方便，密封面与球面常处于闭合状态，不宜被介质冲蚀。

（6）球阀启闭迅速，便于实现事故紧急切断。由于节流可能造成密封件或球体的损坏，一般不用球阀节流，全通道球阀不适用于调节流量。

（7）介质流动方向不受限制。

3. 球阀的典型结构

球阀主要由阀体、球体、手轮、阀座及传动装置组成，如图 11-10 所示。

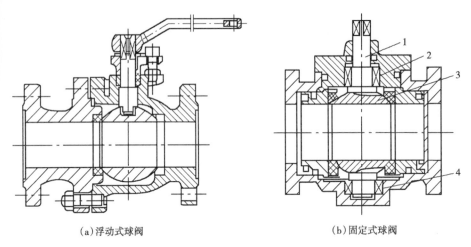

(a) 浮动式球阀　　　　　　　　　　　　　　　　(b) 固定式球阀

图 11-10　球阀的结构

1—阀杆；2—上轴承；3—球体；4—下轴承

二、闸阀

1. 闸阀的用途

闸阀是截断阀的一种，使用范围较宽。其作用原理为闸板在阀杆的带动下，沿阀座密封面升降而达到启闭目的。闸阀的流动阻力小，启闭省力，广泛用于各种管道的启闭。当闸阀部分开启时，在闸板背面产生涡流，易引起闸板的侵蚀和震动，也易损坏阀座的密封面，维修很困难，因此一般不用做节流阀。

2. 闸阀的特点

（1）闸阀的共同特点是高度大；启闭时间长；在启闭过程中密封面容易被冲蚀，修理比截止阀困难，不适用于含悬浮物和析出结晶的介质；难以用非金属耐腐蚀材料来制造。

（2）与截止阀相比，闸阀流动阻力小，启闭力小，密封可靠，是最常用的一种阀门。

（3）与球阀和蝶阀相比，闸阀开启时间较长，结构尺寸较大，不宜用于直径较大的情况。

（4）可双向流动。

3. 闸阀的典型结构

闸阀主要由阀体、阀盖、支架、阀杆、手轮、阀杆螺母、闸板、阀座、填料函、密封填料、填料压盖及传动装置组成，如图 11-11 所示。

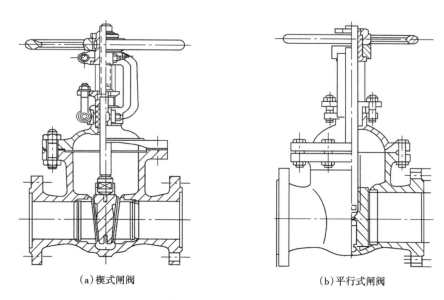

（a）楔式闸阀　　　　　　　　　　（b）平行式闸阀

图 11-11　闸阀的结构

三、蝶阀

1. 蝶阀的用途

蝶阀是用随阀杆转动的圆形蝶板作为启闭件，以实现启闭动作的阀门。蝶阀主要作为截断阀使用，也可设计成具有调节或截断兼调节的功能。蝶阀主要用于低压大中口径管道上。

2. 蝶阀的特点

（1）蝶阀具有轻巧的特点，与其他阀门相比要节省许多材料，且结构简单；开闭迅速，只需旋转；调节性能好。

（2）切断和节流都能用。

（3）流体阻力小，操作省力。

（4）密封性能不如闸阀可靠，在某些需要调节的工况下可以代替闸阀。能够使用蝶阀的地方，最好不要使用闸阀，因为蝶阀比闸阀要经济，而且调节流量性能也好。对于设计压力较低、管道直径较大、要求快速启闭的场合，一般选用蝶阀。

（5）使用压力和工作温度范围较小。

3. 蝶阀的典型结构

蝶阀主要由阀体、阀杆、蝶板、密封圈和转动装置组成，如图11-12所示。

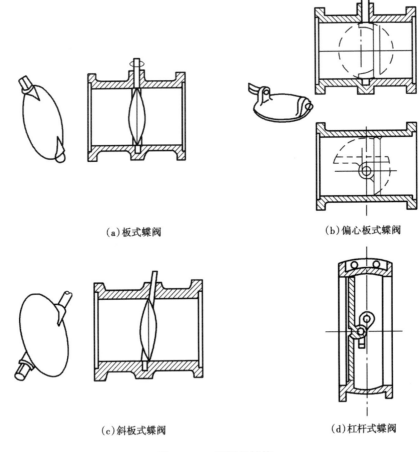

（a）板式蝶阀　　　　　　　（b）偏心板式蝶阀

（c）斜板式蝶阀　　　　　　　（d）杠杆式蝶阀

图11-12　蝶阀的结构

四、截止阀

1. 截止阀的用途

截止阀是截断阀的一种，一般通径较小。小通径的截止阀多采用外螺纹连接、卡套连接或焊接连接；较大口径的截止阀采用法兰连接或焊接。其作用原理为阀瓣在阀杆的带动下，沿阀座密封面的轴线升降而达到启闭目的。

2. 截止阀的特点

（1）截止阀的动作特性是关闭件，阀瓣沿阀座中心线移动。其主要功能是切断，也可粗略调节流量，但不能作为节流阀使用。

（2）开闭过程中，密封面间摩擦力小，比较耐用；开启高度不大；制造容易，维修方便；不仅适用于中低压，而且适用于高压、超高压。

（3）截止阀只允许介质单向流动，安装时有方向性。

（4）截止阀结构长度大于闸阀，同时流体阻力较大，长期运行时密闭可靠性不强。

（5）与闸阀相比，截止阀具有一定的调节作用，故常用于调节阀组的旁路。

（6）截止阀在关闭时需要克服介质的阻力，因此其最大直径仅为350mm左右。

（7）对要求有一定调节作用的开关场合（如调节阀旁路）和输送液化石油气、液态烃介质的场合，宜选用截止阀代替闸阀。

3. 截止阀的典型结构

截止阀的结构如图11-13所示。

五、旋塞阀

1. 旋塞阀的用途

旋塞阀一般用于中低压、小口径、温度不高的场合，用于截断、分配和改变介质流向。其作用原理是塞子绕其轴线旋转而启闭通道。直通式旋塞阀主要用于截断介质流动；三通式旋塞阀和四通式旋塞阀多用于改变介质流向和进行介质分配；当用于高温场合时，

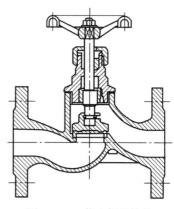

图 11-13　截止阀的结构

可采用提升式旋塞阀，旋塞顶端设有提升机构。开启旋塞阀时，先提起旋塞，与阀体密封面脱开，这样旋转扭矩小，密封面磨损小。

2. 旋塞阀的特点

（1）旋塞阀结构简单，外形尺寸小，重量轻；流体直流通过，阻力降小；启闭方便、迅速（塞子旋转 1/4 圈就能完成开闭动作）。

（2）旋塞阀在管道中主要用于切断、分配和改变介质流动方向。

（3）介质流向不受限制。

（4）旋塞阀的缺点是启闭力矩大；密封面为锥面，密封面较大，易磨损；锥面加工研磨困难，难以保证密封；不易维修。

3. 旋塞阀的结构

旋塞阀主要由阀体、塞子等组成，如图 11-14 所示。

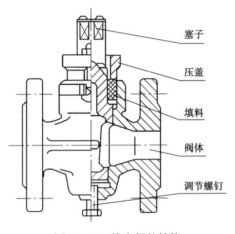

图 11-14　旋塞阀的结构

六、节流阀

1. 节流阀的用途

节流阀用于调节介质流量和压力。其作用原理为通过阀瓣改变通道截面积而调节流量和压力。

2. 节流阀的特点

（1）截止型节流阀适用于小口径管道，调节范围较大，较精确；旋塞型节流阀适用于中小口径管道；蝶形节流阀适用于大口径管道。

（2）节流阀不宜作为截断阀使用。

3. 节流阀的典型结构

节流阀的结构如图 11-15 所示。

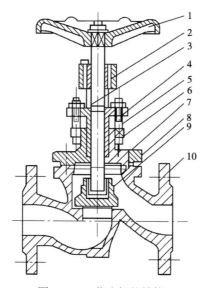

图 11-15　节流阀的结构

1—手轮；2—阀杆螺母；3—阀杆；4—填料压盖；5—T 形螺栓；
6—填料；7—阀盖；8—垫片；9—阀瓣；10—阀体

七、止回阀

1. 止回阀的用途

止回阀用于阻止介质逆向流动。其作用原理为启闭件（阀瓣）借介质的作用力自动阻止介质逆向流动。

2. 止回阀的特点

（1）升降式止回阀：阀瓣沿着阀座中心线升降，阀体与截止阀阀体完全一样，可以通用。升降式止回阀流体流动阻力较大，只能安装在水平的管道上。其优点是介质压力越高，密封性能越好。

（2）旋启式止回阀：阀瓣呈圆盘状，阀瓣绕阀座通道外固定轴旋转。其优点为阀门通道为流线型，流体流动阻力小。

（3）蝶式止回阀：蝶式止回阀形状与蝶阀相似，阀座是倾斜的。其结构简单，密封性差；只能安装在水平管道上。

（4）轴流式止回阀：单体重量轻，刚度好，便于维护；弹簧的推力使阀瓣在无介质压力作用时也能处于关闭位置；良好的支承方式使阀门无论处于什么安装位置时阀瓣和阀座均能良好对中，故阀门可任意角度安装。

3. 止回阀的典型结构

升降式止回阀和旋启式止回阀主要由阀体、阀盖、阀瓣组成，分别如图11-16和图11-17所示。轴流式止回阀主要由阀体、阀座、阀瓣及阀瓣轴、缓冲弹簧等组成，如图11-18所示。

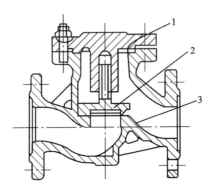

图11-16　升降式止回阀的结构

1—阀盖；2—阀瓣；3—阀体

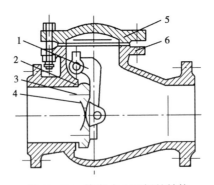

图11-17　旋启式止回阀的结构

1—阀盖；2—阀瓣；3—阀体；4—摇杆；5—密封圈；6—螺钉

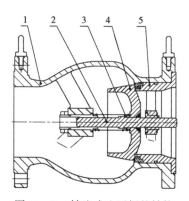

图 11-18　轴流式止回阀的结构

1—阀体；2—阀瓣轴；3—缓冲弹簧；4—阀瓣；5—阀座

八、安全阀

1. 安全阀的用途

安全阀能防止管道、容器等承压设备介质压力超过允许值，以确保设备及人身安全。其作用原理为当管道、容器及设备内介质压力超过规定值时，启闭件（阀瓣）自动开启泄放；介质压力低于规定值时，启闭件（阀瓣）自动关闭。

2. 安全阀的特点

（1）弹簧封闭微启式安全阀通过作用在阀瓣上的弹簧力来控制阀瓣的启闭，具有结构紧凑、体积小、重量轻、启闭动作可靠、对震动不敏感等优点。其缺点是作用在阀瓣上的载荷随开启高度而变化，对弹簧的性能要求很高，制造困难。

（2）先导式安全阀主要由主阀和副阀（导阀）组成，下半部叫主阀，上半部叫副阀，借副阀的作用带动主阀动作；主要用于大口径、大排量和高压力的场合。

3. 安全阀的典型结构

弹簧封闭微启式安全阀主要由阀体、阀盖、阀瓣、弹簧、调节环等组成，如图 11-19 所示。先导式安全阀的主阀主要由阀体、主阀座、主阀瓣、活塞缸等组成，副阀（导阀）主要由隔膜、副阀瓣、弹簧与弹簧座组成，如图 11-20 所示。

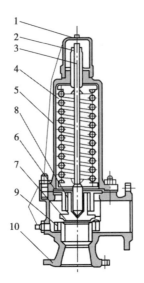

图 11-19　弹簧封闭微启式安全阀的结构

1—保护罩；2—调整螺杆；3—阀杆；4—弹簧；5—阀盖；

6—导向套；7—阀瓣；8—衬套；9—调节环；10—阀体

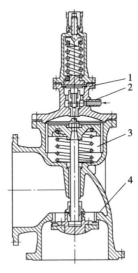

图 11-20　先导式安全阀的结构

1—隔膜；2—副阀瓣；3—活塞缸；4—主阀座

第四节　过滤分离设备

目前，城镇燃气站场中经常采用的过滤分离设备有过滤分离器、旋风分离器、篮式过滤器和 Y 形过滤器等。

一、旋风分离器

旋风分离器是利用旋转的含尘气体所产生的离心力，将粉尘从气流中分离出来的一种干式气—固分离装置，对于捕集 $5\sim10\mu m$ 以上的粉尘效率较高（高效型旋风分离器在95%以上，高流量型为50%~80%，介于两者之间的通用型为80%~95%）。旋风分离器结构如图 11-21 所示。

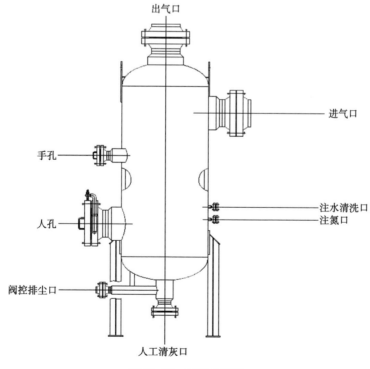

图 11-21　旋风分离器

旋风分离器结构简单，器身无运动部件，无需特殊的附属设备，制造安装投资较少；操作维护简便，压力损失小，运转维护费用较低；性能稳定，不受含尘气体的浓度、温度限制；无需更换部件。

对于粒径超过 5~10μm 的粉尘和杂质，旋风分离器的分离效率不小于 80%~95%。旋风分离器适用于处理气量不大、粉尘粒径大于 5μm、压力和流量较稳定、对分离精度要求不高的站场。

某厂 SG 型旋风分离器技术参数见表 11-13。

表 11-13　某厂 SG 型旋风分离器技术参数

性能参数		型　　号				
		SG-0.5	SG-1	SG-2	SG-3	SG-4
处理气体量（m³/h）		2000	3000	6000	9000	12000
直径（mm）		536	730	992	1190	1356
高度（mm）		2550	2800	3911	4760	6316
质量（kg）		250	350	590	810	940
配套风机	型号	Y5-47-4C	Y5-47-4C	Y5-47-5C	Y5-47-6C	Y5-47-6C
	风压（Pa）	1910	1910	2310	2710	3070
	风量（m³/h）	3130	3500	6010	9380	12390
	电机功率（kW）	3	4	7.5	13	17

二、过滤分离器

过滤分离器是使含尘气体通过一定的过滤材料达到分离气体、固体粉尘的一种高效除尘设备，如图 11-22 所示。过滤分离器是由数个过滤元件组合在一个壳体内构成。它分过滤室和排气室。过滤元件由过滤管、过滤层、保护层和外套构成。过滤分离器的除尘效率达 95%~99%，除尘粒径最小可达 1μm。

含尘气体由进气口进入过滤室内，从过滤元件外表面进入，通过过滤层时通过筛分、惯性、黏附、扩散和静电等作用而被捕集下来。净化后的气体从过滤管内出来，经排气室的出气口排出。

过滤分离器能同时除去粉尘、固体杂质和液体。过滤分离器具有功能多、处理量大、分离效率高、性能可靠、弹性大、更换滤芯方便等特点。对于粒径超过 5μm 的粉尘和液滴，过滤分离器的分离效率不小于 99.8%；对于粒径为 1~3μm 的粉尘和液滴，过滤分离器的分离效率不小于 98%。

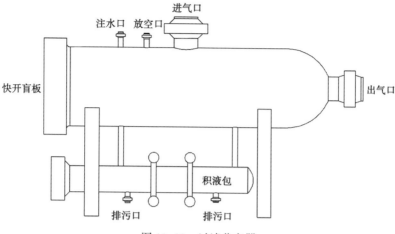

图 11-22　过滤分离器

　　过滤分离器主要适用城市门站同时含固体杂质和液滴的天然气的分离。如果分离的气体含尘粒径分布宽、输量大，且要求分离后含尘粒径很小，可考虑采用两级分离：第一级采用旋风分离器，第二级采用过滤分离器。

　　某厂过滤器分离器技术参数见表 11-14。

表 11-14　某厂过滤分离器技术参数

项目	技 术 参 数
设计压力等级	1.6MPa、2.5MPa、4.0MPa、6.3MPa
额定工作压力	1.4MPa、2.2MPa、3.6MPa、5.7MPa
工作温度	常温
过滤精度	5μm、50μm、100μm 等
额定压损	小于 10kPa 或小于工作压力的 1%
公称尺寸	DN50mm、DN65mm、DN80mm、DN100mm、DN125mm、DN150mm、DN200mm、DN250mm、DN300mm

三、篮式过滤器

　　篮式过滤器适用于各种气体介质的净化过滤，可对各类燃气输配管理系统的气体进行过滤，保证管道系统的正常运行，广泛用于燃气调压器箱、城市门站及各种用气设备的气体过滤输送系统，如图 11-23 所示。篮式过滤器能除去气体中的较大固体杂质，使机器设备（包括压缩机、泵等）、仪表能正常工作和运转，达到稳定工艺过程、保障安全生产的作用。

当气体通过筒体进入滤篮后，固体杂质颗粒被阻挡在滤篮内，而洁净的气体通过滤篮由过滤器出口排出。当需要清洗时，旋开主管底部螺塞，排净流体，拆卸法兰盖，清洗后重新装入即可。因此，使用维护极为方便。

篮式过滤器的特点为过滤面积大、压损小、寿命长、使用安全、维护方便。篮式过滤器主要由接管、筒体、滤篮、法兰、法兰盖及紧固件等组成，如图 11-23 所示。

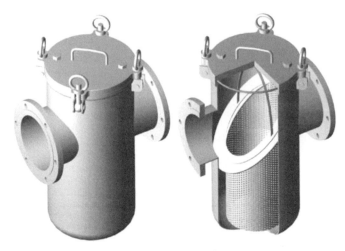

图 11-23　篮式过滤器

某厂篮式过滤器技术参数见表 11-15。

表 11-15　某厂篮式过滤器技术参数

规　　格		口径（mm）	尺寸（mm）			
			L	D_1	H	H_1
产品型号	SRBI SRBII SRBIII SRBIV	DN25	180	76	260	125
壳体材质	WCB　H2　304　316L 衬氟	DN32	200	76	270	160
过滤芯件	304　316L　PTFE	DN40	260	108	300	170
螺栓螺母	20 号 304　316L	DN50	260	108	300	170
过滤精度	10~300 目	DN80	340	159	400	250
密封垫片	NER PTFE					

续表

规　格		尺寸（mm）				
产品型号	SRBI SRBII SRBIII SRBIV	口径（mm）	L	D_1	H	H_1
环境温度	+450～−30℃	DN100	400	219	470	300
公称压力	0～10.0MPa　150～600LB	DN150	500	273	630	420
连接形式	法兰　螺纹　对焊	DN200	560	325	780	530
法兰标准	GB HG SH JB ANSI JIS DIN	DN250	660	420	930	640
制造标准	HG/T 21637—1991《化工管道过滤器》 GB 150.1～GB 150.4—2011《压力容器[合订本]》	DN300	750	450	1200	840

四、Y形过滤器

Y形过滤器属于管道粗过滤器，安装在管道上能除去流体中的较大颗粒固体杂质，使机器设备（包括压缩机、泵等）、仪表能正常工作和运转，达到稳定工艺过程、保障安全生产的作用，如图 11-24 所示。当流体进入置有一定规格滤网的滤筒后，其杂质被阻挡，而清洁的滤液则由过滤器出口排出，当需要清洗时，只要将可拆卸的滤筒取出，处理后重新装入即可。因此，使用维护极为方便。

图 11-24　Y形过滤器

某厂 Y 形过滤器技术参数见表 11-16。

表 11-16　某厂 Y 形过滤器技术参数

技 术 参 数		规格尺寸（mm）		
产品型号	SRYI 型	口径	L	H
壳体材质	WCB　H2　304　316L 衬氟	DN25	160	125
过滤芯件	304　316L　PTFE	DN32	180	145
螺栓螺母	20 号　304　316L	DN40	195	164
过滤精度	10～300 目	DN50	215	186
密封垫片	NER PTFE	DN80	285	273
环境温度	+450～−30℃	DN100	300	306
公称压力	0～10.0MPa　150～600LB	DN150	380	400
连接形式	法兰　螺纹　对焊	DN200	480	470
法兰标准	GB HG SH JB ANSI JIS DIN	DN250	545	480
制造标准	HG/T 21637—1991《化工管道过滤器》 GB 150.1～GB 150.4—2011《压力容器[合订本]》	DN300	605	640

第五节　压　缩　机

压缩机类型主要有往复式、离心式、轴流式和回转式。CNG 加气站用的压缩机排气压力高、排气量小，一般采用往复式活塞压缩机。

加气站用压缩机的排气压力一般为 25MPa，也有的稍高一些，达到 27.5MPa，进气压力范围很广，最小可为 0.035MPa，最大可达 9MPa。其排气量可根据不同加气站规模进行选择。压缩机的排气温度经过冷却后一般要求在 40℃ 以下。

一、CNG 加气母站压缩机典型配置

用气量 $8×10^4 m^3/d$ 的 CNG 加气母站压缩机工艺参数如下：

来气压力：0.2～0.3MPa（压缩机设计点压力为 0.2MPa）。

来气温度：20～50℃。

压缩机四级出口压力：25MPa。

压缩机排气温度：不大于 40℃。

排气量：1260m³/h（对应压缩机设计点压力为 0.2MPa）。

数量：天然气压缩机组按 3 用 1 备设置。

具体配置见表 11-17。

表 11-17　用气量 8×10⁴Nm³/d 母站压缩机配置表

项目	设　备　名　称	数量
橇装式天然气压缩机组（排气量 1260m³/h）	天然气压缩机主机	4 台
	隔爆电动机驱动系统	4 台
	风冷却器	4 套
	油水分离器	4 套
	仪表显示盘	4 套
	注油系统	4 台
	设备管路附件	4 套
	橇装底座	4 台
	隔音保温罩	4 台
PLC 电气控制系统	包含电控柜、触摸屏、可编程序控制器（PLC）、软启动控制器、电源开关、熔断器、变压器、接线端子板等	4 套

某厂家 CNG 加气母站用压缩机主要技术指标见表 11-18。

表 11-18　用气量 8×10⁴Nm³/d 加气母站压缩机参数表

序号	项目	主要参数
1	型号	D-20/2-250 型
2	型式	D 型二列（对称平衡型）
3	压缩级数	四级
4	压缩介质	净化天然气（主要成分 CH_4）
5	进气压力（表压）（MPa）	0.13~0.25（设计点为 0.2）
6	进气温度（℃）	5~50
7	终级排气压力（表压）（MPa）	25
8	终级排气温度（℃）	不高于 40 或不高于环境温度 15
9	排气量（m³/h）	1260

序号	项目	主要参数
10	冷却方式	各级压缩天然气用风冷，各级汽缸闭式循环用防冻液冷却
11	防冻液压力（MPa）	0.2~0.4
12	防冻液循环量（m³/h）	5
13	润滑方式	传动部件采用强制润滑，汽缸采用少油注油润滑
14	润滑油消耗量（kg/h）	0.25
15	润滑油温度（℃）	≤70
16	润滑油压力（表压）（MPa）	0.3
17	驱动传动方式	电动机直联
18	额定转速（r/min）	593
19	主电动机轴功率（kW）	231.2（对应设计点为0.2MPa）
20	主电动机功率（kW）	280
21	风机电动机功率（kW）	7.5
22	水泵功率（kW）	2.2
23	注油器电动机功率（kW）	0.55
24	电动机防爆等级	dⅡBT4
25	噪声（dB（A））	≤70（保温隔音罩外1m处）
26	控制方式	PLC可编程控制器+软启动+触摸屏
27	驱动方式	防爆电动机驱动，弹性联轴器直联
28	活塞行程（mm）	180
29	活塞杆直径（mm）	55
30	汽缸数量×汽缸直径（mm）	一级 1×ϕ340，二级 1×ϕ265，三级 1×ϕ128，四级 1×ϕ108
31	无故障工作时间（h）	8000
32	压缩机机寿命（a）	25
33	安装方式	橇装、固定
34	压缩机组外形尺寸（长×宽×高）（mm）	7000×4500×3000（保温隔音罩）
35	整机组重量（kg）	12500

CNG加气母站压缩机可放置在单独的建筑单体内，也可放置在橇装隔音房。如上所述，放置于压缩机厂房的D型压缩外形见图11-25。CNG加气母站压缩机橇装隔音房外形见图11-26。

图11-25　D型压缩机外形图

图11-26　压缩机橇装隔音房外形

二、CNG 加气子站压缩机典型配置

CNG 加气子站分为常规子站和液压式子站。子站专用压缩机通常放置于橇装隔音房内。下面以用气量 $1.5 \times 10^4 \, m^3/d$ 的 CNG 加气子站为例，分别说明常规子站和液压子站压缩机配置参数。压缩机配置见表 11-19。

表 11-19　用气量 $1.5 \times 10^4 m^3/d$ 子站压缩机配置表

项目	设 备 名 称	数量
橇装式天然气压缩机组	天然气压缩机主机	1 台
	隔爆电动机	1 台
	干式空冷却器	1 台
	程序控制盘	1 套
	仪表控制盘	1 套
	DN400mm 天然气回收罐	1 台
	设备附件	1 套
	橇装房	1 台
PLC 电气控制系统	含电控柜、触摸屏、可编程序控制器（PLC）、软启动控制器、电源开关、熔断器、变压器、接线端子板等	1 套

用气量 $1.5 \times 10^4 m^3/d$ 的 CNG 加气子站压缩机工艺参数如下：

来气压力：气瓶车中天然气压力为 3.5~20.0MPa（表压）。

来气温度：天然气入口正常温度为常温，天然气入口最高温度为 35℃；天然气出口正常温度不高于 35℃，天然气出口最高温度为 45℃。

天然气气质：满足国家标准要求。

某厂家用气量 $1.5 \times 10^4 m^3/d$ 的 CNG 常规加气子站压缩机参数见表 11-20。

表 11-20　用气量 $1.5 \times 10^4 m^3/d$ 常规子站压缩机参数表

序号	项　目	主要参数
1	型号规格	XD-11/35-250 型
2	压缩介质	净化天然气
3	型式	D 型二列往复活塞式

序号	项　　目	主要参数
4	压缩级数	二级
5	进气压力（表压）（MPa）	3.5~20
6	进气温度（℃）	0~35
7	排气压力（表压）（MPa）	25
8	各级排气温度（℃）	≤155
9	终级排气温度（℃）	≤40
10	排气量（m^3/min）	11（3.5MPa），28（20MPa）
11	冷却方式	水冷却汽缸，风冷式后冷却器
12	润滑方式	汽缸采用少油润滑，传动系统采用强制润滑
13	润滑油压力（表压）（MPa）	0.3
14	额定转速（r/min）	741
15	主机最大轴功率（kW）	73
16	主电机功率（kW）	75
17	电动机总功率（kW）	82
18	电动机防爆等级	dⅡBT4
19	控制方式	PLC控制+触摸屏+软启动
20	使用寿命（a）	20
21	噪声（dB（A））	≤75（离机1m处）
22	安装方式	室外、橇装固定
23	外形尺寸（mm×mm×mm）	4400×2538×2750
24	重量（kg）	5000

常规子站橇装压缩机平面图见图11-27。

某厂家用气量$1.5×10^4 m^3/d$的CNG液压式加气子站压缩机参数见表11-21。

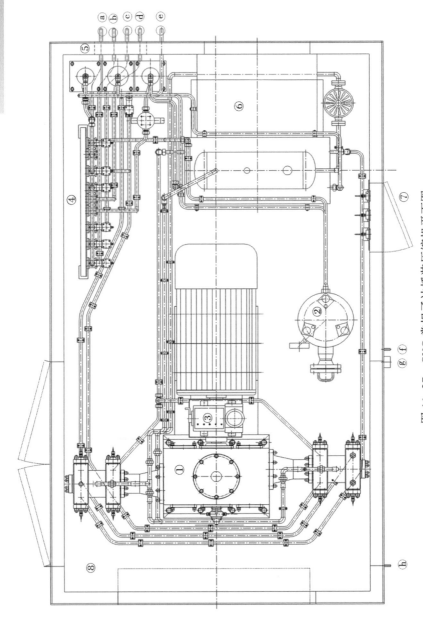

图 11-27　CNG 常规子站橇装压缩机平面图

1—天然气压缩机；2—天然气回收罐；3—润滑油系统；4—控制系统；5—辅助系统；6—空冷器；7—仪表显示屏；8—橇装隔音房；a—天然气进气口；b—中压天然气出口；c—高压天然气出口；d—低压天然气出口；e—放散口；f—排污口；g—电缆线出口；h—填料漏气放散口

表 11-21　用气量 $1.5 \times 10^4 \mathrm{m}^3/\mathrm{d}$ 液压子站压缩机参数表

序号	项　目	主要参数
1	型号规格	H-8~34/30-250 型
2	压缩介质	净化天然气
3	型式	H 型二列往复活塞式
4	压缩级数	二级
5	进气压力（表压）（MPa）	3.0~20
6	进气温度（℃）	0~35
7	排气压力（表压）（MPa）	25
8	各级排气温度（℃）	≤155
9	终级排气温度（℃）	≤40
10	排气量（$\mathrm{m}^3/\mathrm{min}$）	8（3.0MPa），34（20MPa）
11	冷却方式	自然冷却汽缸，风冷式后冷却器
12	润滑方式	汽缸采用无油润滑
13	液压油压力（表压）（MPa）	18
14	主电动机额定转速（r/min）	1450
15	主机最大轴功率（kW）	53
16	主电机功率（kW）	55
17	电动机总功率（kW）	70
18	电动机防爆等级	dⅡBT4
19	控制方式	PLC 控制+触摸屏+软启动
20	使用寿命（a）	20
21	噪声（dB（A））	≤75（离机 1m 处）
22	安装方式	室外、橇装固定
23	外形尺寸（长×宽×高）（mm）	4500×2540×2750
24	重量（kg）	5000

第六节　汽　化　器

汽化器按其热媒类型分为空温型、电热型、热水型和蒸汽型。

一、空温式汽化器

空温式汽化器是利用液化石油气（LPG）、液化天然气（LNG）等燃气减压汽化的特性实现气体汽化的汽化装置。其核心部分是换热装置，在尽可能小的空间内从大气中获取最大的热能。

空温式汽化器主要由星形翅片导热管、液气导流管、支架、底座、出口接头等部件组成。它主要是依靠自身显热和吸收外界大气环境热量而实现汽化功能的，这是它的优点。但其汽化量受汽温的影响较大，在气温较低时（在北方）汽化量可能达不到额定值。某厂空温式汽化器技术参数见表11-22。

表11-22　某厂空温式汽化器技术参数

型号	工作压力（MPa）	汽化量（m³/h）	环境温度（℃）	外形尺寸（长×宽×高）（mm）	备注
SSLNG-500/16		500		1705×1455×5415	
SSLNG-600/16		600		2471×1201×5415	
SSLNG-700/16		700		2471×1450×5415	
SSLNG-800/16		800		1963×1963×5765	
SSLNG-900/16		900		2471×1709×5765	
SSLNG-1000/16	0.8	1000	-10~40	2471×1963×5765	翅片管 φ200mm
SSLNG-1200/16		1200		2217×2471×5965	
SSLNG-1500/16		1500		2217×2471×7265	
SSLNG-2000/16		2000		2497×2776×7515	
SSLNG-2500/16		2500		2217×5437×6165	
SSLNG-3000/16		3000		2217×5437×7265	

二、电热式汽化器

小型无中间介质电加热式汽化器直接加热热效率高，加热元件直接与低温介质接触，因而要求可靠的防爆和防腐蚀性能。某厂电热式汽化器技术参数见表 11-23。

表 11-23 某厂电热式汽化器技术参数

型号	电源	功率（kW）	汽化量（kg/h）	工作压力（MPa）	工作温度（℃）
CPEx-20	220V/两相电源	2	20	1.76	≤60
CPEx-30	220V/两相电源	3	30	1.76	≤60
CPEx-50	380V/三相四线	7.5	50	1.76	≤60
CPEx-100	380V/三相四线	15	100	1.76	≤60
CPEx-150	380V/三相四线	18	150	1.76	≤60
CPEx-200	380V/三相四线	30	200	1.76	≤60
CPEx-300	380V/三相四线	45	300	1.76	≤60
CPEx-400	380V/三相四线	54	400	1.76	≤60
CPEx-500	380V/三相四线	68	500	1.76	≤60

三、电热水浴式汽化器

电加热式水浴式汽化器是通过电能加热水浴式汽化器中的水，再通过热水加热盘管中通过的液态气体，使之转化为气态的气体。

这种汽化器的中间介质水需要软化处理。某厂电热水浴式汽化器技术参数见表 11-24。

表 11-24 某厂电热水浴式汽化器技术参数

标态流量（m³/h）	型号	外形尺寸（直径×高度）(mm)	电功率（kW）	液相 P2（mm）	气相 P5（mm）
50	SSCO$_2$-50-25	450×1200	12	DN20	DN20
100	SSCO$_2$-100-25	610×1000	24	DN20	DN20
150	SSCO$_2$-150-25	610×1600	36	DN20	DN20

标态流量 （m³/h）	型号	外形尺寸 （直径×高度）（mm）	电功率 （kW）	液相 P2（mm）	气相 P5（mm）
200	SSCO₂-200-25	810×1600	48	DN20	DN25
250	SSCO₂-250-25	910×1600	60	DN25	DN25
300	SSCO₂-300-25	910×1900	72	DN25	DN32
350	SSCO₂-350-25	910×2100	84	DN25	DN32
400	SSCO₂-400-25	910×2300	96	DN25	DN40
500	SSCO₂-500-25	1010×2300	120	DN25	DN40
600	SSCO₂-600-25	1010×2600	144	DN25	DN40
700	SSCO₂-700-25	1112×2500	168	DN25	DN50
800	SSCO₂-800-25	1112×2800	192	DN25	DN50
900	SSCO₂-900-25	1312×2600	216	DN32	DN50
1000	SSCO₂-1000-25	1312×3000	240	DN32	DN50

四、热水/蒸汽水浴式汽化器

　　热水/蒸汽水浴式汽化器是利用热水/蒸汽加热筒体内的水，再加热紧凑式换热管内的低温液体，使之转化为气态的气体。其中，热水/蒸汽来自其他热源。某厂热水浴式汽化器技术参数见表 11-25。

表 11-25　某厂热水浴式汽化器技术参数

型　号	汽化量 （m³/h）	工作压力 （MPa）	外形尺寸 （长×宽×高）（mm）
SSNG-1000/8	1000		1000×1000×2015
SSNG-1500/8	1500		1000×1000×2200
SSNG-2000/8	2000		1000×1000×2380
SSNG-3000/8	3000		1000×1000×2640
SSNG-4000/8	4000		1000×1000×2865
SSNG-5000/8	5000	0.8	1200×1200×3250
SSNG-8000/8	8000		1200×1200×3450
SSNG-10000/8	10000		1200×1200×3750
SSNG-15000/8	15000		1300×1300×3820
SSNG-20000/8	20000		1300×1300×4100

第七节　加气机与低温泵

一、加气机

1. CNG 加气机

压缩天然气加气机，也叫售气机，是给压缩天然气汽车提供压缩天然气燃料充装服务，并带有计量和计价等装置的专用设备。

加气机主要由质量流量计、微电脑处理装置和压缩天然气气路系统三大部分组成。加气机零部件主要包括入口球阀、过滤器、电磁阀、单向阀、质量流量计、应急球阀、压力传感器、压力表、安全阀、拉断阀、软管、枪阀、加气枪、电脑控制器等。

压缩天然气进入加气机后，经过气体过滤器、加气机电磁阀、质量流量计、拉断阀和加气枪注入汽车储气瓶，完成加气工作。加气机上的微机控制器自动控制加气过程，并根据质量流量计在计量过程中输出的流量信号和压力变送器输出的电信号等进行监控、处理和显示。

加气机按进气方式分为单线制、二线制和三线制；按加气枪数量可分为单枪、双枪、四枪加气机；按流量可分为标准流量、大流量加气机。其中，加气枪应符合 GB/T 19236—2003《压缩天然气加气机加气枪》的规定。加气站内加气枪的设置数量见表 11-26。

表 11-26　加气站的加气枪数量表

项　　目	加气站级别		
	一级站	二级站	三级站
加气枪数量（只）	6~8	4~6	2~4

某国产天然气加气机的主要技术指标见表 11-27。

表 11-27　某国产天然气加气机的主要技术指标

项　　目	技术指标
测量范围	3~30kg/min
工作压力	0~25MPa（CNG）

项　目	技术指标
环境温度	−20~+50℃
准确度	±0.5%
通信口	RS262
电源电压	220V±10%~15%、50Hz±1Hz
显示部分	显示内容为加气量、加气价格、单价

2. LNG 加气机

LNG 加气机用于计量加注到车载 LNG 容器（钢瓶）中的 LNG 量。加气机里的流量计目前使用较多的是质量流量计和容积式流量计。容积式流量计更适合加气站间断加气的工况，比较稳定可靠，故障率低。

目前，国内已建成的 LNG 加气机采用的计量方式是双管计量方式，即采用两个质量流量计分别测量加气和回气的质量，二者之差作为计量的最后结果。另一种计量方式是单管式计量方式。

某公司 LNG 加气机参数见表 11-28。

表 11-28　某公司开发的 LNG 加气机参数

名称	技术参数	备注
流量范围	0~190L/min	单枪单计量
最大工作压力	1.6MPa	
工作环境温度	−30~55℃	
进液流量计类型	1in 低温质量流量计	德国 E+H
计量精度	±1%	
读数最小分度值	0.01kg 或 m^3、L	
单次计量范围	0~9999.99kg（或 m^3、L）	
累计计量范围	0~99999999.99kg（或 m^3、L）	
加液软管	1in 不锈钢柔性软管	长度 4m
卸压软管	1/2in 不锈钢柔性软管	
工作电源	AC220V，5A	
防爆等级	整机防爆 Exd［ib］ibIIAT4	
外形尺寸（cm）	130×45×165	
重量（kg）	~325	

二、低温泵

液化天然气气化站内采用的低温泵主要是满足加压强制汽化压力的要求或进行钢瓶的灌装。LNG 低温泵可在罐区外露天布置或设置在罐区防护墙内。设计宜采用离心泵，采用机械和气体联合密封或无密封形式。

低温泵主要由电动机、电控柜、皮带轮、传动箱和泵头组成，组装在公共底座上。泵驱动端的作用是将电动机的旋转运动变为往复运动且降速，并将电动机的输出功率传递给泵头压缩端，电动机通过皮带轮、传动轴、偏心轮、连杆和十字头等部件来完成功转换和降速。泵头压缩端由过滤器、缸套、泵体、活塞组件、密封器、进液阀、排液阀等组成。

某厂低温泵主要技术参数见表 11-29。

表 11-29　某厂低温泵主要技术参数

规格型号	输送介质	形式	流量范围（L/h）	进口压力	最大出口压力	输入电源	电机工作转速（r/min）	功率（kW）
BPO-15-75/16.5	液氧、液氮、液氩	卧式、单缸、活塞式	15~75	0.02~1.6MPa	16.5MPa	380V、三相、50Hz	600~1200	3
BPO-30-80/16.5			30~80					3
BPO-100-300/16.5			100~300					5.5
BPO-100-450/16.5			100~450					5.5
BPO-200-600/16.5			200~600					5.5
BPO-400-800/16.5			400~800					7.5
BPO-600-1000/16.5			600~1000					7.5

第八节　调压设备

城镇燃气输配系统中，调压设备主要是调压器。调压器是在燃气流量和进口压力变化时调节和控制出口压力的装置。所有的调压器均是将较高的压力降至较低的压力，是一个降压设备。调压器应能够将上游压力降低到一个稳定的下游压力；当调压器发生故障时应能够限制下游压力在安全范围内。

调压器的种类较多，可以从适用压力、作用原理上区分。

一、按原理划分

调压器按不同作用原理分为直接作用式和间接作用式两种。直接作用式调压器通过内信号管路或外信号管路来感应下游压力的变化，如图 11-28 所示。下游压力通过在传感元件（皮膜）上产生的力与加载元件（弹簧装置）产生的力来进行对比，移动皮膜和阀芯，从而改变调压器流通通道的大小。

直接作用式调压器具有三个关键结构：调节单元——阀座、阀瓣、阀芯（阀座与阀瓣组合）；传感单元——通常为皮膜；加载单元——通常为弹簧装置（或重物）。

图 11-28　直接式调压器—杠杆式

间接作用式调压器是当出口压力变化时，使操纵机构（指挥器）动作，接通能源（或给出信号），使调节阀门移动。它的敏感元件（即感应出口压力的元件）和传动装置（即受力动作并进行调节的元件）是分开的，如图 11-29 所示。

通俗讲，间接作用式调压器就是多了一个指挥器部分。指挥器与调压器相似，也由阀门、皮膜、弹簧等组成。指挥器的主要功能是为了增加调压器的敏感性，放大出口压力升高或降低的信号，从而加快调压器的动作，提高调压器的精度和灵敏度。

图 11-29　间接式调压器

二、按压力划分

为了明确表示调压器的压力性能，根据调压器的进口压力与出口压力的级别加以区分，分为：低—低压；中压 A —低压；中压 B —低压；中压 A —中压 B；高压—中压 A；高压—中压 B；超高—高压。

某国外品牌某型号调压阀（超高压—高压）性能参数见表 11-30。

表 11-30　某国外品牌某型号调压阀（超高压—高压）性能参数表

型号	R100 系列	
压力级制	ANSI 300	ANSI 600
进口压力（bar）	50	100
出口压力范围（bar）	0.5~60	
工作温度（℃）	−20~60	
指挥器稳定器压力范围（bar）	高于出口压力 2~6	
公称直径（in）	1/2~12	
环境温度（℃）	−30~80	
设计标准	德国 DIN3380、欧洲 EN334	

某品牌某型号调压阀（次高压—中压）性能参数描述如下：

（1）大皮膜执行机构组合指挥器使得调压器动作灵敏、反应速度快。

（2）一体化的过压、失压切断装置确保用户安全。

（3）可在线维修。

（4）可作监控连接，保证安全。

（5）流通能力大，结构紧凑；密封严密，无气体渗漏。

（6）安装省力，经济实惠。

（7）进口压力范围：最大 12.1bar。

（8）出口压力范围：9mbar～4.14bar。

（9）最大流量：2.898m^3/h。

（10）精度：±2.5%。

（11）连接方式：2in 螺纹，ANSI。

（12）25FF/150RF/250RF/300RF/PN10/PN16 法兰。

（13）材料：铸铁，韧性铸铁或 WCB 钢制阀体。

（14）温度：-29～66℃。

（15）选项：可在指挥器前配置过滤器。

（16）内置超高压/超低压切断装置。

（17）多种压力信号选取方式。

（18）可用于天然气、人工煤气、液化石油气、空气等多种气体。

第九节　清管设施

输气管道的输送效率和使用寿命很大程度上取决于管道内壁和内部的清洁状况。清管可以清除管内积液和杂物（粉尘），减少摩阻损失，降低腐蚀性物质对管道内壁的腐蚀损伤，提高管道的输送效率，重新明确管线走向，检测管线变形，检查沿线阀门完好率，减小工作回压。

完成清管工艺的主要设备包括清管器和收、发球装置。

一、清管器

清管器是由气体、液体或管道输送介质推动，用以清理管道的专用工具。

它可以携带无线电发射装置与地面跟踪仪器共同构成电子跟踪系统。清管器品种较多，常用的有清管球、皮碗清管器、智能清管器。

1. 清管球

清管球是很可靠的最简单的清除积液和分隔介质一种清管器，但效果不如皮碗清管器。清管球由耐磨耐油的氯丁橡胶制成，清管有效距离以 50 ~ 80km 为宜。清管球结构见图 11-30。

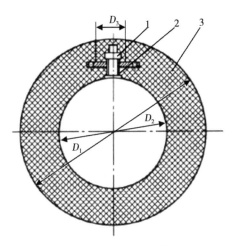

图 11-30　清管球结构图

1—气嘴（拖拉机内胎直气嘴）；2—固定岛（黄铜 H62）；3—球体（耐油橡胶）

清管球有实心的和空心的两种。用于直径不大于 100mm 管道的清管球为实心球；用于直径大于 100mm 管道的清管球为空心球。清管球在管内运行时变形大，通过性好，不易被卡，表面磨损均匀，磨损量小；只要注入口密封良好，可多次重复使用。

2. 皮碗清管器

皮碗清管器是在刚性骨架上串联 2~4 个皮碗，并用螺栓将压板、导向器及发信器护罩等连接成一体而构成。皮碗清管器主要用于各种管道投产前的清管扫线，可清除管道施工中遗留在管道内的石块、木棒等各种杂物，还可用于天然气管线投产后的清扫，水压试验前的排气，混输管线的介质隔离等。

皮碗清管器的工作原理是：皮碗清管器进入管道后，利用皮碗裙边对管道的4%左右过盈量与管壁紧贴而达到密封，皮碗唇部与管壁紧密吻合，皮碗清管器由其前后天然气的压差推动前进，同时把污物推出管外。

皮碗的形状可分为锥面、平面和球面三种。皮碗材料多为氯丁橡胶、丁腈橡胶和聚酯类橡胶。与清管球相比，皮碗清管器不但能清除积液、起隔离作用，而且对清除固体阻塞物也行之有效。皮碗清管器结构和皮碗形式分别见图11-31和图11-32。

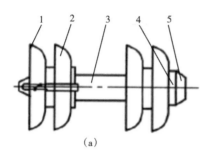
（a）

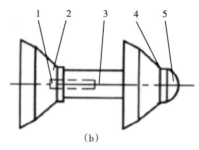
（b）

图11-31　皮碗清管器结构简图
1—QXJ-1型清管器信号发射机；2—皮碗；3—骨架；4—压板；5—导向器

（a）平面皮碗

（b）锥面皮碗

（c）球面皮碗

图11-32　清管器皮碗形式

3. 智能清管器

智能清管器是基于超声波、漏磁、声发射等无损探伤原理，将录像观察功能同清管结合在一起的仪器。智能清管器周向装有200多个（甚至360个）探头，可在进行正常清管的同时进行在线检测，从而检测出管道内外腐蚀、机械损伤等缺陷的程度和位置。智能清管器如图11-33所示。

最常用的智能清管器采用漏磁法。它能检测出腐蚀坑、腐蚀减薄和环向裂纹，但不能检测出深而细的轴向裂纹。

超声波智能清管器除了检测金属损伤以外，还可检测防腐层剥离、应力腐蚀开裂（SCC）、凹痕及刻痕等机械损伤缺陷。但超声波法需要在传感器和管壁之间充满液体耦合剂，这就限制了它在气体管道中的应用。弹性波仪器是能在气体管道中使用的超声波仪器，它有辊轮接触传感器，不需要耦合剂。

图 11-33 智能清管器

二、清管器收发装置设置

清管器收发装置是清管扫线设备的重要组成部分，安装在管线两端用于发送及接收清管器。清管器收发装置的设置见图 11-34，它由快开盲板、筒体、偏心大小头、短节、可通清管器的阀门、带挡条的清管三通、清管指示器、旁通管及旁通阀、放空阀、排污阀、安全阀、压力表等部件组成。

1. 清管器发送装置

清管器发送装置外形为一钢质圆筒，筒体的直径应比所清管管道直径大一级，且筒体的中心线与管中心线顺气流方向呈 8°~10° 倾斜安装，即快开盲板端高于管道端，以便清管器推入，使其在发送前能紧贴前端的大小头。一般筒长为筒径的 3~4 倍，智能清管器的发送装置的长度应大于智能清管器，一般应不小于 3m。利用天然气在清管器前后形成的压差，将清管器推入管道。清管器发送装置如图 11-35 所示。

2. 清管器接收装置

清管器接收装置筒体的直径较管径大 1~2 级，其长度的设计应该能适应较长清管器（智能清管器）使用，也便于两个甚至 3 个清管器（球）的接收，同时要为容纳固体杂物留下一定的空间。因此，目前所用清管器接收装置的

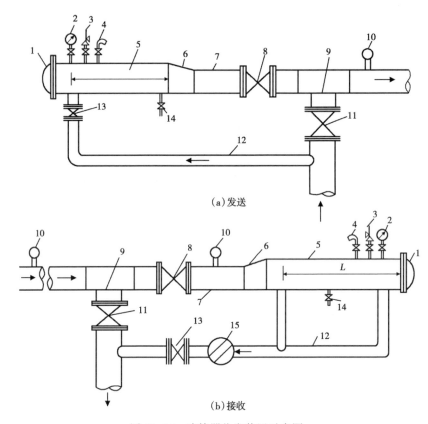

图 11-34　清管器收发装置示意图

1—快开盲板；2—压力表；3—安全阀；4—放空阀；5—收发筒；6—偏心大小头；
7—短节；8—直通阀；9—带挡条的清管三通；10—清管指示器；11—干管旁通阀；
12—旁通管；13—收发筒旁通阀；14—排污阀；15—过滤器

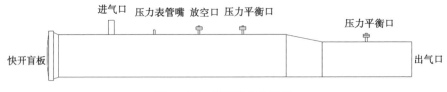

图 11-35　清管器发送装置

筒体的长度一般为筒径的 5~6 倍。智能清管器的接收装置的长度应大于智能清管器，一般应不小于 3m。清管器接收装置筒体上的上下支管应焊装挡条，以阻止大块物体进入。清管器接收装置如图 11-36 所示。

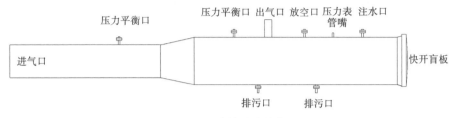

图 11-36　清管器接收装置

3. 快开盲板

收发筒的开口端是一个牙嵌式或挡圈式快速开关盲板，快开盲板是为清扫、疏通管线，检查、清理容器而在管口处设置的一种固定式快速开启装置，如图 11-37 所示。

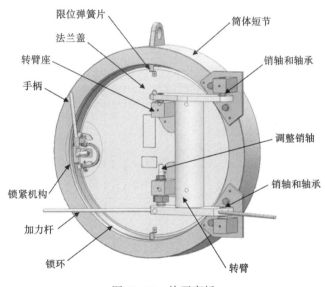

图 11-37　快开盲板

发送装置的主管三通之后和接收筒大小头前的直管上，应设通过指示器，以确定清管器是否已经发入管道和进入接收筒。清管器通过指示器是判定清管器发出、通过和到达的信号装置。收发筒上必须安装压力表，面向盲板开关操作者的位置。

某厂发球和收球装置尺寸分别见表 11-31 和表 11-32。

表 11-31　某厂发球装置尺寸表

管道外径 D (mm)	L	L_1	L_2	L_3	L_4	L_5	L_6	L_7	L_8	L_9	L_{10}	B	D	E	F	I	J	K
114	1600	860	140	400	120	420	120	260	120	620	300	ZG1/2in	114	32	ZG3/4in	60	AZ-150	AZ-150
159	1620	860	152	400	120	420	120	260	120	620	320	ZG1/2in	159	32	ZG3/4in	60	AZ-200	AZ-200
168	1620	860	152	400	120	420	120	260	120	620	320	ZG1/2in	168	32	ZG3/4in	60	AZ-200	AZ-200
219	1800	1000	178	400	120	500	120	300	120	760	350	ZG1/2in	219	32	ZG3/4in	60	AZ-250	AZ-250
273	1800	1040	203	400	120	540	120	300	120	800	380	ZG1/2in	273	40	ZG3/4in	60	AZ-300	AZ-300
325	2050	1080	330	400	120	580	120	320	120	840	410	ZG1/2in	325	40	ZG3/4in	89	AZ-350	AZ-350
377	2300	1240	356	400	120	630	120	320	120	1000	430	ZG1/2in	325	40	ZG3/4in	89	AZ-400	AZ-400
426	2550	1300	508	400	120	670	120	320	120	1100	480	ZG1/2in	377	50	ZG3/4in	89	AZ-500	AZ-500
529	2700	1420	508	400	120	760	120	340	120	1180	530	ZG1/2in	426	50	ZG3/4in	89	AZ-600	AZ-600
630	3000	1550	610	400	120	810	120	340	120	1310	580	ZG1/2in	529	50	ZG3/4in	89	AZ-700	AZ-700
720	3300	1780	610	400	120	900	120	340	120	1540	640	ZG1/2in	529	50	ZG3/4in	89	AZ-800	AZ-800
820	3500	1900	610	400	120	980	120	340	120	1660	680	ZG1/2in	620	50	ZG3/4in	89	AZ-900	AZ-900

表 11-32　某厂收球装置尺寸表

管道外径 D (mm)	L	L1	L2	L3	L4	L5	L6	L7	L8	L9	L10	B	D	E	F	I	J	K
114	1600	860	140	400	120	240	120	440	120	1000	300	ZG1/2in	114	32	ZG3/4in	60	AZ-100	AZ-150
159	1620	860	152	400	120	240	120	440	120	1012	320	ZG1/2in	159	32	ZG3/4in	60	AZ-150	AZ-200
168	1620	860	152	400	120	240	120	440	120	1012	320	ZG1/2in	168	32	ZG3/4in	60	AZ-150	AZ-200
219	1800	1000	178	400	120	280	120	560	120	1178	350	ZG1/2in	219	32	ZG3/4in	60	AZ-200	AZ-250
273	1800	1040	203	400	120	340	120	580	120	1243	380	ZG1/2in	273	40	ZG3/4in	60	AZ-250	AZ-300
325	2050	1080	330	400	120	340	120	620	120	1410	410	ZG1/2in	325	40	ZG3/4in	60	AZ-300	AZ-350
377	2300	1240	356	400	120	400	120	800	120	1596	430	ZG1/2in	325	40	ZG3/4in	89	AZ-350	AZ-400
426	2550	1300	508	400	120	430	120	860	120	1808	480	ZG1/2in	377	50	ZG3/4in	89	AZ-400	AZ-500
529	2700	1420	508	400	120	480	120	960	120	1938	530	ZG1/2in	426	50	ZG3/4in	89	AZ-500	AZ-600
630	3000	1550	610	400	120	540	120	1080	120	2160	580	ZG1/2in	529	50	ZG3/4in	89	AZ-600	AZ-700
720	3300	1780	610	400	120	600	120	1200	120	2390	640	ZG1/2in	529	50	ZG3/4in	89	AZ-700	AZ-800
820	3500	1900	610	400	120	700	120	1360	120	2510	680	ZG1/2in	620	50	ZG3/4in	89	AZ-800	AZ-900

第十节　加臭装置

　　城镇燃气应该有容易察觉的特殊气味，无臭或臭味不足的燃气应该加臭。天然气属于无色无味的气体，所以在城市供应中必须增加臭味。目前，应用最多的是计算机控制注入式加臭装置，如图 11-38 所示。

图 11-38　计算机控制注入式加臭装置示意图

计算机控制注入式加臭装置特点：

（1）可自动控制加臭量，也可手动控制加臭量，可实现 1~6000 次/h 的工作频率（频率的细分，改分钟频率为小时频率），加臭更精准，并满足最小燃气量要求。

（2）具有手动操作功能，直接输入每小时加臭次数。

（3）可以根据多管道燃气流量的大小，连续自动控制电动机泵向燃气管道加入臭味剂，对燃气流量进行线性化测量，对臭味剂流量及累积量进行精确计量。

（4）可同时采集三路以内管道流量信号（4~20mA）并汇总，按汇总后流量指挥泵进行加臭。

（5）可具备门站监控功能——计算机可与流量仪表通过串口按 RS232 或 RS485 方式通信，采集多路燃气管道温度、压力、瞬时流量、累积流量及其他历史数据，实时显示并记录到数据库中，可作为计量依据。

（6）控制系统具有数据统计功能，可随时查询并打印任意时间段历史数据，也可将历史数据备份到软盘或硬盘中作为档案资料存储；每班可随机打印当班工作报表。

某品牌某型号加臭装置主要配置参数见表 11-33。

表 11-33　某品牌某型号加臭装置主要配置参数

序号	名称	材质或类型	技术参数	单位	数量
1	控制系统	工控机控制系统（含专业转换控制器）	模拟量（4~20mA）接口 8 路；开关量接口 1 路；220V、80W；具备故障报警、液位报警、通信上传运行状态及参数等功能	套	1
2	电动机驱动计量泵	BD 型隔膜式计量泵；调频电动机	防爆等级 do Ⅱ CT6；最大输出量 4.0L/h，工作压力≤10MPa；380V、200W	台	2
3	不锈钢设备箱	1Cr18Ni9Ti	800×700×1200（mm）	台	1
4	计量罐	1Cr18Ni9Ti	常压、1000L	台	1
5	单向阀	1Cr18Ni9Ti	压力≤12MPa	个	4
6	输液阀门组	J91YW-160P DW8	DN6mm、PN160mm	套	1
7	磁翻转式液面计			支	1
8	液位监控模块		10kPa、温度-35~50℃	支	1
9	流量监控模块		光电型	套	1

序号	名称	材质或类型	技术参数	单位	数量
10	油封装置	1Cr18Ni9Ti	环保型设计，设备正常使用中防止臭剂污染空气	个	1
11	活性炭臭剂吸附罐	1Cr18Ni9Ti	环保型设计，设备在上料（添加臭剂）过程中有效减少臭味挥发	套	1
12	溢流式汽化器（喷嘴）	1Cr18Ni9Ti	特殊设计，为天然气加臭专业开发，完全汽化、混合均匀、效果好	套	2
13	压力表	防腐耐酸	0~10MPa	个	1
14	输液管线及接头	1Cr18Ni9Ti		套	1
15	沉降式过滤器	1Cr18Ni9Ti		套	1
16	上料系统装置		配备专用上料快装接头	套	1
17	配电箱	1Cr18Ni9Ti		个	1
18	钢制基础	1Cr18Ni9Ti		台	1

第十一节　加热设备

在城镇燃气工程中，为了使某些管道内的介质维持一定的温度，或者避免因节流降压、温度降低导致冷凝液体的产生甚至堵塞管道，常常需要加热。常用的天然气加热设备包括水套加热炉、真空炉及电加热器。

一、水套加热炉

1. 水套加热炉的分类

以水套压力分类，有正压水套加热炉、真空加热炉和常压水套加热炉三种。正压水套加热炉水套压力高于当地大气压下的水的饱和压力，运行管理和蒸汽锅炉一样。虽然其传热温差可以较大，但由于安全性差，在运行时多次发生事故，故不推荐使用。真空加热炉采用真空相变换热技术，充分利用气、液相变的潜热进行换热，通过蒸汽传热达到很高的换热效率。

2. 水套加热炉的工作原理

水套加热炉的工作原理是燃料在布置于炉体下部的火筒内燃烧，高温烟气通过连接在火筒上的烟管排至烟箱后经烟囱排至大气中，热量通过火筒壁及烟管壁传给中间换热介质（水）；水作为传热介质吸收燃料气燃烧产生的热量后，再加热在盘管内流动的被加热工艺天然气，形成动态热平衡。

3. 水套加热炉的特点

水套加热炉是将天然气加热盘管置于水浴中，将盘管中的天然气直接加热，水浴温度可在 50~100℃ 范围内变化。

其特点是热负荷弹性大，但占地面积较大，易产生结垢，根据以往工程经验，一般适用于负荷 800~2000kW 工况。

4. 水套加热炉的结构

水套加热炉的结构如图 11-39 所示。

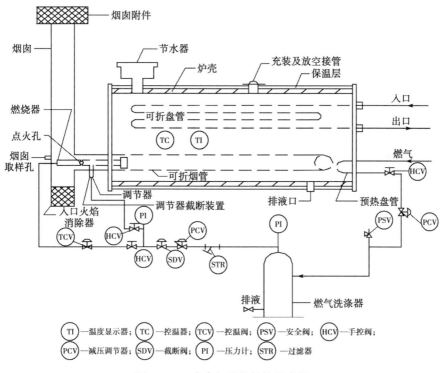

图 11-39　水套加热炉结构示意图

某厂水套加热炉技术参数见下表11-34。

表11-34 某厂水套加热炉技术参数

序号	规格型号	功率（kW）	被加热介质	燃料
1	HDLP100-Q/60-Q	100	天然气	天然气
2	HDLP200-Q/60-Q	200	天然气	天然气
3	HDLP500-Q/60-Q	500	天然气	天然气
4	HDLP1000-Q/60-Q	1000	天然气	天然气
5	HDLP1600-Q/60-Q	1600	天然气	天然气
6	HDLP2500-Q/60-Q	2500	天然气	天然气
7	HDLP4000-Q/60-Q	4000	天然气	天然气

二、真空炉

真空炉是将加热盘管置于温度范围为90~99℃的气相空间中，利用微负压状态的水蒸气通过盘管将热量传递给被加热介质。其特点是加热效率较高、结垢少、体积较小，但只能通过真空度来调节热负荷，热负荷变化范围和操作弹性相对较小，主要适用于加热负荷2000kW以上、变化范围较小的工况。某厂真空炉技术参数见表11-35。

表11-35 某厂真空炉技术参数

参数名称		单位	型号					
			ZRJ3-35-9	ZRJ3-45-9	RQ3-60-9	RQ3-75-9	RQ3-90-9	RQ3-105-9
额定功率		kW	35	45	60	75	90	105
额定电压		V	380	380	380	380	380	380
最高温度		℃	950	950	950	950	950	950
工作温度		℃	0~870	0~870	0~870	0~870	0~870	0~870
相数		相	3	3	3	3	3	3
频率		Hz	50	50	50	50	50	50
加热区段			1	1	1	1	2	2
真空罐尺寸	直径	mm	$\phi400$	$\phi500$	$\phi700$	$\phi800$	$\phi900$	$\phi900$
	深	mm	600	650	900	1200	1200	1400

续表

参数名称		单位	型　　号					
			ZRJ3-35-9	ZRJ3-45-9	RQ3-60-9	RQ3-75-9	RQ3-90-9	RQ3-105-9
加热元件接法			Y	Y	YY	YY	YY	YY
空炉升温时间		h	≤3	≤3	≤3	≤3	≤3.5	≤3.5
空炉损耗功率		kW	≤9.6	≤14	≤18	≤20	≤26	≤30
控温精度		℃	±1	±1	±1	±1	±1	±1
最大装载量		kg	150	200	500	750	1000	1200
外形尺寸	直径	mm	φ1460	φ1580	φ1700	φ1800	φ1800	φ1800
	深	mm	2100	2300	2600	2760	2860	2960
质量		kg	1860	2500	3200	3700	4200	4400

三、电加热器

　　电加热器一般适用于负荷较小工况，占地面积较小，可通过增减加热部件的使用数量控制加热温度，运行较为灵活，维护较简单。电加热器的功率一般不大于 300kW。电加热器结构如图 11-40 所示。

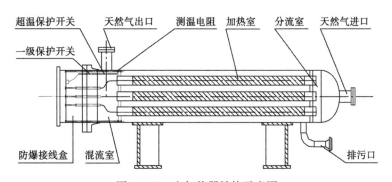

图 11-40　电加热器结构示意图

　　某厂 HRY 型电加热器技术参数见表 11-36。

表 11-36　某厂 HRY 型电加热器技术参数

型　号											
HRY1				HRY2				HRY3			
电压（V）	表面功率（W/cm²）	外形尺寸（mm）		电压（V）	表面功率（W/cm²）	外形尺寸（mm）		电压（V）	表面功率（W/cm²）	外形尺寸（mm）	
		L	L_1			L	L_1			L	L_1
				220	1.4	440	360	380	1.4	440	360
380	1.0	1200	1120	220	2.0	590	510	380	2.0	590	510
				220	2.1	790	710	380	2.1	790	710
380	1.8	1200	1120	220	2.2	1000	920	380	2.2	1000	920
								380	2.3	1200	1120
380	2.8	1200	1120								

第十二节　管　　材

一、管材类型

燃气管道受压力级制规定，一般压力大于 0.4MPa 的燃气管道宜采用钢管，钢管的优越性远远大于其他材质的管材。钢管包括无缝钢管和焊接钢管两类。一般 DN≤250mm 的燃气管通常采用无缝钢管，大口径燃气管通常采用焊接钢管，常用规格有 DN300~1200mm。

1. 无缝钢管

采用热加工的方法制造的不带焊缝的钢管称为无缝钢管。根据需要，有的无缝钢管经冷精整或热处理加工成所要求的形状、尺寸和性能。我国将无缝钢管按不同用途分为输送流体用无缝钢管、高压锅炉无缝钢管、高压化肥设备用无缝钢管、石油裂化用无缝钢管等。按制造工艺又可分为热轧、热扩、冷拔无缝钢管。

2. 焊接钢管

采用钢板（带）经常温（或加热）成型，然后在成型钢板（带）边缘进行焊接而制成的钢管称焊接钢管。按焊接钢管制造工艺可分为无填充金属连续炉焊、电阻焊、激光焊和有填充金属埋弧焊、金属极气体保护电弧焊。目前，焊接钢管在我国石油、天然气及城镇燃气领域大量使用，焊接钢管按工艺区分主要有直缝电阻焊（ERW）、螺旋埋弧焊（SSAW）和直缝埋弧焊（LSAW）三种工艺。

3. 压缩天然气钢管

目前，国内压缩天然气加气站与供应站的工作压力通常不大于25MPa（表压），压缩天然气管道应采用高压无缝钢管，据所采用的规范其材质不同。

压缩天然气高压无缝钢管其技术性能应符合 GB 5310—2008《高压锅炉用无缝钢管》、GB/T 14976—2012《流体输送用不锈钢无缝钢管》、GB 6479—2013《高压化肥设备用无缝钢管》和 GB 13296—2013《锅炉、热交换器用不锈钢无缝钢管》的技术规定。

4. 液化天燃气钢管

目前国内分布式液化天然气气化站作为城镇燃气尤其是中小城镇的补充气源，已开始投入使用。液化天然气从接收、储存到汽化前与汽化相变后的温度为低温−162℃，储存及工作压力≤0.7MPa。因而，管道材质的选择应参照低温条件选择与其相适宜的材料。

通常，液化天然气无缝钢管的技术性能应符合 GB/T 14976—2012《流体输送用不锈钢无缝钢管》、GB 13296—2013《锅炉、热交换器用不锈钢无缝钢管》和 HG 20537.1—1992《奥氏体不锈钢焊接钢管选用规定》等标准的相关技术规定。

5. PE 管

PE 管习惯上按照密度分为低密度及线型低密度聚乙烯（LDPE 及 LLDPE）管（密度为 0.900~0.930g/cm³），中密度聚乙烯（MDPE）管（密度为 0.930~0.940g/cm³）和高密度聚乙烯（HDPE）管（密度为 0.940~0.965g/cm³）。按照 PE 管的长期静液压强度（MRS），国际上将聚乙烯管材料分为 PE32、PE40、PE63、PE80 和 PE100 五个等级。

PE 燃气管道具有耐低温、韧度好、刚柔相济的特点。目前城镇燃气使用的 PE 管的最大工作压力为 0.3MPa，在少数国家中达 0.4~0.6MPa，最高工作温度为 38℃。

二、管材应用

1. 高压、次高压燃气钢管

一般 DN≤250mm 的高压、次高压燃气钢管选用无缝钢管，材质为 20 号；150mm< DN ≤250mm 的燃气管道选用直缝焊接钢管，材质为 L210；DN > 250mm 时材质为 L245；DN≤250mm 的中压干管也可选用埋地聚乙烯（PE）管，材质为 PE80 或 PE100。

2. 中压、低压燃气钢管

中压支管及低压管道选用无缝钢管，材质为 20 号，或埋地聚乙烯（PE）管，材质为 PE80 或 PE100。PE 管的最大工作压力：对于中高密度的 PE 管，若是加厚管（SDR = 11），PN ≤0.4MPa；若是普通管（SDR = 17），PN ≤0.25MPa。目前我国生产出中高密度 PE 管 SDR = 17.63；加厚型 SDR = 9.33～12.11，可用于中低压燃气管道。

某厂 PE80 和 PE100 PE 管规格参数见表 11-37。

表 11-37　某厂 PE80 和 PE100 PE 管规格参数

公称外径（mm）	PE80 级		PE100 级	
	SDR17.6	SDR11	SDR17.6	SDR11
	最大工作压力 ≤0.482MPa	最大工作压力 ≤0.8MPa	最大工作压力 ≤0.602MPa	最大工作压力 ≤1.00MPa
	公称壁厚（mm）	公称壁厚（mm）	公称壁厚（mm）	公称壁厚（mm）
16	2.3	3.0	2.3	3.0
20	2.3	3.0	2.3	3.0
25	2.3	3.0	2.3	3.0
32	2.3	3.0	2.3	3.0
40	2.3	3.7	2.3	3.7
50	2.9	4.6	2.9	4.6
63	3.6	5.8	3.6	5.8
75	4.3	6.8	4.3	6.8
90	5.2	8.2	5.2	8.2
110	6.3	10.0	6.3	10.0

公称外径（mm）	PE80 级		PE100 级	
	SDR17.6	SDR11	SDR17.6	SDR11
	最大工作压力 ≤0.482MPa	最大工作压力 ≤0.8MPa	最大工作压力 ≤0.602MPa	最大工作压力 ≤1.00MPa
	公称壁厚（mm）	公称壁厚（mm）	公称壁厚（mm）	公称壁厚（mm）
125	7.1	11.4	7.1	11.4
140	8.0	12.7	8.0	12.7
160	9.1	14.6	9.1	14.6
180	10.3	16.4	10.3	16.4
200	11.4	18.2	11.4	18.2
225	12.8	20.5	12.8	20.5
250	14.2	22.7	14.2	22.7
280	15.9	25.4	15.9	25.4
315	17.9	28.6	17.9	28.6
355	20.2	32.3	20.2	32.3
400	22.8	36.4	22.8	36.4
450	25.6	40.9	25.6	40.9
500	28.4	45.5	28.4	45.5
560	31.9	50.9	31.9	50.9
630	35.8	57.3	35.8	57.3

参 考 文 献

［1］严铭卿 . 燃气工程设计手册 . 北京：中国建筑工业出版社，2009.

［2］严铭卿 . 天然气输配技术 . 北京：化学工业出版社，2006.

［3］付祥钊 . 流体输配管网 . 北京：中国建筑工业出版社，2005.

［4］《燃气燃烧与应用》编委会 . 燃气燃烧与应用 . 3 版 . 北京：中国建筑工业出版社，
2008.

［5］段常贵 . 燃气输配 . 4 版 . 北京：中国建筑工业出版社，2011.

［6］严铭卿 . 燃气输配工程分析 . 北京：石油工业出版社，2007.

［7］李猷嘉 . 燃气输配系统的设计与实践 . 北京：中国建筑工业出版社，2007.

［8］李长俊 . 天然气管道输送 . 2 版 . 北京：石油工业出版社 . 2008.

［9］贾承造，张永峰，赵霞 . 中国天然气工业发展前景与挑战 . 天然气工业，2014，34
（2）.